从煤炭到氢气：
煤气化技术的
前世今生

From Coal to Hydrogen:
The Evolution and History
of Coal Gasification Technology

庄前林　著

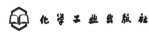

化学工业出版社
· 北京 ·

内容简介

　　《从煤炭到氢气：煤气化技术的前世今生》以科普故事的形式，回溯230余年煤气化技术的发展历程，串联起技术演进、现代化学的发展与工业革命的进程，展现其完整的"前世今生"。内容上，从早期煤炭与蒸汽机、煤气照明讲起，覆盖煤气制造技术演变，如干馏炉、水煤气发生炉等；阐述化学与煤气化的相互推动，如氢助力现代化学建立、化学反哺煤气制氢；还探讨了煤气化技术在化肥生产、内燃机、发电、合成燃料、合成化学等领域的应用，以及现代煤气化技术的诞生、发展与在中国的实践，同时关联当下能源转型，分析煤气化制氢在应对气候变化中的重要价值。

　　本书可供煤气化领域从业者参考，亦可作为能源、工业革命与科技史爱好者的兴趣读物，也是高校能源化学工程、化学工程与技术、应用化学等专业师生的教学参考书。

图书在版编目（CIP）数据

从煤炭到氢气：煤气化技术的前世今生 / 庄前林著.
北京：化学工业出版社，2025. 9. -- ISBN 978-7-122
-48582-3

Ⅰ. TQ54

中国国家版本馆 CIP 数据核字第 2025A3F156 号

责任编辑：傅聪智　　　　　　　　文字编辑：毕梅芳　师明远
责任校对：宋　夏　　　　　　　　装帧设计：刘丽华

出版发行：化学工业出版社
　　　　　（北京市东城区青年湖南街 13 号　邮政编码 100011）
印　　装：北京建宏印刷有限公司
710mm×1000mm　1/16　印张 17¾　字数 328 千字
2025 年 10 月北京第 1 版第 1 次印刷

购书咨询：010-64518888　　　　　售后服务：010-64518899
网　　址：http://www.cip.com.cn
凡购买本书，如有缺损质量问题，本社销售中心负责调换。

定　　价：98.00 元　　　　　　　　　　版权所有　违者必究

230年前作为易燃气之一的氢气，近年被披上了绿色、灰色、蓝色和粉红色等多种颜色，似乎又成为助力当前能源转型的未来能源之一，以应对气候变化。无论是热化学还是电化学制造的氢气实际上并不是什么新鲜事物，而是已有百年以上的发展历史。不过在很长的一段时间里，氢气只是一种没有其他价值的燃料气体，只得到了很有限的利用。热化学制造的氢气，作为通过煤气化过程制造的合成气的主要成分之一，可以追溯到18世纪后期。不过，目前却很难找到一本相对完整地描述有关煤气化技术发展历史的书籍，绝大多数书籍以及文献资料都聚焦在气化技术以及工艺的应用上，技术性很强，还有些书籍或资料对一些气化技术的介绍或了解不乏欠缺之处。因此，多年来我一直有这么一个愿望，希望能够集中一段时间，静下心来回顾一下历史，总结一下过去这么多年在气化行业从业的经验以及从工业化角度看煤气化技术的发展。遗憾的是，由于工作的奔波和差旅的频繁一直未能如愿，直到2020年COVID-19疫情袭来。

COVID-19疫情的发生无疑是人类与大自然和谐生存的又一次挑战。对我来说，能够利用这次难得的机会将自己关在书房里，仔细翻阅和研读以前积累的有关煤气化的书籍和资料。同时又进行了一番发散式的阅读，再通过进一步的整理和逻辑连接，方使本书的框架得以形成。在这一过程中，我本人也受益匪浅。此前，从学术界进入工业界的这三十多年间，由于经历了煤气化技术的实验基础与开发以及工业项目的可行性研究、工程设计和开车调试，我很自信对气化技术及其工业应用的了解。其实，非也！煤气化技术是一个非常复杂的科学、技术和工业系统。其对此前的工业革命以及后工业革命的影响是空前的，对今天的现代化工业的形成也有着至关重要的作用。更重要的是，煤气化技术对应对气候变化的能源转型的未来之路还会继续发挥重要的影响和作用。只不过是这些影响和作用大都被今天丰富而又廉价的其他气体燃料（如天然气）所掩盖罢了。因此，我希望本书能够通过合适的形式以及内容，使更多的读者了解什么是煤气化及其发展的一个完整的历史。

在开始写作的初期我就打算将来用中英文两种语言来发表。所以，在英文稿完稿之后随即翻译成中文稿。这样一来有助于发现明显的技术性错误，同时又可以达到事半功倍的效果，将两个版本同时完成。可是，计划不如变化，在分别投稿后的出版过程中，这两个版本的内容不断地变化；由于出版商各自的要求如内容、形式和市场等因素各不相同，随着时间的推移，两者之间的差异越来越大。一方面，由于瑞士的出版公司（Springer Nature）对篇幅的限制，我不得不对所投的稿件进行较大幅度的修改。考虑到欧美的读者对发展历史的部分应该比较了解，但是对煤化工的工业化利用规模认识很有限，所以，删掉的近30%的篇幅大都是有关发展历史的部分以及许多有关煤气化技术工艺的细节，整本书的内容重点则转向了煤化工技术对未来能源市场的作用和影响。这对笔者来说的确是一件忍痛割爱的事情。幸运的是，国内市场同欧美市场正好互补。在过去三十多年的大规模发展中，国内煤气化市场与欧美市场形成了极大的反差。经历了如此快速的工业化成长，再回来反观煤气化的历史进程与发展、各种煤气化技术商业化发展的前因后果，似乎也是很顺理成章的事情。这样的话，中文版本则侧重于煤气化技术工业化发展的前世今生，完整地保留了初稿的全部内容，这样的巧合对我来说不能不说是如释重负。另外，又根据国内及亚洲市场的特点添加了更多的内容和章节，如煤气化技术第二次世界大战前在日本的大规模利用，在国内近半个世纪的利用、发展和开发历程。就这样，中英文两个版本不经意之中就变成了一对双胞胎：共同沿着煤气化工业化发展从煤炭到氢气这条主线，一个侧重于能源转型的历程，而另一个则着眼于煤气化技术的前世今生。这也恰好反映了中国能源市场发展的现状与英美市场的不同之处。在这不同的互动过程中，我由衷地感谢Springer Nature和化学工业出版社，方使这对双胞胎能够与广大读者见面。

• *From Coal to Hydrogen——A Long Journey of Energy Transition*. Springer Nature，2024

• 《从煤炭到氢气：煤气化技术的前世今生》. 化学工业出版社，2025

为避免技术性太强、太枯燥而无味，我采用了科普的形式，以故事的方式将每个主要煤气化技术的形成、开发和运用，从无到有以一个完整的形象展现给读者。通过这样的方式希望读者会相对容易地理解这些气化技术为什么会产生、其开发和工业化运用又需要哪些必备的条件。我希望本书的内容形式不仅能够向读者展现煤气化技术、其创新的内涵及其来龙去脉，而且能够帮助读者了解煤气化在工业发展历程中至关重要的作用。

如果读者能够通过本书的阅读对以上所提略得一二，对我们目前面对的气候变化以及构建应对气候变化所需要的可持续的未来能源结构有所启发的话，足矣！

庄前林
2025 年 5 月于休斯敦

目 录

第一章

引 言

煤气化技术并非通过直接燃烧取热，而是将煤转化为可燃的煤气或合成气的工艺过程。翻开任意一本词典，我们都能轻松找到"气化"的定义，例如剑桥词典将其描述为"将植物或煤转化为天然气的过程"，麦克米伦词典则表述为"将有机材料或化石燃料（如煤）转化为可用作燃料的气体的过程"，而韦伯斯特词典则简洁地定义为"转化为气体"。从原则上讲，这些定义都是准确无误的。但若从技术层面审视，它们均是对煤气化技术的高度概括。无论是煤气化技术，还是油或气体气化或部分氧化技术，每一项气化技术都构成一个复杂的工艺系统。

就煤气化而言，从历史发展的角度看，它是将煤转化为煤气的多种煤制气工艺的集合。在过去的 230 多年间，不同的煤制气工艺在不同的时期和市场条件下，发挥了各自独特的作用。煤气是一种气体组合，主要含有氢气、一氧化碳、二氧化碳以及其他气体（包括甲烷、氮气、硫化氢、氨气、烯烃和其他碳氢化合物等）。煤气的成分会根据特定的煤气化工艺过程而变化，同时也会受到原料煤及其气化反应条件的影响。

随着市场的变迁和需求的改变，煤制气技术及其工艺流程也会相应地调整、发展、适应或重塑，以适应工业革命过程中的不断变化的需求和目的。在这一系列的演变过程中，煤制气工艺技术以多种形式出现：从最初的水平卧式干馏，到煤气发生炉、蓄热式干馏、水煤气发生炉、立式干馏炉、熔渣水煤气发生炉、流化床气化炉、固定床气化炉和气流床熔渣气化炉等。从长远来看，这些煤制气工艺通过不断的"推陈出新"和演变，取得了显著的进步。更常见的是，在不同的时期，许多工艺并存并协同工作，以满足特定时代或时期的独特需求，这使得工业革命不仅在科学技术上取得了深远影响，也在社会经济发展上发挥了广泛而重要的作用。例如：当全世界都在急切寻找蜡烛和油灯的替代照明光源时，煤气首先照亮了日益繁华的城市和乡镇；当工业革命需要更高效、灵活的机械动力时，煤气又推动了内燃机或燃气发动机的发明和商业化，这随后引发了一系列内燃机技术的重大发展，至今内燃机仍是现代生活的重要组成部分；当世界需要大量钢材用于建设火车轨道和高层摩天大楼时，另一种煤气——发生炉煤气与蓄热器的结合，促成了水平炼钢炉的发明，打破了当时限制钢材大规模生产的高温瓶颈。然后，一种新型煤气——水煤气，不仅凭借轻油雾化生产的雾化水煤气延长了煤气照明的时代，而且其生产的氢气还首次被应用于人工制造的化肥之中。化肥，作为人类生存最重要的大宗商品之一，支撑了全球快速增长的人口与人类文明的延续。这样的例子不胜枚举。如果人们普遍认为没有蒸汽机就不会发生工业革命的话，那么如果没有煤气或煤气化技术，工业革命的时间可能会短得多，其影响范围也不会如此广泛和深入。这样的说法并不言过其实，不妨做个比喻：若煤炭如同人体的血液循环系统，为器官、组织和细胞供给必需的能量，那么煤气则在不同的时间以不同的形式不仅为血液循环系统补充更多的能量，还为人体器官、组织和细胞的正常和健康运作提供所需的必要营养素。

从工业革命开始，煤炭成为当时唯一可行的能源支柱，没有它，英国的工业革命就无法扎根。随着工业革命的推进，对能源的渴求愈发迫切，以至于纽科门的蒸汽机即使效率只有半个百分点，也在 18 世纪初期被引入英国各地的煤矿，用以驱动水泵排水，从而加速煤炭开采。从地下开采更多煤炭成为当时英国最重要的任务之一，以至于在 19 世纪和 20 世纪上半叶，煤炭成为维持工业机器运转的不可替代的"生命线"。这一状况自此大体延续，尽管其占比近年来有所下降。2020 年，全世界消耗了 37 亿吨油当量的煤炭，占一次能源使用总量的 28%；包括煤炭、原油和天然气，化石能源占同年全球一次能源消费的 85%。2021 年，化石能源消费降至 83%，下降了 2%（数据来自 BP 网站）。如此庞大的化石能源消耗量，加之近几十年来公众环保意识的提高，以及近年来科学与政治领域围绕气候变化的热议，无疑将化石能源置于舆论的风暴中心。为什么？原因很简单。由于其高碳含量和地质形成过程中长期累积的杂质，煤炭在燃烧过程中会不可避免地释放出大量二氧化碳及其他污染物，如 SO_x、NO_x、汞、灰分等，这是不争的事实。燃煤电厂已成为全球最大的二氧化碳排放源。根据燃煤发电机组的技术和使用的煤炭，每生产 1 兆瓦时的电力将释放 $750 \sim 850$ 千克的二氧化碳。对于用煤生产化学品，生产 1 吨氨或甲醇将排放高达 3.8 吨的 CO_2，而从烟煤生产 1 吨聚烯烃将产生约 10 吨的 CO_2。从历史的角度来看，当前频繁发生的极端冷热天气、飓风和地震等自然灾害，给经济和人类生活造成了巨大损失，这些现象似乎与人类活动的持续增加密切相关，而二氧化碳则被视为明显的罪魁祸首。随着公众对二氧化碳排放潜在影响的认识不断提升，逻辑上可以推断，化石能源的持续使用，尤其是煤炭，正是导致二氧化碳成为主要根源的关键因素。

说起煤，"爱恨情仇"一言难尽。煤炭是一种劣质燃料，是穷人的燃料，这一事实自罗马帝国时代以来就广为人知。历史上，因燃煤产生的黑烟和刺鼻气味而禁止燃煤的事例屡见不鲜。然而，煤炭的丰富储量、易获取性、使用便利性以及低廉的开采成本，使其成为满足日益增长需求的不可抗拒的能源。尤其在工业革命于英国兴起时，大量树木被砍伐导致绿色植被枯竭，煤炭很自然地成为工业革命时代不可替代的燃料来源，为数以千计的工业蒸汽机、机车、汽船和远洋轮船等提供动力。到 19 世纪下半叶，当英国的伦敦、伯明翰、曼彻斯特，美国的纽约、费城，德国的法兰克福、汉诺威等城市再次笼罩在黑色、油腻、刺鼻的烟雾中时，禁止使用煤炭已经无望实现。取而代之的是，地方当局、公众和公司已经转向利用煤气来消除那些喷出黑烟的烟囱，例如使用煤气驱动的燃气发动机代替燃煤蒸汽机、煤气冶金炉。此外，煤气还被用于取暖、烹饪和发电等，对当时的大气污染控制起了重大作用。煤气作为首选燃料的地位在两次世界大战和大萧条期间一直保持，最终美国在第二次世界大战后，欧洲大约在20世纪60年代方让位给天然气或石油气。尽管如此，直至今日，煤炭作为主要能源的重要性依然显著，尤其是在原油和天然气储量不足而煤炭资源丰富的国家，煤炭对社会经济发展的作用更是举足轻重。随着多种先进排放控制技术的使用，煤炭燃烧产生的硫氧化物、氮氧化物、挥发性有机化合物及颗粒物排放得到了有效管理。因此，对化石能源，尤其是煤炭使用的担忧，似乎更多地取决于能否有效管理其固有的高碳含量。去碳化已成为未来能源供给和氢经济愿景的追求目标，同时，从大自然中获取更多可再生能源，如风能、太阳能、生物质能和废物利用，也变得越来越重要。有趣的是，260年前，煤炭通过蒸汽机将工业生产从大自然的束缚中解放出来，并为其提供人造机械动力，随后燃煤与燃气发动机的介入进一步推动了工业革命的进程，减轻了工业革命对大自然的依赖。如今，大自然似乎又回到了人们的视野中，这看似讽刺，实则是历史性的进步。问题的关键在于，煤炭与煤气是否有可能与大自然携手，共同构建一个去碳化的能源未来？尽管答案尚不明朗，但从煤气化有史至今的发展历程来看，创新与技术进步无疑是寻找答案的关键所在。

今天，被披上了各种颜色的氢气似乎成为应对气候变化、推动能源转型的热门话题之一，并被寄予厚望。实际上，自工业革命以来，随着人类社会经济活动的增加，对化石燃料，尤其是煤炭的依赖，经历了数次重大转变。在每一次转变中，煤气化技术不仅身处前沿，敢当弄潮者，而且在每次转变后煤气化技术又都能浴火重生，变得更加高效。因此，煤气化技术的发展历程实质上成为以往几次化石能源转型的重要风向标。例如：最初煤炭干馏技术的诞生，标志着从单纯煤炭燃烧向照明用煤气的转变，点亮了工业革命的进程；煤气发生炉的革新，则体现了从照明用煤气向燃料煤气的转变，使煤气更加广泛且深入地渗透到了工业化进程的每一个角落；而水煤气发生炉的发明，则预示着从燃料气向合成气转变的开端，这一转变一直延续至合成氨时代的到来。

若细心审视，不难发现：正是燃料气向合成气的转化，促使煤气化技术生成的煤气中氢气的质量与数量得以提升与增加，从而使得氢气的大规模生产成为可能。这在一定程度上，也体现在某些现代煤气化技术的发展趋势中。然而，从历史维度回溯，自亨利·卡文迪什于1766年发现氢气以来，氢气在大约147年的时间里一直是一种没有多少价值的气体。当煤气首次用于照亮街道和房屋时，氢气没有任何照明价值，因其燃烧并不发光。至19世纪末，大型燃气发动机开始部署时，氢气又成为炉气中的隐患成分，因其易于过早点火，致使发动机熄火。因此，除偶用于气球填充及实验室特定范围外，氢气长期未受重视。直至1913

年，巴斯夫（BASF）利用氢气在氧化铝活化铁催化剂上"固定"空气中的氮气制造氨，氢气的真正价值才被发掘。自此，氢气迅速崛起，成为重要的大宗工业商品之一。同时，水煤气也成为当时合成氨及未来合成其他化学品和液体燃料的唯一可行氢气来源。此外，随着煤气化下游技术的开发与进步，煤气化已成为将煤或其他化石燃料脱碳生产氢气最有效的工艺，亦是当今高纯度氢气的最大来源之一。此外，氢气的意义还在于科学领域，它与约瑟夫·普里斯特利于 1774 年发现的氧气，共同为法国化学家安托万·拉瓦锡提供了最终摆脱燃素理论、建立现代化学框架的决定性证据之一。反之，化学的建立与发展又极大地推动了现代煤气化及氢气生产技术的进步。

在为第一个合成氨厂提供氢气后，煤气化工艺继续发展，为其他的化学合成过程制造所需的氢气或合成气，例如 20 世纪 20 年代中期实现第一个甲醇合成，20 世纪 30 年代中期实现第一个航空和车用汽油合成。随后，在过去三十年里，煤气化技术被广泛应用于生产高附加值化学品，诸如高碳醇、乙酸、乙二醇和烯烃等。对于当前仍依赖煤炭来满足经济增长需求的国家而言，煤制化学品已成为一种可靠且具有竞争力的产品来源，同时，它也是许多国家和地区以原油为基础的石化工业的一种可行补充。在中国，根据当前已建成的煤气化产能，该技术每年至少能将 1.7 亿吨至 2 亿吨煤炭转化为化肥、化学品、液体燃料及其他化学产品。早期的煤制气或煤气化的原始形态还产出副产品煤焦油，作为制造染料的原料。在合成氨出现之前，煤气生产过程曾是氨的主要来源，用于制造硫酸铵作为农业肥料出售。到了 19 世纪后半叶，氨还成为索尔维工艺生产纯碱的重要原料。作为发电的最佳可行技术之一，煤气化在过去三十年间已在不同国家依据煤气化联合循环发电（IGCC）的原则进行部署和尝试，用于电力生产。

回想起来，煤气化在其商业化开发、相关工艺部署及知识积累方面，走过了漫长的历程：其工艺历经演变，从干馏、煤气发生炉、水煤气发生炉，到雾化水煤气制造、流化床工艺、固定/移动床工艺，直至现今的气流床气化工艺。操作上，煤气化技术也已从小规模、批量操作进化至大规模、连续运作；操作条件则由低温常压逐步转向高温高压。在产品气体的应用方面，它随市场驱动而不断变迁，最初用于照明、为工业过程和建筑物供暖，随后成为小型发动机及汽车的燃料、化学合成的原料，直至大规模发电。至于原料组合，煤气化技术亦不断拓宽，从煤炭延伸至焦炭，从优质煤扩展至劣质煤，乃至涵盖生物质和城市垃圾等碳氢化合物。然而，受不同时间市场条件及煤炭准入条件的反复制约与影响，加之能源市场与经济状况的周期性波动，煤炭气化工艺的发展历程亦时有起伏。

本书旨在从工业化视角出发，探讨煤气化技术与化学、科学的相互作用，并通过实例展现不同历史时期煤制气技术在工业化进程中的演变及其扮演的角色，与读者共同探讨当今现代煤气化技术的来龙去脉。本书无意对煤气化进行全面反观，因其范畴之广，难以尽述。煤炭气化所经历的演变过程和取得的成就，无疑是社会发展、经济进步与化石能源利用所面临矛盾和挑战的一个缩影，在当今应对气候变化、探讨能源转型的大背景下，仍具有重要的现实意义。回顾往昔，煤炭作为工业化不可或缺的动力源泉，虽推动了历史的进程，却也成为诸多挑战的根源。而煤气的诞生与运用，则进一步推动了工业化的深化与普及，其影响已渗透至大众生活的方方面面。本书从工业化进程的角度，通过对主要煤制气技术的发明、开发、工业化应用及相关人物、事件的回顾，引领读者穿越回 250 多年前的时代，那时现代化学尚未萌芽。随后，通过现代化学的确立、煤气照明的兴起、炼钢技术的革新、内燃机的发明与工业化应用、人造化肥的诞生以及合成氨与合成化学时代的到来等一系列重大技术突破，回顾煤气化如何对工业化进程产生深远而广泛的影响。

在这一过程中，本书还从煤制气/煤气化与化学的角度，与读者一同探讨两者间的相互协同、制约、促进与发展，共同思考以下问题：若无现代燃烧理论的建立，煤气化将处于何种境地？若焦耳未对热与能量的概念进行彻底澄清，热力学及物理化学能否建立？威廉·西门子能否创造出平炉炼钢技术？若缺乏基于热力学第二定律的低温化学，现代化学工业是否会大相径庭？若煤气化的快速发展未引发对化学理论的迫切需求，分子理论的建立是否会推迟？进而，若无分子理论的建立，煤气化的工业化进程又将如何？近代科学的发展又将呈现何种面貌？等等。就煤气化技术而言，其演变历程充满挑战，这些挑战既源自自身的成功，也来自其他技术的竞争。有趣的是，面对每一次挑战，煤气化技术都通过科学发现与技术创新，化挑战为机遇，实现了一次又一次的蜕变或飞跃。

但是，今天我们所面临的气候变化现实及潜在的能源转型，与以往的每一次转变都大相径庭。以温室气体为核心的能源转化是一个全球性的、而非区域性的问题，同时又是一个"从生到死"的大循环问题而非局部问题。从合成化学的视角来看，几乎每个以煤气化为龙头的化学合成系统，都是一个天然的二氧化碳富集系统。因此，深入探讨煤气化技术及其发展历程，以及它在过往能源转型中所扮演的角色，对于寻找应对当前能源市场变革和气候变化的解决方案而言，具有不可或缺的必然性和必要性。另外，煤气化技术的发展历程蕴含了丰富的经验、卓越的实践和宝贵的知识，这些或许会帮助我们找到应对之道。至少，它们能为当今能源转化中至关重要的技术创新与技术产业化提供诸多启示，激发批判性思考，并引发更多对未来的憧憬。

第二章
能源与早期工业的发展

17 世纪的欧洲，尤其是英国，在海上贸易、金融及纺织品制造等领域迎来了快速的商业化发展。这些领域的蓬勃发展极大地推动了大众对卫生用品、服饰及时尚消费品的需求，进而促使公众生活品质逐步提升。在这一以海上贸易为主的发展过程中，造船和炼铁冶金是维持这种核心发展的两大支柱。铁产量的增长带动了燃料需求的增加，无论是木炭还是煤炭，均成为不可或缺的燃料。就燃料品质而言，木炭长久以来被视为优于煤炭的选择，其历史可追溯至数千年前。据传，早在公元 500 年的罗马时代，木炭便已成为富人的奢侈之选，而煤炭则因其低廉的价格和燃烧时产生的严重污染，成为穷人的燃料。在没有任何污染控制的情况下，煤炭燃烧产生的污染物会渗透到公共场所的每一个角落，硫化物与氨等有害气体弥漫在空气中，散发出刺鼻的气味；同时，炼焦过程中产生的焦油与油性废水污染了河流，而飞扬的煤灰则在地面上大量堆积。历史总是不时地重演，人口增长导致对木炭和煤炭的消费需求的增加。然后，当过度采伐最终导致森林枯竭时，平衡往往会转向使用更多的煤炭。当污染问题失控时，往往就必须采取一些极端措施，来限制煤炭的使用。这样的矫枉过正并不罕见，例如 1306 年的英格兰，爱德华国王甚至颁布法令，以死刑来禁止燃煤，以应对燃煤导致的严重烟雾问题。但随着时间的推移，随着工业革命在 300 年后悄然临近，禁止燃煤的想法已然变得不切实际。

第一节　煤炭与蒸汽机

进入 17 世纪，英国炼铁所需的木炭短缺问题愈发严峻，迫使其依赖从瑞典、美国、俄国的进口来满足国内需求，这一进程在当时因地区地缘政治的频繁紧张而变得错综复杂。为减轻潜在的地缘政治风险，英国开始更多地开放煤矿，利用其丰富的煤炭资源，加大开采力度以支撑炼铁和造船业，这对当时的海上贸易至关重要。到 17 世纪中叶，煤炭开采已成为普遍现象，大部分煤田已经被开采，每年向市场输送约 200 万吨煤炭。至 1700 年，这个数字上升到约 300 万吨（Smil，2017）。从那以后，煤炭开采成为一个关键行业。至 1800 年，煤炭提供了英国经济所需能源的 90%，并雇用了大量工人，无论老少、男女。尽管如此，煤炭产量仍难以满足日益增长的工业化需求。随着采矿作业的挖掘越来越深，频繁的矿井水灾不仅影响了煤炭挖掘的正常作业，而且还需要付出巨大的努力将坑道的水从矿井中排出。这些作业多由人或动物完成，将水从地下提升至地面，成为煤矿运营的瓶颈。

1712 年，英国传教士兼发明家托马斯·纽科门（Thomas Newcomen，1664—1729）发明了第一台工业蒸汽机，用于矿井的抽水作业，这就是早期的动力水泵。实际上，纽科门的这一发明是基于军事工程师兼发明家托马斯·萨弗里（Thomas Savery，1650—1715）1698 年的发明。初期的纽科门蒸汽机，从其原始机型来看，高约三层楼，效率仅约 0.5％。然而，这样的巨型机器确实改善了煤矿运营，并开始对正在展开的工业革命进程产生影响。至 1775 年，英国各地已建造约 600 台此类蒸汽机。图 2-1 展示了位于英国伯明翰市西部达德利黑乡村生活博物馆（Black Country Living Museum）的早期蒸汽机复制品，纽科门早期的蒸汽机即在此应用。图中右侧的蒸汽锅炉（A）及蒸汽气缸（B）实际位于左侧建筑物内部，气缸上部与建筑物外部的机械臂（C）另一端相连。显然，这是一台极为庞大的设备。此外，密歇根州迪尔伯恩的福特博物馆也藏有一台纽科门蒸汽机，它于 1756 年前后部署于英国兰开夏郡的一煤矿。

A：蒸汽锅炉
B：蒸汽气缸
C：机械臂

图 2-1　纽科门早期蒸汽机的复制品

在纽科门的早期设计中，由于气缸采用黄铜材料制造，其强度欠佳，因此需频繁维护。到了大约 1720 年，他成功将气缸材料升级为铸铁，不仅使气缸的强度大大加强、更耐用，而且还可以将蒸汽机做得更大。纽科门使用的铸铁，出自亚伯拉罕·达比（Abraham Darby，1678—1717）制造的更好的材料。达比当时之所以能够制造出质量更好的铸铁，是因为他于 1709 年在英国科尔布鲁克代尔的新工厂将焦炭引入炼铁工艺。在此之前，工匠们普遍使用木炭炼铁。焦炭的使用使炼铁过程可以达到更高的温度，从而使铁更易于锻造，所以制造的铸铁产品的质量更好。这一焦炭炼铁工艺的革新，无疑是炼铁史上的一个重要里程碑，为炼铁技术开启了新篇章。焦炭因具有更高的能量密度和强度，使得高炉不仅能达到更高温度，还能建造得更高更大，极大地提升了炼铁能力。18 世纪初期，达比的高炉年产量仅约 300 吨铸铁。而 50 年后，现代高炉已能轻松实现每日一万五千吨铁水或更高的产量。83 年后，达比的焦炭炉或类似设备排放的"浓烟"又找到了新的用途，被应用于不同领域。例如，它最初被用作制造煤气，一种能够照亮街道和房屋的易燃气体。随着时间的推移，煤制气工艺逐渐演变为生产清洁气体燃料，并进一步成为现代化学合成工艺的重要原料。煤制气技术在工业化革命及后工业化革命背景下的发展与演变，正是本书探讨的主题。

第二节　寻找替代照明方式

自采用达比铸铁气缸以来，纽科门蒸汽机水泵的设计在六十余年间基本维持原貌。直至 1769 年，英国技师兼发明家詹姆斯·瓦特（James Watt，1736—1819）对纽科门气缸进行了著名的技术革新，创新地将蒸汽冷凝过程从主工作缸中分离至独立冷凝器，有效避免了直接向主工作缸注入冷水所产生的负面效应。随后几年，瓦特又引入了双向做功的蒸汽机气缸设计，即活塞在其往复运动中均能产生动力。这一举措使得瓦特在 1775 年成功将纽科门蒸汽机水泵的热效率提升至 2.5%，为纽科门蒸汽机的五倍！纽科门水泵的这一重大改进，极大地提升了煤矿的运营效率，以更低的成本将更多煤炭输送至市场。同时，瓦特的蒸汽机也开始涉足煤矿开采以外的其他领域。由此，蒸汽机首次将以往源自大自然、动物和人类的力量转化为机械动力，标志着人类开始逐步摆脱对大自然的依赖。这一变革拉开了工业革命的序幕，引发了一系列连锁反应。随着廉价煤炭供应的增加，煤气照明成为随之而来的重要发展，开启了煤气化的新篇章（Accum，1815）。

与蒸汽机在英国广泛普及的同时，得益于当局对进口印花布的禁令及本土生产的推动，英国的纺织业也迅速崛起并稳固根基。此前，印花布多依赖于从印度等殖民地的进口。海外贸易的拓展，加之英国当时对时装与服装需求的日益增长，进一步加速了本土纺织业的发展，催生了一系列纺织业内的创新发明，这些发明在日新月异的纺织行业中被不断开发并应用。诸如约翰·凯于 1733 年发明的飞梭、理查德·阿克莱特 1769 年发明的水力纺纱机、詹姆斯·哈格里夫斯 1770 年发明的珍妮纺纱机，以及塞缪尔·克朗普顿 1779 年发明的纺纱机等，均是当时纺织业发明的典范。在蒸汽动力的辅助下，这些发明促使英格兰的纺织业从家庭式个体经营向制度化的工厂运营模式转变。

1786 年，埃德蒙·卡特赖特（Edmund Cartwright）推出的动力纺织机，再次为纺织业插上翅膀，成为其迈向高度机械化系统的关键一步。蒸汽机取代水力，驱动工厂内外的各类轮转设备，使机器能够承担许多以往需由熟练工人完成的任务。随着燃煤蒸汽动力的日益普及，纺织厂的运营不再受限于河流或小溪旁，以便利用水力。众多工厂主可自由选择便利的厂址，无论是靠近原材料与劳动力市场，还是邻近纺织品消费市场，均能使他们的纺织业务运营更为便捷、高效，从而增强了竞争力。

纺织品制造是一个劳动密集型行业，需要许多熟练和勤劳的工人。随着越来越多的工厂成立，越来越多的人涌入工厂加入劳动力大军，随之出现的是城镇，小城镇又发展为大城镇乃至城市。新工厂城镇，如利兹和曼彻斯特，应运而生并迅速崛起。这两座城市的人口在 1750 年分别为 16000 人和 18000 人，而到了 51 年后的 1801 年，已增长至 53000 人和 90000 人。机械化纺织业的发展进一步推动了对金属产品的需求。因此，在伯明翰和谢菲尔德这两个专门从事金属加工的城市，人口也分别从 1750 年的 12000 人和 24000 人增加到 1801 年的 31000 人和 74000 人。如此一来，不仅城市的人口数量持续攀升，城市的总数也在不断增加。到 1851 年，人口超过 40000 人的城市已达到约 38 个，而在 1801 年这一数字仅为 9 个，1750 年更是仅有 2 个（wiki）。

至十八世纪末，英国作为世界霸主帝国，不仅孕育了旧贵族与新富阶层，还催生了一个规模相当的中产阶级。这些不同阶层的人们都在寻求改善生活水平和工作环境的方法。例如，当时的时尚和服装已成为权力和特权的象征，洗澡的习惯也逐渐变得规律起来。沐浴作为改善卫生条件的重要手段，使得肥皂成为奢侈品之一，进而促进了纯碱制造业的蓬勃发展，这标志着早期化学活动的兴起。另一方面，寻找更好的照明方式来替代昏暗且昂贵的蜡烛或牛油灯也已成为当务之急。巧合的是，18 世纪下半叶对气体或"空气"的科学实验引发了科学家们对气体的新认识。这种新认识与进一步的科学发现共同奠定了现代化学的基础，无疑为煤气照明在街道、房屋和车间的应用铺平了道路，开启了煤气照明的崭新纪元。

简而言之，纺织业在 18 世纪下半叶取得的成就，很大程度上得益于技术创新与产业自身的发展。为了在激烈的市场竞争中生存并脱颖而出，纺织业不断寻求新产品，并通过发明来改善运营状况，这似乎已成为其固有的特质，至少在英国是如此。因此，当煤制气照明问世时，纺织业的许多业主迅速且热切地接受了这一新技术，利用其来照亮他们日益扩大的工厂。

第三章
早期化学和煤气制造

　　一般而言，煤气化是指通过化学转换的方式将煤转化为气体。这些气体极具价值且用途广泛，既可作为照明、供暖、烹饪、炼钢及发电等领域的燃料气，又可作为化学合成的原料。了解这些气体及其特性，不仅对煤气化技术及其相关工艺的发展有益，而且对这些气体应用对象的运行和维护也至关重要。在当今科学普及、应用化学已成为我们方法论或思维基因的时代背景下，这种认识显得尤为自然和正常。然而，在工业革命初期，人们对自然世界的理解远未达到这一层次。直至18世纪，化学乃至科学仍主要属于工匠、炼金术士和哲学家的工作领域。在这样的环境下，煤制气技术的发展经历了基于经验法则的不断实践，从实践和错误中认知并再实践的过程，这是一个耗时的过程。

　　当詹姆斯·瓦特于1769年申请其名为**"一种减少燃煤蒸汽机蒸汽和燃料消耗的新发明方法"**的专利用以改进纽科门蒸汽机（用于抽水）时，人们对空气或气体的认知仍然有限。空气仍被视为亚里士多德哲学中的四大终极元素之一。与当时英国的许多人一样，瓦特虽身为燃素学说的信奉者（尽管这一点鲜为人知），但他更广为人知的是作为蒸汽机的伟大发明家。实际上，瓦特参与了许多关于气动化学的讨论，这在其专利中解释如何改进纽科门发动机的段落中有所体现：

　　"我在燃煤蒸汽机中减少蒸汽消耗，从而减少燃料消耗的方法包括以下原则：首先，使用蒸汽动力来驱动发动机的容器，在普通燃煤蒸汽机中称为气缸，我称之为蒸汽容器，必须在发动机工作的整个过程中保持与进入它的蒸汽一样热……其次，在完全或部分通过蒸汽冷凝工作的发动机中，蒸汽要冷凝在不同于蒸汽容器或气缸的容器中，尽管偶尔与它们连通。这我称之为冷凝器的容器，当发动机工作时，这个冷凝器至少应该通过应用水或其他物体来保持与发动机附近的空气一样冷。再次，任何未被冷凝器冷凝的空气或其他弹性蒸汽，可能会妨碍汽机的工作，应通过汽机本身或其他方式制造的泵从蒸汽容器或冷凝器中抽出。"

　　从某种程度而言，瓦特或许将水视为"纯净空气"与燃素的结合体。然而，关于瓦特当时对"纯净空气"的具体看法，我们已无从考证。但可以肯定的是，瓦特认识到了那些来自水却未在冷凝器中凝结的"纯净空气"或"弹性蒸汽"，是导致其蒸汽机效率下降的根本原因。倘若瓦特认为纯空气即是溶解于水中的空气，那么他的这一看法便是正确的。今天我们都知道空气在水中具有一定的溶解度，溶解的多少取决于其所处的条件。此外，水在加热后，溶解的空气会逸出。正因如此，在现代工程实践中，锅炉补充水在进入锅炉水系统前，必须通过DE-MIN工艺处理，以去除溶解的空气和其他矿物质。否则，空气会在锅炉水循环系统中累积，从而降低蒸汽做功的效率；而水中的矿物质则会逐渐沉积在系统中，形成水垢，减弱热传递效果，并加重锅炉的维护负担。

考虑到当时设计的原始性，我们或许可以推测，密封不当导致的泄漏也可能是气缸和冷凝器中空气的来源，进而影响其效率。然而，由于当时人们对空气和蒸汽的认知极为有限，更无从谈及它们的物理化学性质。但瓦特清楚地知道，这种弹性蒸汽或弹性空气与纯空气一样，不会凝结，而是会随着压力的升降而收缩和膨胀，从而在气缸和冷凝器中产生死空间，这对蒸汽机有效做功并无任何助益。对瓦特而言，这种空气似乎深不可测，若有可能，的确值得他近距离观察与了解。

当时，利用牛顿的机械力学原理来解释空气和其他蒸汽的弹性性质颇为普遍，化学思想流派也相当机械，这在某种程度上减缓了英国化学的进步。但随后几十年间，众多伟大的思想家与科学家在气动化学方面的进展，逐渐改变了人们对空气及其化学倾向的认知，进而颠覆了过去 100 年间盛行的机械化学和燃素学说。

第一节　煤气——易燃的"空气"

就像对火的认知一样，人类长期以来一直意识到周围空气的存在及其对我们生活的关键作用，并学会了如何利用火与空气来制造工具、商品和武器。然而，直至 18 世纪后期，人类对火的认识依然充满谜团。在少数人群（如宗教人员、工匠和炼金术士）眼中，火则被视为一种神圣的现象或魔法。空气无时无刻不萦绕在我们周围，或许因其无形、无味、无色的特性，而常被忽视，抑或仅仅被视为理所当然的存在。一个有趣的例子是，大约在 1640 年，佛兰德斯（今比利时）化学家扬·巴普蒂斯塔·范·赫尔蒙特（Jan Baptista van Helmont，1580—1644）进行了一项著名却颇具争议的植树实验。赫尔蒙特在他的花园里，使用一个装有 200 磅干土的大花盆，种下了一棵重 5 磅的柳树。在接下来的五年里，通过定期浇水，这棵柳树长成了一棵重达 169 磅的大树。根据对花盆中土壤重量的测量，赫尔蒙特得出结论，由于土壤重量几乎未变，因此水是树木生长所需的全部。在赫尔蒙特的观念中，空气在这棵柳树的成长过程中似乎并未扮演任何角色。

其实，人类对空气的认知历史悠久，这一认知不仅深刻体现在西方哲学理念中，也渗透于东方思想体系里。例如，古希腊哲学家亚里士多德认为，空气是构成物质世界的四大基本元素（水、火、土、空气）之一，即终极元素，也就是构成物质的最小单位。同时，这四种元素间存在着相互蜕变的逻辑关系，它们的相互作用分别对应着人类感官所熟悉的冷、热、干、湿状态。

　　大约在同一时期，东方也在形成一种世界观的思想体系。中国春秋战国时期的思想家们认为，大千世界由金、木、水、火、土五种元素构成。这些元素之间相生相克，正如道教太极中的阴阳关系，相互依存，互为条件。若将东西方的物质观进行对比，一个明显的差异在于，东方的物质观中并未将空气作为独立元素。尽管东方也有"气"的概念，但它涵盖了一个更为宽泛的体系，包括天地万物、万物间的相互作用及其生长环境。狭义上，这"气"可以理解为地球上人类赖以生存的生态系统或环境。

　　不过在当时，无论是东方还是西方的世界观，它们有一个共性，就是对大千世界的自然现象（例如人类熟知而又重要的火）的解释都缺乏实用价值。不过，虽然古老的西方世界观对空气的理解也非常笼统，也不知它的实质是什么，但是对空气存在的必要性的认知为18世纪后期化学这门自然科学的建立起到了承前启后的重要作用。随后的多个世纪里，哲学家、炼金术师、药学家、物理学家及化学家等围绕空气的本质及作用进行了诸多探索与尝试，却未能得出确凿无疑的答案。

　　至十八世纪初，为了阐释日常生活中的化学现象，如火的产生、冶炼过程及某些盐类的分解等，德国化学家乔治·恩斯特·斯塔尔（Georg Ernst Stahl，1656—1734）引入了燃素理论，来充实、扩展亚里士多德的哲学思想。从某种程度上说，这标志着西方科学发展的加速。相比之下，东方的思想体系则侧重于引导或规范人们的思维与行为方式，较少深入探讨自然现象的本质，似乎更多停留在事物的表象与整体性上。然而，道教主张的人与自然互动中应顺其自然、"无为而为之"的观点，对当下关于气候变化的讨论仍具有指导意义。因为无论是地球变暖还是气候变化的讨论，核心都在于是否应该以及如何减少人类经济活动对生态环境的影响。

　　根据燃素理论，煤、木材或金属等物质是由氧化物（calx）与燃素（或称为"空气"）构成的。当这些物质燃烧或受热时，它们会释放燃素，并伴随火焰、光和/或热的产生，最终留下氧化物或灰烬。随后，燃素（或空气）会在时间的推移中被植物或蔬菜重新吸收固定。这一观点实际上是英国化学家斯蒂芬·黑尔斯（Stephen Hales，1677—1761）在其1726年出版的著名著作《Vegetable Staticks（植物静力学）》中试图论证的。在该著作中，他发现空气能以某种方式被植物的不同部位——根、茎、枝、叶所吸收，成为其生长所需的食物来源。这可能促使他尝试通过干馏蔬菜中的"空气"来研究其性质。显然，以今天的科学视角来看，这种思维方式显得颇为机械，缺乏化学概念。在长达358页的论文中，黑尔斯用了210页的篇幅详细介绍了他对各种材料（包括煤、蜡、骨头、盐、蔬菜和血液等）进行干馏的结果，这些实验是通过加热装有这些材料的干馏器完成的。在每次干馏过程中，黑尔斯都使用了其独特设计的仪器来收集从干馏器中释放的"空气"（即燃素），并测量其数量（见图3-1）。黑尔斯记录了其煤炭干馏或热解实验中的以下发现（Hales，1726）。

" …Half cubick inch, or 158 grains of Newcastle coal yielded 180 cubick inches of air, which arose very fast from the coal, especially when the yellowish fumes ascended. The weight of this air is 51 grains, which is nearly 1/3 of the weight of the coals."

（…半立方英寸，或158粒纽卡斯尔煤产生180立方英寸的空气，这些空气从煤中迅速产生，尤其是当淡黄色烟雾上升时。这种空气的重量为51粒，几乎是煤重量的1/3。）

图3-1　黑尔斯气动槽收集蒸馏空气（1726年论文）

有趣的是，这里除了黑尔斯本人的实验结果之外还可以观察到英语语言本身的变化，如将英寸的cubic拼为cubick。注意这里的grains为质量单位，7千grains等于1磅或453.59克。

尽管黑尔斯并未深入探究干馏所得"空气"（实为煤气）的具体成分，这在当时确实难以实现，但他利用封闭干馏器制造并收集煤气的实践，似乎是最早的相关记录。此外，他设计的独特收集系统——气动槽，有效隔离了目标"空气"（或燃素）与常规大气的干扰，成为一项创新工具。数十年后，约瑟夫·普里斯特利、亨利·卡文迪什等好奇之士利用气动槽进行了更多气动化学实验，这些实验不仅带来了新发现，也引发了人们对空气本质的更多疑惑与挑战，最终如同打开了探究空气本质的潘多拉魔盒。大约六十年后，气动化学即将揭示空气的成分、火与燃烧的本质等奥秘，进而促进了现代化学的建立，包括煤制气与煤气化的原理。然而，在此之前，燃素理论一直是解释火与燃烧现象最普遍的观点，视其为一种物理变化。

回顾历史，我们认识到，识别煤气中每种伴生气体，如 H_2、CO、CO_2、CH_4、N_2、O_2、H_2S 和 NH_3，花费了一个多世纪的时间，而某些有机化合物如 COS、$C_2 \sim C_4$ 烃类的发现则耗时更久。试想，如果黑尔斯在他当年的实验中将纽卡斯尔煤炭干馏产生的空气（煤气）用一根火柴点燃的话，他可能会发现其实煤炭干馏产生的"空气"是可以燃烧的。可惜，这不是他当时的关注重点。在接下来的几十年里，随着气动化学的发展，越来越多的"空气"（气体）被发现，空气的成分显得愈发复杂多变。有趣的是，这种复杂性反而激发了更多人深入探究自然现象的兴趣。不久，这个潘多拉魔盒被慢慢打开，而开启它的关键之一，正是水及其包含的氢、氧两种元素。

1754 年，苏格兰化学家约瑟夫·布莱克（Joseph Black，1728—1799）在其博士研究期间，发现了一种与大气截然不同却又类似于加热石灰石时释放的"空气"。这种"空气"会熄灭火焰，与布莱克将白镁（碳酸镁）与硫酸反应时释放的气体类似，他将其命名为"固定空气"。

不久后，英国两位著名的化学家——亨利·卡文迪什（Henry Cavendish，1731—1810）和约瑟夫·普里斯特利（Joseph Priestley，1733—1804）的发现，为现代化学的诞生提供了关键性证据。这两位化学家均为英国皇家学会会员，对化学抱有极大热情，同时也是燃素论的忠实拥趸。卡文迪什是位非常熟练的实验家，对化学极为痴迷。他改进了黑尔斯的气动槽，采用水银代替水作为隔离密封介质，从而能够捕获那些易溶于水的气体，避免其溶解流失而无法检测。1766 年，他观察到铁块置于稀硫酸溶液中会产生一种很轻的易燃气体，命名为"易燃空气"，即今日我们熟知的氢气。普里斯特利随后又进一步改进了卡文迪什的仪器设备，使其具有多的功能，同时又有足够精密度，可以进行更复杂的气体操控实验（图 3-2）。1774 年，通过使用此设备，他发现了另一种能生成水的元素。当在密封烧瓶中加热氧化汞时，普里斯特利发现又产生了一种"空气"。当暗火暴露在这种"空气"中时，会"燃烧"成明火焰；当他呼吸这种"空气"时，会感到清新宜人。普里斯特利将其命名为"去燃素空气"，即氧气。在随后的几年里，普里斯特利还发现了更多的气体，如可燃空气中的一氧化碳、"碱性空气"（氨）和海洋酸（氯化氢）等。随着时间的推移，大约在 1781 年，普里斯特利在他的另一个实验中发现有水形成。当时，他用去燃素空气与卡文迪什的易燃空气通过静电火花引燃，发现有水珠生成。普里斯特利随即与卡文迪什分享了这一现象，引起了卡文迪什的浓厚兴趣。卡文迪什随即以定量的方式重复了这个实验，并于 1784 年向皇家学会报告了他的发现。当易燃空气按一定比例与普通空气反应时，约有 20% 的普通空气消失了，其间，有露珠形成，这些露珠与普通水无异。不言而喻，那消失的 20% 普通空气即为氧气（Brock，1993）。

图 3-2　普里斯特利改进的气动槽（Wikimedia）

　　关于煤气与合成气，表 3-1 汇总了相关气体的发现时间及其对应的化学家。值得注意的是，历史学家普遍认为，瑞典化学家卡尔·舍勒（Carl Scheele）比普里斯利更早独立地鉴定了氧气，但其发现直至 1777 年才得以发表。关于一氧化碳的发现，存在多个版本。具体而言，法国化学家约瑟夫·玛丽·弗朗索瓦·德·拉松（Joseph Marie Francois de Lassone，1717—1788）的相关发现包含一些细节：虽然拉松在 1776 年使用焦炭加热氧化锌制备了一氧化碳，但却错误地将其视为氢气，因为它在燃烧时会发出与氢气相同的蓝色火焰（Qiao，2017）。随后在 1800 年，英国化学家威廉·克鲁克香克（William Cruikshank，1745—1800）发现了一种由碳和氧组成的化合物，即一氧化碳。该化合物后来被证实具有独特的化学特性，不仅具有作为燃料气的价值，还被发掘出诸多有趣的应用，例如冶金、化学合成及催化剂制备等。至于其他碳氢化合物气体，如乙烷、乙烯和丙烷，它们通常少量存在于煤气中。对这些气体的深入理解需再等几十年，直到对煤气制造过程中释放的煤焦油和油有更多的了解，这进一步推动了有机化学这一化学新分支的发展。从表 3-1 所列气体的旧名称中可见，当时人们对空气的认知虽有显著进步，但仍相当混乱。至少，区分不同气体并非易事。面对这种日益加剧的混乱状况，燃素学说遭遇了前所未有的质疑；显然，空气的概念已不符合当时流行的最小元素理论。那么，空气到底是什么？

表 3-1 组成合成气的主要成分气体的发现时间机器发现者

名称	发现者	发现时间	旧名称
氧气	英国化学家普里斯特利	1774	去燃素空气
氢气	英国化学家卡文迪什	1766	易燃空气
一氧化碳	法国化学家约瑟夫·玛丽·弗朗索瓦·德·拉松	1776	易燃空气
二氧化碳	苏格兰化学家布莱克	1754	固定空气
氮气	苏格兰化学家卢瑟佛德(D. Rutherford)	1772	去燃素/有害空气
甲烷气	意大利物理学家、化学家伏打	1776—1778	沼泽地空气
硫化氢	意大利化学家拉玛兹尼(B. Ramazzini)	1713	硫化氢气
氨气	英国化学家普里斯特利/法国化学家贝托莱(Berthollet)	1774	碱性空气
元素碳	法国化学家拉瓦锡	1789	碳

不知出于何种原因，普里斯特利与卡文迪什均未依据其实验结果对燃素学说提出进一步挑战。尽管他们理应意识到空气与水并非元素，因为在遭遇火花时，去燃素空气（即氧气）会与易燃空气（即氢气）结合，生成与普通水无异的水。按常理而言，这样强有力的实验证据本应促使他们对水的本质产生更多质疑。然而，考虑到他们二人当时均为坚定的燃素主义者，这似乎也不难理解。实际上，卡文迪什曾一度相信他发现的轻质易燃空气（氢气）才是真正的燃素。遗憾的是，英国在气动化学领域的领先地位因此仅停留于这些发现之上，错失了将气动化学推向新高度的契机。相比之下，法国化学家安托万·拉瓦锡在这些发现的基础上，开发并建立了一个当时欧洲顶尖的实验平台。他通过大量的调查、实验研究、观察与思考，以及进一步的归纳与验证，使化学在气动化学的基础上取得了突破性进展，步入正轨，从而推动了化学乃至科学革命的快速发展。化学知识的建立及其应用，又极大地加速了工业革命的进程，诸如煤气照明与煤炭气化技术等领域的革新便是明证。

回想起来，以推进气化技术为例，发展和建立特定领域的知识与技能确实需要相当长的时间。从历史视角审视，众多伟大的思想家在面对他们的发现及其所能展现的前景或真正突破时，往往不仅要跨越认知的鸿沟，有时还需经历一次又一次信念的飞跃。科学家群体亦然。当亨利·卡文迪什将铁块置于稀硫酸溶液中，认为释放出的看不见且没有重量的可燃气体即是真正的燃素时，事实却残酷地揭示，他错失了一次将这一气体确认为氢——地球上最丰富的元素之一，也是当下备受瞩目的绿色能源——的良机。同样，在约瑟夫·普里斯特利微妙的实验中，他加热密封试管中的氧化汞，发现产生一种气体，该气体能使暗火"燃烧"并复燃，而他呼吸这种气体时亦感舒适与清新。遗憾的是，他将之命名为"去燃素空气"，而非我们今日所熟知的氧气。更为遗憾的是，两人均错过了通过各自实验洞悉水的本质的宝贵机会。尽管他们在发现易燃空气在空气中或在去燃素空气中燃烧会形成水滴时，可能对烧瓶壁上凝结的水滴与无处不在的水无异的事实感到困惑，却未能对此进行更深入的实验探究。今日，尽管发现氢与氧的功绩仍归于他们二人，但我们现今使用的命名却源自另一位伟人——法国职员兼化学家安托万·拉瓦锡。是他将氢命名为"制水的元素"（源自希腊语），氧命名为"制酸的元素"（源自希腊语）。自那时起，拉瓦锡以系统的方式挑战了亚里士多德物质观的合理性，这一挑战最终奠定了现代化学的基础。这也为煤气化的萌芽、存在与发展铺平了道路。然而，煤气化真正找到进一步发展的理论基础，又耗费了大约一个世纪的时间。

第二节　气体及其化学

大航海时代的开启将欧洲带出了黑暗的中世纪的同时，也将其文艺复兴运动又向前推进了一大步。随着伽利略确认和发展了哥白尼在近百年前发表的天体运行论而建立了日心说，不仅使人类社会对其生存的世界乃至宇宙有了全新的认知，而且也开启了自然科学发展的新时代。紧接着，当笛卡尔将古老的几何学与代数学相结合在 1637 年创立了解析几何，牛顿于 1687 年建立了物理学以及万有引力定律之后，改变未来世界的自然科学的发展将科学革命推向了高潮。遗憾的是，天文学、数学以及物理学的发展并没有带来化学领域的进步，化学仍然徘徊在一个直观感性的初级认知阶段。在 18 世纪中叶之前，我们今天所理解的包括火或燃烧在内的化学反应一般被描述为遵循燃素说的一个物理转化过程，即蜕变过程。例如，氧化汞被视为含有燃素（即氧元素）的弱键合氧化物。当对其进行加热时，燃素会从其中逸出并形成去燃素空气，但一旦冷却下来，去燃素空气就会重新被固定回去又形成初始的氧化汞。就今天的理解而言，这仅是化学中的一个特例。然而在当时，燃烧也被理解成类似的现象：燃料中的燃素在燃烧过程中释放热量和光，同时逸出至火焰中。那时，人们尚未形成物质变化或化学反应的概念，对生活及周围事件的思考和解释也显得颇为机械。但这一切，即将迎来转变。

在法国，年轻的安托万·拉瓦锡（Antoine Lavoisier，1743—1794）于 1743 年 8 月 26 日出生于一个律师家庭，他是一名公务员，但业余时间热衷于化学。

拉瓦锡的成长时期，法国正处于一个非常特殊的阶段。17 世纪中期，法国已成为欧洲大陆的绝对权力中心，并带领整个欧洲大陆走出了文艺复兴时代，步入主要由知识分子引领的启蒙运动。为了更好地同英国先进的工业发展竞争，国王路易十四于 1666 年设立了世界上最早的权威科学机构——法国科学院，旨在鼓励和保护法国本土的科学研究精神，并提供公众服务以解决公众向该机构提出的任何科学问题或疑问。法国科学院正式设立了包括数学、机械学、天文学、化学、植物学以及解剖学六个学科，对自然科学的发展以及传播起到了积极的作用，也使法国成为世界科学发展的中心。自然科学的发展又逐渐将启蒙运动推向了高潮，这个时期的代表人物除了笛卡尔和牛顿之外，还包括伏尔泰、卢梭、孟德斯鸠、休谟、亚当·斯密等著名哲学家，他们将理性的逻辑思维方式引入社会、政治、经济、法律等领域的研究。在接下来一个多世纪里，社会、政治、经济、法律等领域涌现出众多突破性学说与理论。例如，休谟于 1740 年发表的《人性论》、孟德斯鸠的《论法的精神》（1748）、卢梭的《社会契约论》（1762）、斯密的《国富论》（1776）等。大约也是在这个时期，自然科学渐渐地从传统的哲学体系中独立出来，形成了自然哲学。自然哲学的建立不仅体现在法国科学院建立的六个自然科学学科上，更加突出的是于 1751 年由狄德罗和达朗贝尔编纂出版的《百科全书》（Encyclopédie），它堪称这一时期的典型代表作。与伏尔泰的《哲学辞典》（1764）不同，《百科全书》包含 35 卷、7 万 1 千余条目，旨在全面涵盖当时人类社会开发、创造及建立的所有领域的知识。拉瓦锡正是在这样的背景下成长起来的。

　　20 岁时，拉瓦锡获得了马萨林学院的法律学位。在学校期间，他还对化学产生了浓厚兴趣，并参加了纪尧姆-弗朗索瓦·鲁埃勒（Guillaume-Francois Rouelle，1703—1770）教授的化学课程。鲁埃勒在燃素说的基础上，提出了全新的盐理论，他依据盐的结晶形态、制备盐所用的酸和碱来对盐进行分类。这种化学新思维的接触，或许在一定程度上影响了拉瓦锡日后对化学的思考。1763年至 1767 年间，拉瓦锡追随其家庭好友让-艾蒂安·盖塔尔（1715—1786）学习地质学。作为盖塔尔的助手，他们共同对法国广袤地区的矿产资源进行了实地勘探。正是在这一时期，拉瓦锡也开始关注水的净化及相关化学研究，他深入研究了石膏及其结晶形态，这是一种当时在巴黎广受欢迎的墙体涂料。1765 年，拉瓦锡向法国科学院提交了一篇关于石膏及其结晶形态研究成果的论文。他立志成为法国科学院的一员，并于 1764 年参加了点亮巴黎街道的有奖竞赛，两年后，他获得了路易十五国王颁发的参赛特别奖章。该奖项由法国科学院颁发，是法国政府为鼓励创新而设立的一部分激励政策。

　　早在七年战争（1756—1763 年）的初期，法国政府就已经意识到英国工业化的发展在很大程度上得益于其在科学技术领域的进步，使其工业实力乃至国力很快处于领先的地位。遗憾的是，法国输掉了七年战争。接下来更糟糕的是，虽然法国帮助美国摆脱了英国的殖民统治获得独立，但是作为美国的盟友，法国并没有从美国的独立中得到任何好处，相反，法国的国库变得更加空虚。因此，法国政府重新评估了自己的政策，有意识地决定通过激励创新来满足其紧迫的国力发展的战略需求。该计划激发的另一个例子是尼古拉斯·勒布朗克（Nicholas Leblanc，1742—1806）于 1789 年发明的勒布朗克工艺，这是制造纯碱的早期化学工艺的开端。纯碱是一种重要的原料，除了用于食品烘烤外，还广泛应用于制肥皂、造纸和玻璃制造等领域。当时，纯碱是仅次于硫酸的重要的化学品，在某种程度上代表一个国家或王国的国力。在勒布朗克工艺问世前，纯碱主要来自天然植物或矿物质，家庭主妇们常收集炊饭后的草木灰，通过水淋法制取。

再回到拉瓦锡本人，这位才华横溢的年轻人最终于 1768 年如愿以偿，当选为法国科学院助理化学家，成为科学院的高级会员。同年，拉瓦锡又利用家族继承的财富投资了一家巴黎的私人税收公司，该公司帮助政府对烟草、盐和进口商品征税。不幸的是，以后的事实证明这是一项非常糟糕的投资，竟让拉瓦锡在法国大革命期间过早地将自己送上了断头台，结束了他的生命。拉瓦锡的死，不仅是法国的损失，也是化学发展的损失。

对化学充满热情的拉瓦锡将所有业余时间都投入科学事业中，研究化学并进行大量的化学反应实验，以澄清或证实公众提出的或他可能遇到的各种疑惑或问题。随着时间的推移，他花费了几乎所有的财产用来购买和制造最昂贵的实验设备，在当时建立了欧洲一流的实验室系统。这些一流的实验设备不仅为他的实验提供了必要的功能和准确性，还确保了实验过程中物料与产物进出情况的完整记录，以及对其进行的定量分析。

尽管对燃素学说非常了解，但拉瓦锡还是采取了一种突破性的新的实验方法论。拉瓦锡相信物质的质量在任何变化或衍变的前后都必须守恒，这迈出了他走向成功的关键一步。随着实验的不断深入，他愈发感到燃素学说带来的困惑。于是，他借鉴了布莱克于 1756 年首创的"气体"一词，提出了物质气态存在的必要性，即所有物质依据条件的不同，均可呈现固态、液态和气态三种形态。以水为例，水在温度低于冰点时凝固为固态，室温下保持液态，加热至沸点以上则转化为气态。这种不受约束的思维方式让他开阔了思路，拉瓦锡决定进行更多关于空气和燃烧的实验和研究。在进行燃烧硫和磷的实验中，他发现这两种元素在燃烧后分别都增加了重量，而不是通过释放燃素而导致重量减轻。同时，拉瓦锡也知道金属在空气中烘烤时也会产生类似的结果，形成的氧化物很稳定，只能通过在木炭中燃烧才能减少其金属氧化物的重量（实际上是被炭还原）。因此，他相信大气以某种方式参与了反应并被固定在金属中，导致重量增加。以后更多的实验又产生了更多相互矛盾的结果，这促使拉瓦锡开始质疑燃素说的合理性与可预测性。他认为，如果燃素确实存在，它应当是可预测且一致的，无论其权重为正、为零或为负，都应随一而终，而不应成为随意解释特定结果或现象的工具。然而，拉瓦锡深知自己需要更多数据来支撑这一质疑。因此，1773 年全年，他都在研究、消化和梳理前人的诸多早期工作。1773 年 2 月 20 日，他在实验室笔记本上的记录清晰地反映了他重复他人实验的意图（Brock，1993）：

> "我觉得有义务将我之前所做的一切视为仅仅是暗示性的。我已经提议用新的保护措施重复这一切，以便将我们对空气结合或从物质中解放出来的知识与其他获得的知识联系起来，并形成一个理论。"

拉瓦锡曾经认为燃烧是碳与固定空气（碳酸气或二氧化碳）之间的反应。普里斯特利也曾经有过类似的认知，例如，他在用硝酸汞制备氧化汞时也曾推测其所谓的去燃素空气是一氧化二氮。18 世纪 70 年代，拉瓦锡通过一项在阳光下利用大透镜进行的高调实验，向公众展示了钻石与木炭均由相同的碳构成。实验观察到，当这两种物质在大透镜聚焦产生的高强度热量下于大气中烧灼时，均会释放出相同的碳酸气（即二氧化碳）（图 3-3）。多么有说服力的示范！拉瓦锡所做的与其他人不同的是，他对每一个实验都测量了物料和产物进出的整体情况，从而掌握了事件发生的全貌。

图 3-3　拉瓦锡的燃烧透镜实验装置（1772—1774 年）

那么，从很大程度上讲，拉瓦锡之所以能够推翻燃素学说，得益于卡文迪什和普里斯特利在 1774 至 1783 年间的重要发现：可燃空气与去燃素空气相互反应能生成水。这为拉瓦锡破译水和燃烧的实质是什么的命题提供了决定性证据，从而颠覆了燃素说，并初步构建了现代化学体系的新框架。1774 年底，即去燃素空气被发现的那一年，普里斯特利前往巴黎会见了拉瓦锡，并向其介绍了关于去燃素空气的发现与研究成果。拉瓦锡在自己的封闭实验系统中重复了普里斯特利关于水银及其氧化物的实验，结果证实，正是纯净的空气导致金属与非金属元素重量增加，且这些产物溶于水后会产生酸。这极大地缩短了拉瓦锡与新理论之间的距离。鉴于去燃素空气是人类呼吸的普通空气的一部分，这意味着空气并非元素。五年后，即 1779 年，拉瓦锡将这种去燃素空气或纯空气命名为"氧气"，这是一个希腊词，意为"酸的制造者"，因为它与非金属元素反应会生成酸。

此时，金属与酸反应释放出的易燃空气成为困扰拉瓦锡的问题。而金属氧化物需通过与木炭一起燃烧才能恢复为金属形态，这也令他感到困惑。直到九年后，即 1783 年，卡文迪什的秘书查尔斯·布拉格登在巴黎拜访了拉瓦锡，并分享了卡文迪什关于轻可燃空气与氧气（去燃素空气）反应同时生成水的研究成果。这对拉瓦锡启发极大，使他认识到水也不是元素，从而最终完善了他的燃烧理论：氧气与易燃空气结合形成水。同样，氧气与金属反应产生更重的氧化物，而金属与酸反应释放的易燃空气并非源自金属，而是源自溶解酸的水。他将这种轻而易燃的空气命名为"氢"，希腊语意为"造水者"。

到 1785 年，拉瓦锡似乎已准备摒弃他认为神秘、不可预测且不科学的燃素说。然而，为确保其新理论——氧气燃烧理论的完整性，他仍需补充一点：在燃烧过程中产生热和光的元素，若非燃素，那其本质究竟又是什么呢？为此，拉瓦锡创造了一个新词：热量（caloric）。他认为热量是存在于氧气中，而不是存在于含有热量和光的金属中。就这样，根据拉瓦锡的燃烧理论，当这些金属在燃烧时自身重量增加的同时还会释放热量，即 caloric。最终，拉瓦锡于 1789 年在其名著《化学基础论》（Traité Élémentaire de Chimie）中介绍了这一新的发现。而法国大革命也恰恰是在这一年里爆发。假如说启蒙运动所带来的知识和思想的传播是法国大革命爆发的导火索的话，那么，科学革命的发展是将启蒙运动走向高潮的主要推手。而根据拉瓦锡的《化学基础论》所建立的现代化学则是将科学革命推向高潮的又一个里程碑。

根据拉瓦锡提出的全新氧燃烧理论，当物质（无论是金属还是非金属）与大气中的氧（该氧以携带热量的形式取代了传统燃素说中的燃素）发生反应，生成氧化物时，其重量会有所增加，同时释放出的热量则表现为光和热。拉瓦锡的这一新理论合理解释了燃烧过程，只是其中关于空气中热量的概念仍需约半个世纪后才得以进一步完善。拉瓦锡的燃烧理论虽然并不完美，但却揭开了火焰或火的神秘面纱，引领化学步入正轨，并开启了随后几个世纪科学革命的快速发展之路。通过阐述煤及煤气燃烧的原理及其燃烧机制，这无疑有助于减轻公众对即将在下个世纪普及的煤气照明可能带来的恐惧。

毕竟，很难想象，空气和水——这两种对人类及其生态系统至关重要且为人们所熟知的自然物质，在当时竟隐藏着揭开火或燃烧本质的关键。倘若能早些破解这两种物质的秘密，人类是否能更早地走出文艺复兴时期，提前开启科学革命呢？尽管如今对这类问题的探讨已失去现实意义，但有一点毋庸置疑：破解空气和水的奥秘，了解它们的化学性质，无疑为煤气化技术的诞生铺平了道路，因为这两者正是与煤气化密切相关的物质———一个是气化反应的氧化介质，另一个则是煤气化的产物。在煤气化过程中，煤炭与氧气反应释放的热量促使水中的氢分离出来，形成氢气。煤气化的原料不仅限于煤炭，还包括木屑、生物质及其他城市垃圾等，它们均能在特定条件下转化为易燃气体。这些易燃气体被广泛用于公共照明、供暖，以及在即将到来的工业革命期间，被更多地应用于工业生产和冶金过程，成为公用事业不可或缺的原料与燃料。

第四章
煤气照明的时代

在英国开始兴起煤气照明之前，欧洲乃至全球普遍依赖动物脂肪、鲸油和植物油制作蜡烛或油灯，为住宅与工作场所提供照明。1764 年，拉瓦锡参与街道照明竞赛时，其灯具设计很可能便是基于蜡烛或油灯。位于北半球的英格兰，白天的时间相对较短，在冬季更短。若能改善照明条件，将日落后的时光延长一两个小时，对工厂及其所有者而言，无疑极具吸引力，能延长工时，进而增加利润。对民众而言，则意味着能完成更多事务。可是，在当时的情况下，要延长白昼除了选择蜡烛和油灯，别无他法。但这两者成本不菲，且蜡烛和油灯的照明能力受限，普通蜡烛的亮度仅约 12.5 流明，相当于 1 瓦白炽灯。因此，需同时使用大量蜡烛或油灯才能达到更亮的效果。加之，动物脂肪、鲸油和植物油亦是肥皂制造的重要原料，这种双重需求加剧了原材料的竞争，导致供应紧张，价格攀升。例如，英国一家典型棉纺厂若延长每日工作 2 小时，其年度照明成本可能轻易超过 1000 英镑。对于大多数非富裕阶层而言，蜡烛和油灯因成本高昂，始终是一种令人向往却难以负担的奢侈品。因此，任何比蜡烛照明更经济的替代品都将大受欢迎，备受追捧。

同样重要的是，随着 18 世纪工业活动的广泛深入，城镇数量与规模不断扩大，寻找可靠且廉价的替代照明源，以在日落后点亮城镇，也就自然而然地成为当世纪末亟待解决的紧迫问题，在英国尤其是如此。

第一节 煤气-照明

然而，当煤气灯于 19 世纪初在英国出现时，公众的反应却大相径庭：一些人兴奋地接受了它，而另一些人则因对这类新事物缺乏了解而心存疑虑，甚至恐惧。最终，煤气照明还是在街道照明等迫切需要经济照明替代品的领域找到了适合自己的市场，成为一个永远改变公众生活的重大事件。正如维多利亚时代的期刊《威斯敏斯特评论》在早期用煤气进行街道照明时写道（Long，2022）。

> "街头煤气灯的引入将比任何次数的教堂布道更能消除街头的不道德和犯罪。"

显然，这种新型照明方式的引入，为当时英国社会的发展带来了诸多正面、积极的影响。即便是如此，公众对这一事件的接受还是花了一些时日。当然，煤气制造技术本身的发展也是一个过程，同样需要时间。

随着气动化学的发展、燃烧原理的阐释以及现代化学的逐步建立，燃烧或火的神秘面纱逐渐地被揭开。接下来，就像黑尔斯通过干馏蒸煮实验测量不同材料产生的"空气"的量那样，许多哲学家、化学家、工程师或发明家迅速开始研究其他原料，寻找可以用于照明、具有竞争力的可燃气体来源。比如，从动物脂肪或树脂中提取油类，在封闭的锅中蒸煮木材生物质以及根据卡文迪什或意大利物理学家费利斯·丰塔纳（Felice Fontana，1730—1805）最新发现的方法制造氢气等，还有不少诸如此类的例子。但是这些来源大都不太可行，就像同样卡在蜡烛和油灯上的魔咒一样，它们的供应同样有限且价格不菲。比蜡烛和油灯糟糕的是，氢气又没有任何照明价值，所以在很长的一段时间无人问津。

随着18世纪下半叶纺织和炼铁工业活动的加速发展，对经济型替代照明的需求变得越来越迫切。于是，一些人开始关注英国和欧洲其他国家廉价的煤炭。到1800年，英国生产的煤和铁比世界其他地区的总和还多。相应地，其煤炭产量从30年前的600万吨增至1200万吨（Stavrianos，1995）。这时，煤炭已经变得触手可及。同时，也零星地有人尝试使用可燃气体进行照明。比如在法国，1784年鲁汶大学教授简·彼得·明克勒斯（Jan Pieter Minckeleers）在他的教室里演示了煤气照明的方法；在英国，阿奇博尔德·科克伦伯爵（Archibald Cochrane）于1787年在他的庄园卡尔罗斯修道院（Culross Abbey）进行干馏煤制造煤焦油时也发现副产的气体是一种易燃煤气。然而，科克伦伯爵的业务重点是销售煤焦油作为船舶中使用的木材密封剂，几十年后，当蒸汽机车技术快速发展时，他又将煤焦油用于火车轨道枕木的养护。还有，法国土木工程师飞利浦·勒邦（Philippe Lebon，1767—1804）于1799年为一种他称为热灯（thermolamp）的装置申请了专利，该装置将木材干馏产生的可燃气体用于照明。1801年，勒邦在巴黎展示了他的热灯，打算以此来吸引资金用于开展照明业务，但未能如愿。真正打开照明领域大门的是苏格兰工程师威廉·默多克（William Murdoch，1754—1839），他不仅试验开发了这种新的照明方式，还将其包装成一个工艺过程和设备系统，用于生产煤气来照亮他的住宅。1792年，他从干馏煤中得到的煤气，改变了当时的社会生活，也对当时的工业化进程产生深远的影响。

威廉·默多克是博尔顿 & 瓦特公司的一名苏格兰工程师。在1782—1798年期间，他被派往康沃尔郡雷德鲁斯地区为煤矿安装蒸汽机。其间，默多克对易燃气体产生了兴趣。1792年左右，他用煤气点亮了他在雷德鲁斯的房子（图4-1）。使用的煤气是默多克在他家旁边用一个简单的铁锅做的干馏器里"煮"煤制成的。在干馏器和他家之间，他用一根70英尺长的镀锡铁管和铜管将煤气引到他的家里用于房间照明（Hughes，1853）。在接下来的几年里，他利用业余时间继续在当地一家公司工作，进一步开发干馏装置，研究不同煤产生的气体以及必要的部件，如煤气净化、储存、分配和照明装置等。事实证明，他在此期间所做的一切为后来煤气照明的利用打下了坚实的基础。在雷德鲁斯的工作完成后，默多克返回到博尔顿 & 瓦特公司所在的伯明翰市。默多克又在公司的 Soho Works

威廉·默多克的居所
1782—1798
1784年发明火车头
1792年发明煤气照明

图 4-1 默多克在雷德鲁斯的房子

建造了一个小型干馏系统来生产煤气，并用这些气体点亮了 Soho Works 的主楼。在博尔顿和瓦特退休后，他们的儿子马修（Matthew Robison Boulton）和小瓦特（James Watt Jr.）接管了博尔顿 & 瓦特公司的业务。1801 年，当他们在巴黎了解到勒邦有关热灯的研究后，便对煤气照明业务产生了兴趣。利用次年庆祝亚眠和约的机会，默多克被要求在伯明翰 Soho Works 大楼安装煤气灯。亚眠和约是在拿破仑战争期间英法及其盟国签署的一项为期 14 个月的临时停战条约，旨在尽早结束法国和英国之间的敌对关系。就在 1802 年 3 月 25 日停战协议签署的当天，默多克在 Soho Works 大楼的两端各放置了一个小型干馏器，并在每个干馏器上方不远处连接了一个燃烧器。当点燃了从干馏器中出来的煤气的时候，由燃烧器释放出的独特霓虹灯光让路人惊叹不已，为庆典增添了更多的色彩。由此，该活动成为第一次以实用的方式展示公共煤气照明，同时也展示了在工业革命初期标志着照明新时代到来的新技术。随着煤气照明技术在英国的确立，煤气照明很快传播到不列颠群岛两岸、欧洲大陆和美国，同时还将煤制气技术和工业革命带到了一个更高的层次。

第二节 煤气制造业务

自 18 世纪 70 年代起，博尔顿 & 瓦特公司一直在向工业界的工厂和矿山销售蒸汽机和相关服务，因此发展了相当大的客户群。这些客户自然成为默多克开发新煤气照明业务的目标客户，对于快速启动这一新业务非常有效。1805 年初到次年，默多克在当时的学徒塞缪尔·克莱格（Samuel Clegg，1781—1861）的协助下，先后建了两个煤干馏煤气项目：一个位于曼彻斯特索尔福德的飞利浦斯

& 李（Phillips & Lee）棉纺厂，另一个位于哈利法克斯附近索尔比桥，是亨利·洛奇（Henry Lodge）先生的棉纺厂。作为英国最大的棉纺厂之一，飞利浦斯 & 李棉纺厂的发展的确受益于当时纺织相关的新技术，特别是蒸汽机和相关设备的采用。因此，对新技术的采用并不陌生。其总经理李先生对当时默多克新的煤气照明产生了浓厚的兴趣。但为防万一，李先生让默多克分阶段实施煤气制造和照明系统的安装，先从点亮一间账房和附近李先生的住所开始。煤制气、配气、房间照明工程总体进展顺利。出乎意料的是，起初生产的煤气用于照明时，房间里的气味很快变得令人难以忍受，尤其是在门窗关闭的情况下。这是由煤气中存在的硫化氢引起的。后来，默多克对此进行了改进，在储气罐中加入石灰，从而将硫化氢含量降至可接受的水平。通过这种改进，得以继续将煤气分配到工厂的其他房间。配气输送管网络由总长 7 英里的管道组成，每个终端都与每一个房间的燃烧照明器相连，共使用了 271 个阿甘灯（Argand）和 633 个 Cockspur 灯照亮所有的房间。Cockspur 灯由默多克设计，是一种带有多个火焰的燃烧器（Samuel Clegg，1841），因其燃烧的形状倒过来看像公鸡（cock）的爪，故由此而得名。这里值得一提的是，大约在这一时期，克莱格离开了默多克，自立门户，很快成为煤气制造照明工艺技术开发领域的一位关键人物。就这样，飞利浦斯 & 李棉纺厂的煤制气项目在冬季连续运行，这一项目的成功标志着煤气照明时代的开启。1808 年 2 月，默多克向皇家学会报告了他在飞利浦斯 & 李棉纺厂的项目"煤气经济目的的应用说明"，展示了其非常有吸引力的经济性。其总结如下（Murdock，1808）：

> "年平均而言，每天延长两个小时需要 2500 支蜡烛，成本约为 2000 英镑。使用煤气，需要 2500 立方英尺的煤气来装载所有 904 个燃烧器，产生相当于 2500 支蜡烛提供的光量。每天生产 2500 立方英尺的煤气（即每年生产 782500 立方英尺的煤气）需要 110 吨烟煤作为干馏原料和 40 吨普通煤作为燃料。煤气生产将副产 70 吨焦炭出售，副产的焦油等没有价值。考虑到资本和设备磨损的利息支付，每年的费用将为 600 英镑，与蜡烛的 2000 英镑成本相比，业主节省了大量资金。"

显而易见，煤气照明从一开始就展示了其成本优势，为飞利浦斯 & 李棉纺厂节省了大量资金。

从长期可持续发展的角度来看，默多克对利润比较的描述可能是激进的或是一种最佳的情况。因为后来的经验证明，煤制气本身还需要不断地进行更多改进才能使煤气制造和照明系统顺利运行。随着该过程变得复杂，煤制气项目的实施逐渐添加了额外的装置，包括用于去除硫化氢的煤气净化设备以及其他用于回收以前排放到河流或堆积在附近的煤焦油、氨水和轻油等的设备，这都需要额外的资本。资本和运营成本加和即总成本必然会上升。尽管如此，用煤气照明显然是替代老式昏暗的蜡烛灯或油灯的可行且具有竞争力的方案，从此开启了煤气照明的新时代。相对于煤气照明工艺的商业化而言，勒布朗克发明的纯碱制造工艺在他 1806 年去世时还未开发成功。煤制气技术也就成为当时最早得到商业应用的工艺技术。而默多克将他在过去 16 年中获得的实验结果和专业知识研究成煤气照明产品整合到一个工艺系统中，并运用到纺织行业中，充分证明了煤气照明的可行性，这不仅标志着煤气照明时代的开始，也标志着化学工艺过程的原始实践。在随后的几十年里，制碱和煤制气这两个行业又有多次交叉，对彼此的发展都产生了重大影响和促进。

就在默多克试图在英国的工业领域开发更多的煤气照明项目时，另一位德国发明家和企业家弗雷德里克·温莎（Frederick Winsor，1763—1830）也在努力探索、开发英国的煤气照明事业。只不过温莎并非在工业领域寻求发展，而是将煤气用于照明街道、商业建筑和住宅等公共事业市场。事实上，温莎在 1801 年访问巴黎期间也接触过勒邦的热灯，并认为煤气照明如果在公共部门用来照亮街道、酒店、剧院、酒吧等，应该会发挥更大的作用。温莎认为随着工业革命早期经济的快速发展、城镇的快速膨胀，中产阶层出现以及人们的生活条件也相应提高，这都成为对公共生活的需求因素。温莎的商业模式看似直截了当，即建设一个大型的中央煤气厂和管道系统，然后将煤气输送到公共街道、桥梁、旅馆、剧院和住宅等大街小巷用于照明，同时将副产品焦炭出售给当地政府，或作为烹饪、取暖和其他家庭用途的清洁燃料进入市场。然而，温莎的想法在当时受到了很多质疑和批评，除了因为这是一个全新的事物外，与当时煤气燃烧的化学内涵尚未得到公众的深入理解也不无关系。1807 年，为了展示他的商业理念以及煤气照明的安全性，温莎在伦敦的 Pall Mall 街设置了几盏煤气路灯供过往的行人、公众观赏。这样的陈列作为一种有效的煤气照明推广和营销方式，确实吸引了大量公众的驻足围观。这些驻足之客有的兴奋，有的好奇，也有的则带有恐惧，那些面孔上的表情都展现在 1809 年乔治·罗兰森（George Rowlandson）的著名素描中（图 4-2）。与此同时，温莎还一直在积极地寻找感兴趣的投资人筹集资金，同时还游说议会以获得特许经营权来开展他的业务。温莎的努力和坚持最终得到了回报。1810 年，议会授予温莎特许状，允许他开发煤气厂向威斯敏斯特和邻近的郊区供应煤气，供公众使用。之后在筹集到足够的资金后，温莎于 1812 年成立了一家公司，即特许煤气灯和焦炭公司（GLCC），开启了煤气用于公共事业照明的开端。虽然接下来通往煤气公共事业照明的道路并不是一帆风顺，但是在初期经历了技术和商业上的许多挫折后，GLCC 最终成为开发和经营照明用煤气业务的先驱，并成为英国最大的煤气公司之一，也为英国当时工业革命的进一步发展起到了承前启后、举足轻重的作用。137 年后，即 1949 年，GLCC 被国有化并入北泰晤士河煤气局，这是英国十二个国有煤气局之一，在 1986 年通过有关私有化的天然气法后，又成为现今的英国天然气公司。

图 4-2　窥视 Pall Mall 大街上的煤气灯（George Rowlandson，1809）

　　GLCC 的首批煤气产自位于威斯敏斯特区彼得街的煤气厂，该厂于 1813 年 9 月正式投入使用。三个月后，恰逢新年前夜，煤气首次被输送至威斯敏斯特桥，取代了桥上的油灯，新安装的煤气灯瞬间将大桥照亮，引起了伦敦市民的广泛关注。次年平安夜，圣玛格丽特教区的旧油灯也被煤气灯取代，标志着伦敦煤气照明时代的正式开启（Guide G.，Gas Light and Coke Co.）。

　　尽管公共照明用煤气业务正蓬勃发展，默多克的煤气业务却近乎停滞。不久之后，博尔顿 & 瓦特公司最终退出了煤制气领域。究其原因，一方面可能与克莱格和温莎的竞争激烈有关，另一方面，默多克未能为其煤制气工艺取得必要的专利保护，似乎也难逃干系。从商业视角审视，博尔顿 & 瓦特公司聚焦于纺织行业现有客户的策略，确实助力其煤气照明业务迅速起步。然而，这毕竟是一个相对狭小的市场，且当时竞争激烈，企业主对资本支出极为审慎。毕竟，博尔顿 & 瓦特公司的核心业务在于蒸汽机产品及服务，利润远为丰厚。加之蒸汽机业务作为工业化道路的基石，增长潜力巨大，其产品在接下来的数十年间广泛应用于工业革命的各个领域。更重要的是，博尔顿 & 瓦特公司专注于设备制造与安装服务，这与以工艺流程为主、需跨学科和化学知识的业务模式大相径庭。随着煤制气技术的逐步精进，其工艺特性愈发显著，实施中愈发需要深厚的化学知识和工艺技术。例如，克莱格发明的石灰吸收硫化氢净化器，弗雷德里克·阿库姆在安全和排放物方面的化学知识，以及煤焦油和氨水化合物排放等问题，很快便引起公众关注并亟待解决，这些均离不开化学知识。当然，当时的化学知识和化合物概念尚显模糊。

尽管默多克早在18世纪90年代便开发了煤制气，但后续事实清晰表明，如克莱格所证实，煤制气可持续系统的后续发展及改进，均需深厚的化学知识、交叉学科知识、过程知识和工程经验。相较克莱格，默多克在必要的工艺和化学知识上已渐失优势，而这些知识对于构建既能确保操作满意又能保证煤气质量的煤制气系统愈发关键，以满足燃气照明应用不断变化的需求。尽管如此，默多克在挖掘煤气价值、发明煤制气设备并将其商业化方面的开创性和创造力不容置疑。他因在不使用灯芯的情况下提供更为明亮的新光源而被铭记，这一光源在工业革命期间深刻影响了英国社会生活的方方面面，其影响一直延续至20世纪。

总地来说，温莎在制造照明用煤气上的直接成就，验证了他的远见：煤气能够有效应对市场对繁华城镇公共照明经济替代方案的迫切渴求，这一方案正是城镇积极寻求的。与此同时，正如默多克先前率先所示，煤制气本身亦能作为一种可行且具竞争力的方案，来满足这一新兴需求。这一巧合使得默多克与温莎均因智慧与远见而声名鹊起。于是，煤气事业迅速找到了其应用市场，并步入了快速发展的轨道，历经百余年而经久不衰。在这漫长的岁月里，煤制气业务与技术持续不断地改进与发展，有时不得不进行自我革新，以维持生存或适应不断变化的市场条件及监管环境。

第三节　化学、技巧和煤气制造

从技术上讲，如果没有克莱格和弗雷德里克·阿库姆（Frederick Accum，1769—1838）这两个人，温莎的 GLCC 取得的早期成功几乎难以实现。他们凭借深厚的化学背景及丰富的实践经验，在制定商业规划、成功实施煤气制造工程及输送煤气以供照明方面发挥了重要作用。然而，值得注意的是，二者在角色及对 GLCC 成功的贡献上存在差异，这些差异恰好反映了煤制气技术的开发从一开始便是一个融合多学科知识、原理与技能应用的复杂工艺体系。

阿库姆是一名德国化学家，于1793年至1821年间寓居伦敦，其间从事化学实验室及设备业务，涵盖标准试剂与相关设备的制造与销售。1801年至1803年间，他在皇家研究所担任英国化学家和发明家汉弗莱·戴维（Humphry Davy，1778—1829）的实验室助理，后于英国开创实用化学公开讲座，成为化学、燃气照明及化学品使用相关的食品安全等领域的杰出人物。他支持温莎将煤气用于公共照明的愿景，并协助其进行新燃气照明业务的试验。当议会委员会审查关于成立煤气灯和焦炭公司章程的申请时，阿库姆亦受邀出席听证会。凭借其化学领域的影响力与知识，他后来成为 1812 年成立的 GLCC 董事会成员。尽管他在监督公司首个位于伦敦科特路（Curtain Road）煤气厂工程中未能成功，但其知识与化学专长确实助力温莎获得了开展煤气公共照明业务的特许权。此外，他在 1815 年出版的著作和 1819 年的更新版是当时最早的关于煤气制造及相关业务的文献，为公众了解煤气制造初期情况提供了宝贵的资源（Accum，1815；1819）。

在建设煤制气工程及煤气输送方面，克莱格凭借其在英国开发煤气厂的成功实践经验，挽救了阿库姆在科特路煤气厂的工作。众所周知，化学和化学工程属于不同的学科，尤其是煤制气工程项目，更需要大量的亲身实践经验方能保证其成功。说到煤制气，想象一下如果没有应用化学可谈的当时，从何着手开始气体制造过程以及如何处理从干馏器中出来的气体？让煤制气项目的顺利进行并将煤气用于照明，发挥应有的作用在很大程度上取决于那些拥有从大量的实际工作中取得了亲身实践经验的人。这不仅在化学学科初创时很重要，即便在 230 多年后的今天，煤气化在很大程度仍然是一门实验科学。任何煤气化项目的成功在很大程度上仍然需要丰富的实践经验，第一手亲身实践仍是必需的。

进入 19 世纪后，尽管拉瓦锡的化学氧化燃烧理论在公众中的接受度大幅提升，但其中一些错误仍需几十年的时间才能澄清。例如拉瓦锡提出的热量（caloric）是一个元素的概念，还有关于 caloric 这一元素在煤气制造过程中与热量（heat）有何关系，又如何一起在煤制气的过程中相互作用等，仍旧令人困惑不已。在这方面，尽管英国著名化学家汉弗莱·戴维试图通过采用与竞争对手相似的方法来反对拉瓦锡的理论，但有趣的是，其结果反而极大地推动了拉瓦锡所建立的化学体系的发展。戴维的工作和发现，非但没有破坏拉瓦锡的反燃素系统，反而证实了其可靠性。特别是他通过摩擦冰面使冰融化的实验，证明了热量（caloric）既不是元素，本质上也不是有形物质。此外，戴维还运用电化学原理，从熔盐中电解还原金属盐类，这一实验发现不仅巩固了拉瓦锡的元素概念，还对其进行了扩展。他于 1807 年成功分离了钾和钠，随后几年又相继发现了钙、镁、锶、硼和钡。1813 年，他又增添了氯和碘。电化学这一新领域，是意大利物理学家亚历山德罗·伏特（Alessandro Volta，1745—1827）于 1800 年前后开创的。此外，戴维通过像阿库姆那样的公开演讲，展示了他那些有时奇特且冒险的化学实验，这无疑激发了公众对科学、化学及其在改善英国公众生活中所起作用的兴趣与好奇，进而在无形中推动了新技术、新现象的利用与采纳。

随着更多元素的发现，物质的结构在 18 世纪初成为许多调查研究的热点，这一热潮贯穿了整个世纪。英国化学家约翰·道尔顿（John Dalton，1766—1844），身为纺织工之子，自幼在贵格会家庭中接受了良好的教育。15 岁时，他在贵格会盲人学者约翰·高夫（John Gough）的指导下，学习了数学、牛顿哲学以及罗伯特·玻义耳（Robert Boyle）等人的著作。1793 年，经高夫推荐，道尔顿移居曼彻斯特，在新学院教授数学和自然哲学。当时的曼彻斯特是一个蓬勃发展的城市，纺织业等工业发达。与戴维不同，道尔顿遵循拉瓦锡的化学体系，于 1803 年提出了自己的原子学说，从而成为化学界的权威人物。同年，新学院迁至约克，而道尔顿则选择留在曼彻斯特，担任私人教师和工业顾问。随后的几年里，随着煤气引入曼彻斯特，道尔顿自然而然地成为了解决煤气生产及其副产品相关基本问题和疑问的求教对象，他是克莱格寻求咨询的首选人之一。总之，从大的方向和原则来看，燃烧理论的建立不仅揭开了火灾及其相关恐惧的神秘面纱，还至少为煤、煤气、蜡烛及任何其他易燃物质的燃烧提供了一个简单、一致且令人信服的解释。因此，当时的化学对煤制气业务的开发、推广乃至对整个社会的影响，似乎更多地体现在哲学层面，而非实践应用上。默多克和克莱格似乎对他们的实践经验颇为满意。

克莱格是一位苏格兰工程师，曾在伯明翰的博尔顿 & 瓦特公司接受培训并担任学徒。在此期间，他协助默多克开发了煤制气工艺，并参与建设了煤制气厂，由此对煤制气产生了浓厚兴趣，并迅速掌握了相关技术。克莱格的儿子，小塞缪尔·克莱格（Samuel Clegg Jr.），在 1841 年出版的《关于煤气制造和配送的实用论文》中提到，这段经历对克莱格影响深远。

自克莱格大约于 1805 年离开博尔顿 & 瓦特公司，至 1813 年加入 GLCC 期间，他以建造煤气厂而闻名，为多家工厂、店主和机构打造了约六个煤气厂。其中包括 1807 年建于考文垂的哈里斯煤气厂、1808 年前后为兰开夏郡 Stonyhurst 天主教学院建立的煤气厂、1810 年为曼彻斯特的格林威先生建造的煤气厂、位于斯托克波特附近海德的塞缪尔·阿什顿先生 & 兄弟公司的煤气厂，以及 1812 年为伦敦阿克曼先生的印刷厂所建的煤气厂。通过这些项目，克莱格将默多克创立的原始煤制气系统发展、完善为一个包含煤制气、煤气净化、焦油收集、计量和储存等在内的较为完整的早期化学工艺系统，能够生产和输送满足当时照明需求的煤气。

1813 年加入 GLCC 时，克莱格在煤气厂开发方面已积累了丰富的经验。在审查了由阿库姆监督实施的科特路煤气厂图纸后，他发现存在不足，若继续施工，项目将难以成功运作。听取克莱格的意见后，GLCC 董事会决定立即在威斯敏斯特的彼得街开设第二个煤气站点，并指定克莱格负责。克莱格不负众望，次年便成功实现了每天约 14000 立方英尺的煤气输送，点亮了包括威斯敏斯特桥区和圣玛格丽特教区在内的约 4000 盏路灯。

在后续运营中，克莱格继续在煤制气工程和工艺方面发挥权威作用，而阿库姆则在处理煤制气过程中产生的氨和煤焦油等潜在危险废物成分方面提供了指导。两人的合作在一定程度上推动了煤制气开发、分配及照明使用的可持续系统的发展。

年轻时的克莱格在曼彻斯特学院接受了约翰·道尔顿的化学教育。道尔顿的原子理论和化学教学方法极大地启发了克莱格日后的诸多发明，比如他利用石灰去除硫化氢以净化煤气的技术。硫化氢作为煤气生产过程中的固有成分，因其毒性和刺激性气味，必须降至可接受水平。这正是 1805 年默多克在飞利浦斯 & 李棉纺厂建造首座煤气厂时面临的问题。遗憾的是，默多克未能充分认识硫化氢的化学性质及其危害，导致生产的煤气中硫化氢和其他杂质残留过多，难以在密闭环境中使用。1808 年，默多克在向皇家学会的演讲中坦言，他在 19 世纪 90 年代的实验期间，对化学和气动化学领域的最新进展并不熟悉。除了意识到煤气可作为照明用的易燃气体外，他对干馏煤产生的其他气体也知之甚少。诚然，在科学尚不发达的当时，知识和技能主要通过实践学习和积累，事情的发展往往受限于时代背景。可以说，默多克掌握的有关煤炭和煤气的信息与 1726 年黑尔斯的了解并无太大差异。实际上，直至下个世纪初，这些基本信息依然匮乏。阿库姆在 1819 年的论文中也提到了这一点，探讨了煤和煤气的本质：

> "所有物质，无论是动物、植物还是矿物，由碳、氢和氧组成，当暴露在红热下时，会产生各种易燃的弹性流体，能够提供人造光。
>
> 这样获得的气体称为雾化的氢，它们从燃烧中产生水和碳酸气。从坑煤中制造的碳氢化合物气体种类最近被称为煤气。"

坑煤是一种烟煤，当时从英国的纽卡斯尔和怀特黑文地区开采，在干馏过程中能释放出大量的煤气。1841 年，小克莱格在其论文中引用了纽卡斯尔矿坑煤的百分比含量分析数据：

C	75.28
H	4.18
N	15.96
O	4.58
合计	100.00

这可能是最早记录的用于制造煤气的煤炭的元素分析。对于这些数字没有必要深入研究，因为当时对煤炭的理解非常有限。仅就含氮百分比而言，其数值之

高已显得不切实际。

因此，当时英国煤制气项目的建设与推广，并未受到对煤制气化学特性有限理解的制约。随着煤制气厂的陆续开发、建设与运行，除了硫化氢等有害气体外，诸如焦油、氨、轻油等煤制气过程的副产品所引发的问题与难题也日益凸显。为应对这些挑战，推动煤气照明业务的发展，就必须对工艺、材料及功能单元等实施补救措施。而反过来，必要的化学知识无疑会对这些补救措施大有裨益。在这方面，克莱格无疑是合适的人选，他对煤制气抱有极大的兴趣，这一点从他后来完善煤制气工艺的成就中可见一斑。例如，他发明了使用石灰去除硫化氢的系统，并不断改进；他还发明了煤焦油收集器（hydraulic main），成为煤制气工艺的主要设备之一。凭借这些成就，克莱格在煤制气行业声名鹊起。1813年加入 GLCC 后，他迅速将自己在煤制气方面的实践经验和专业知识付诸实践，于当年 11 月为 GLCC 建成了位于彼得街的第一座煤气厂，并成功产出煤气，在新年之夜点亮了威斯敏斯特桥。这无疑为 GLCC 尽快开发煤气用于公共照明业务迈出了坚实的一步，对煤气照明市场的开发产生了积极影响。这无疑是一个良好的开端。

第四节　煤气制造工艺

与任何新技术一样，即便在当今环境下，新工艺技术从实验室规模到工业规模的商业化进程仍需时间、知识、专有技术和资源支持。通过实际操作发现问题和困难，追溯其根源并寻求解决方案，再通过反复实践使新技术在工艺流程、设备性能和系统操作等方面不断完善。这种典型的"试错"机制尤为重要——考虑到当时化学学科尚处萌芽阶段，存在诸多未知领域，化学加工工业几乎空白，这对煤制气工艺技术的开发尤为关键。回溯煤制气技术从无到有、从原始到成熟的商业化历程，可见默多克的工程智慧、克莱格的化学热忱及其与道尔顿、法拉第等思想家的交流都起到了关键作用。还有一点似乎也很清楚，当时的化学家和工程师都渴望从科学发现和发明中汲取一切成果、知识，并将其付诸实践和使用。在实践中学习是当时的生活方式。

煤干馏制气是一个简单的物理化学过程。默多克在煤制气的早期设计了几种类型的干馏器（图 4-3）。它们形状各异，在燃烧炉内安置的位置也不相同。在煤制气过程中（以最左侧的干馏器为例），煤通过顶部的开口放入干馏器（A）中并妥善密封开口。然后用煤燃烧炉（C）将干馏器加热至 1000℃左右，加热用燃料煤通常使用比干馏用煤便宜的煤种。当干馏器中的煤承受高温时，接下来发生的现象就像黑尔斯在 18 世纪 20 年代的研究中观察到的那样，干馏器中的煤会经

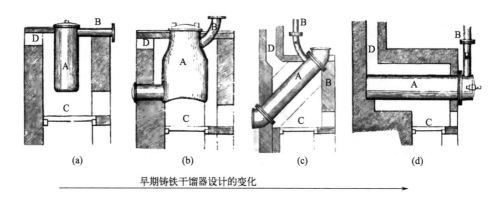

早期铸铁干馏器设计的变化

图 4-3　早期铸铁干馏器

A—干馏器；B—煤气出口；C—燃烧炉；D—烟气出口

历一系列物理化学变化以释放煤气。这个变化过程会持续几个小时，然后煤气释放渐渐变慢。当然，干馏器内的物理化学变化在当时是完全未知的，或者更准确地说是有着完全不同的理解。即使在今天，对煤炭热解这一物理化学现象虽有很好的理解，但是仍不足以采用数学的方式来表达。释放的煤气通过出口（B）流出并收集在储罐中。该储罐大小一般足以收集、容纳整个循环操作中产生的煤气，然后在夜幕降临时用于照明或其他用途。原则上，早期在飞利浦斯 & 李先生的棉纺厂和亨利先生的酒店（Mr. Henry's Lodge）建的煤气厂的煤制气过程基本上就是如此简单。默多克在设计必要的硬件方面做得很完整，例如干馏器、壁炉、煤气罐、管道、旋塞和煤气灯等。这样组成的系统虽然很简单，但是足以满足生产、储存和输送用于照明的煤气的需求。这个简单的系统通常以间歇操作模式运行，根据干馏温度和使用的煤种，每个循环操作大约需要 8～12 小时。完成一个循环后，将剩余的焦炭从干馏器中取出，然后重新装上新鲜煤，另一个循环开始。这是一个完全手动操作的过程，从清晨开始，将制造的气体储存在煤气罐中，以便在太阳落山时用于照明。从整个干馏过程而言，不难看出干馏后的除焦炭过程是一项很繁重的劳动。所以，随着时间的推移，干馏器设计的演变［图 4-3（a）～（d）］可以很清楚地说明默多克的设计理念向功能化、可操作性转变。比如，为了方便除焦，默多克接下来在干馏器的左下方设计了除焦口。后来又将干馏器设计成圆柱形以便于倾斜安放，这样可以借助于焦炭自身的重量除焦。虽然倾斜的设计解决了除焦的难题，但是这无助于增加煤气的产量。这是由于干馏过程是一个间接的传热过程，干馏煤与器壁的接触以及煤的厚度对传热过程有很大的影响。默多克最后将干馏器设计为水平安放在燃烧炉上部的圆柱形干馏器。这样可以将煤均匀地撒在干馏器的底部，通过干馏器壁均匀、快速地受热，从而增加煤气的产量。

　　然而在现实中，设计煤气系统产品时还需充分考虑用户满意度。早期安装煤气的用户因煤气气味问题有诸多抱怨，尤其在冬季密闭环境中更难以忍受。煤气中含有的硫化氢和氨等物质带来了新挑战，这显然需要化学知识介入解决。这似乎成为应用化学的起点——寻找合适方法处理煤气中的硫化氢、氨及后续产生的煤焦油等问题。值得注意的是，并非所有问题都能立即解决，而是随着时间推移，在市场条件、商业环境、监管政策及可用技术等多重因素影响下逐步得到解决。在此过程中，克莱格的化学专业背景发挥了重要作用。

　　根据小克莱格1841年的论文与默多克1808年向皇家学会提交的报告，默多克和克莱格早期为飞利浦斯 & 李棉纺厂及亨利先生的酒店建造的煤气照明系统虽显原始，但按当时的标准衡量已属成功。以飞利浦斯 & 李棉纺厂的煤气厂为例：首先将煤炭装入网笼，置入立式干馏器——其下方设有加热用的燃烧炉（图4-3）。煤受热释放的煤气经管道进入储气罐时逐渐冷却，在此过程中，焦油、轻油及水蒸气依沸点差异依次冷凝分离。温度越低，发生的冷凝就越多。随着水蒸气的冷凝，氨的成分溶解在水中形成氨水，并与管道和存储罐内的其他液体混合。该系统核心设备包括燃烧炉、干馏器与储气罐，其中干馏器采用图 4-3（a）所示的设计，干馏器用铸铁制作，两个铸铁干馏器在正常操作中每天处理约 300磅煤。其中加热用的燃烧炉位于干馏器的正下方。开始煤制气前，首先将笼子里装上煤，然后用起重装置将笼子从干馏器顶部的入口降入干馏器中，然后密封，启动燃烧炉加热干馏器，这一过程通常需要一些时间。燃烧炉使用相同的煤或便宜的燃料煤作为燃料，其消耗量约是干馏用煤的 30%。随着温度的升高，煤气开始从干馏器中逸出。煤气通过铁管输送到储气罐中，在那里经过洗涤、净化和储存，然后通过管道（称为总管）输送或分配到工厂以供照明。每次作业结束时，将笼子吊出，倒出残焦，然后开始装煤进入另一个循环。小克莱格的描述提供了最早的用于照明的煤制气过程的生产情况。作为新工艺的起点，其过程非常的简单、原始。显然，李先生对气味的抱怨说明默多克当时用水净化煤气的设计是不充分的。如前一节所述，意大利物理学家拉玛志尼早在 1713 年就注意到硫化氢在城市下水道中的存在并具有引发炎症和窒息的作用，氨也是如此。正如法国多产作家维克多-玛丽·雨果将 20 世纪初巴黎的下水道描述为"（海中的怪物）利维坦的肠子"一样，让人难以忍耐（Smith）。长期以来，人们一直认为石灰是一种去除硫化氢气味的有效吸收剂。克莱格也利用了它，但却花了他几个项目来尝试不同的设计和施用石灰的方法，最后才找到解决问题的合理解决方案。工艺工程由此也应运而生。

　　为了有效地除去煤气中的硫化氢，在接下来位于伯明翰东南部考文垂的哈里斯先生的项目中，克莱格在储气罐底部放置了一层石灰，以吸收从下部进入的煤气中的硫化氢。它使点燃后煤气的气味降低到可以忍受的水平，虽然并不理想。但很快又出现了一个问题，废石灰需要定期更换，将废石灰从储气罐里清理出来，再放入新鲜的石灰是一项艰巨而烦琐的工作。大约在 1807 年至 1808 年之间，克莱格在兰开夏郡斯托尼赫斯特天主教学院建了另一座煤气厂，这是第一所用煤气照明的学院。通过与学院教授的合作，克莱格进行了一些将石灰与水混合的实验。根据获得的结果，克莱格在储气罐的上游设计了一个单独的容器，用于盛放石灰水以净化煤气中的硫化氢。这个独立的容器还装有一个搅拌器，必要时搅拌石灰水，以促进石灰与从罐底进入的煤气有良好的接触。这样的改进取得了比他之前的设计更好的效果，并且将煤气净化到令人满意的状态，作为吸附剂用的石灰的更换也变得相对容易多了。这一项改进在当时的其他项目中大都得到了采用。在接下来的几年里，更新后的设计被应用于他开发的更多煤气厂。随着越来越多的煤气厂开工，围绕煤制气的新问题和麻烦陆续地暴露出来。下一个问题是煤气中形成的焦油，在到储气罐的管道途中冷却很容易堵塞管道。当与煤气中携带的灰尘混合时，情况会变得更糟，管道需要经常清洗。还有，清除的焦油在当时是没有任何价值的废物，通常会堆积在空地上，最终又会成为周围居民的另一个头疼的问题。1810 年左右，克莱格在为曼彻斯特的格林纳威先生的棉纺厂建造煤气厂时，首次安装了他发明的焦油收集罐。它是一个大口径圆柱形容器，水平放置在干馏器上方，与煤气的上升管相连接（图 4-4）。煤气一旦冷却下来，焦油就会首先凝结，与煤气分离而留在焦油收集罐中，凝结的焦油溢流入焦油池进行储存、处理。这是一个重要的工艺改进，大大减少了离开焦油收集罐到下游设备的煤气中的煤焦油含量，改善了煤制气系统的操作运行。在接下来的煤制气扩张时代得到了普遍应用。在接下来的几个项目中，包括克莱格在 1813 年加入 GLCC 后管理建造的彼得街煤气厂，克莱格将石灰净化器和焦油收集罐作为当时煤气厂的主要标准配置。然而，GLCC 的商业模式同克莱格此前合作过的所有项目都不同。此前的项目生产的煤气是厂内自用的，基本上是一个业主。然而，对于 GLCC 来说，生产的煤气将被分配给不同的地区的客户，这些客户又分布在距离煤气厂周围许多英里的地方。客户根据实际使用消耗的煤气量而付费，如何计量每个客户使用的煤气量就变成了一个现实而又关键的问题。1815 年，克莱格发明了一个干式煤气流量计来监测煤气流量，还发明了一个调节阀来平衡主煤气管线的压力，以确保煤气到达每个客户的末端时仍有足够的压头来保持煤气燃烧火焰的稳定。同时还为每个客户安装了一个小煤气表，这样就可以根据他们实际使用的煤气来分别计算煤气费。在那时，发明和改进似乎是克莱格生活中的例行公事。图 4-4 所示的流程已成为 1815 年及以后建造的公用煤气管网的原型。尽管以后又对其进行了频繁的改进，但煤制气和分配的原理基本保持不变。

煤制气的集中式操作中，随着煤气用量的增加，干馏器的设计已从单一设计（图 4-3）变为捆绑式设计，通常最多有 9 个干馏器被安置在由砖制成的加热室中，称为干馏室。干馏器的形状也从圆柱形变成了 D 型，称为 York D 型瓶，它的底部是平的，可以容纳更多的煤，同时受到从干馏室底部的燃烧炉上升的热烟气的均匀加热。如需要扩大煤制气能力，只要在占地面积允许的范围内，简单地并排增加这样的捆绑式干馏室就可以了。图 4-4 显示的是一个五瓶干馏器的捆绑设计。1870 年，当彼得街煤气厂的空间变得不足时，GLCC 获准在泰晤士河北岸的一块地段建造更大规模的贝克顿煤气厂（Beckton Gasworks）。新的场地距离彼得街煤气厂不到 12 英里。贝克顿煤气厂每天处理约 3100 吨煤，生产约 2 千 7 百万立方英尺的煤气供应给伦敦，成为英国最大的煤气厂，直到 20 世纪 60 年代北海天然气进入市场后才停止运营（Trewby）。

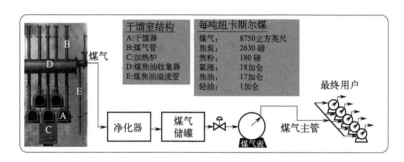

图 4-4 用纽卡斯尔煤制气、分配及典型产品示意图

1881 年开业的贝克顿煤气厂规模非常大。它的 9 瓶干馏室沿着视野所能到达的远处一字排开，成为工业革命蓬勃发展时期的一个很壮观的场景（参考图 4-5）。看看运行中的干馏室数量以及每 8～12 小时为每个干馏器重复在高温的环境中装载煤炭和排放焦炭的人工操作，不难想象当时的劳动密集程度和工作环境的挑战性。因此，如何降低煤气制造的劳动强度已成为当时以及未来煤气制造的主要挑战之一。至此，煤气制造的工艺技术直至 1880 年左右基本上没有大的变动。19 世纪 50 年代早期用于制造干馏器的材料升级为黏土，因为耐火黏土制成的干馏器在高温下不易变形，并且通常更耐腐蚀，材料的升级有助于延长干馏器的使用寿命，还可以制作得大一些，从而增加煤炭处理能力。但这些并没有改变煤气制造工艺的局面，即劳动密集程度和工作环境没有明显的改变。

在早期的煤气制造中，以纽卡斯尔煤为例，一吨煤通常生产 8750 立方英尺的煤气，其中含有 51% 的氢气和 24% 的甲烷以及少量其他成分，煤气的热值高于 500Btu 每立方英尺（表 4-1）。同时，还有 18 加仑的氨液、17 加仑的焦油和

图 4-5 1902 年开业的位于爱丁堡的一个煤气厂（图片来自 Edinphoto 网站）

少量的轻油（图 4-4），它们要么被排放到河流或小溪中，要么被填埋，要么只是堆积在煤气厂的旁边。当克莱格于 1812 年将位于斯特兰德泰晤士河旁边的阿克曼印刷厂投入使用时，包括废石灰水在内的液体废物直接排放到泰晤士河中。很快，由于难闻的气味，它引起了公众的注意和抱怨（Samuel Clegg，1841）。这种现象在当时的英国很普遍，且持续了很久。大约 1833 年，GLCC 在布里克巷（Brick Lane）的煤气厂建立了一座回收氨的工厂，回收的氨用于制作化学品，如用于医疗的氨（氯化铵），还有些人开始将氨水直接作为牧场肥料使用（Guide G.，Gas Light and Coke Co.）。让煤气厂更头疼的是煤焦油的处理。一些煤气厂试图将焦油收集起来循环回到干馏器进一步裂解，希望制造更多的煤气，但发现结果微不足道。尽管一些煤气厂还建立了蒸馏釜来利用焦油，但这些努力也非常有限。这种情况一直持续到威廉·珀金（William Perkin）在 19 世纪 50 年代中期发现了一种用煤焦油制造染料的方法，才撬开了煤焦油的真正价值。

1851 年，煤气净化的工艺也有了重大改进，伦敦的帝国煤气公司引入了氧化铁来去除硫化氢，然后使用废氧化铁作为铅室法工艺的原料来制造硫酸，替代当时的黄铁矿或元素硫原材料，这一做法一直持续到下个世纪。GLCC 从 1880 年开始在贝克顿煤气厂也通过这种工艺制造硫酸，直到其关闭。随着煤气制造业务的进一步扩大，高大的储气罐已成为英国许多地方屹立的地标，其中有一些至今仍然存在，向人们展示着过去的这一段煤制气的历史（Thomas，2020）。

表 4-1　不同煤气制造工艺产生的煤气

项目	I	II	III	IV	V	VI	VII	VIII
煤制气工艺	干馏工艺①		水煤气工艺①		德士古煤气化②			壳牌煤气化③
设计	水平干馏	立式干馏	蓝色水煤气	雾化水煤气	辐射废锅	辐射废锅	激冷式	废锅式
煤种	高挥发分煤	高挥发分煤	焦炭	焦炭	伊利诺伊6#烟煤	伊利诺伊6#烟煤	犹他高硫烟煤	伊利诺伊6#烟煤
示范项目	已商业化应用				德国奥本豪森-霍尔腾	加州冷水厂	加州冷水厂	德国壳牌
时间	1807	1903	1875	1875	1980	1984—1989	1984—1989	1978
煤气成分(体积分数)/%								
CO$_2$	2.1	3.0	5.5	3.4	21.3	15.5	18.9	0.8
O$_2$	0.4	0.2		1.2				
CO	13.5	10.9	37.3	30.0	39.5	44.9	42.8	65.0
H$_2$	51.9	54.5	47.6	31.7	37.7	38.5	37.9	32.1
CH$_4$	24.3	24.2	1.2	12.2		0.2	0.0	
N$_2$	4.4	4.4	8.4	13.1		1.0	0.4	0.7
照明成分	3.4	2.8		8.4				
H$_2$S+COS					0.9	0.0	0.0	1.4
总计	100	100	100	100	99.4	100	100	100
热值/(Btu/立方英尺)(HHV)	520	532	287	540		270.5	260.5	
相对密度/(kg/m^3)	0.42	0.42	0.57	0.64	0.9	0.83	0.89	0.83

数据来源：①Lawrence Liebs，1985。

②Corp，1983；Corp，1990。

③McCullough，1980s。

第五节　几个经验教训

就像任何一项新技术的商业化一样，将煤气推向大众的道路并非一帆风顺，尤其是考虑到当时煤气照明还是一个全新的事物，加之公众对煤气和所涉及的化学以及化学成分的本质还不太熟悉。当时，可燃气体或火焰被如此迅速地引入他们的街区、街道和房屋，无缘无故的恐惧或对迷信和爆炸的恐惧只是自然障碍的一部分，这些障碍不时因发生在煤气厂操作过程中的事故而恶化。例如，大约在1813年底开始运营不久后，彼得街的煤气厂发生爆炸，原因是煤气从去除硫化氢的净化器中意外回流。爆炸震碎了附近房屋的窗户，克莱格也因此受了重伤。然后，另一场灾难接踵而至，也重创了 GLCC 公司的业务。1814 年 6 月在伦敦举行的和平之夜，为了庆祝英国及盟军在同年的四月份打败了拿破仑以及迫使拿破仑退位而在五月三十日签署的巴黎条约而举办。当然，盟国的国际政要也应邀在场。为了给盟军留下深刻印象，活动策划者设计建造了一座具有东方色彩的宝塔，并采用新的煤气照明技术，用 10000 多盏煤气灯来装饰这座宝塔。这座宝塔坐落在一座横跨詹姆斯公园中的运河的精心装饰的中国式风格的桥的中央位置，给詹姆斯公园增添了不少东方的色彩。这些煤气灯将由彼得街煤气厂提供的煤气点亮，它是当晚活动的一个重头戏，也是为庆祝盟军彻底打败拿破仑而带来的希望与和平。为了确保万无一失，活动策划者在前一天晚上用煤气灯点亮了宝塔进行了彩排。这一具有东方色彩的八十英尺高的八角宝塔周身上下安装的一万多盏煤气灯将宝塔及其周围照得通亮。然而不幸的是，活动的当晚，威廉·康格里夫爵士并没有按照程序进行。他没有先点燃八角宝塔周围的煤气灯，而是先点燃了烟花，接下来发生了灾难性的一幕。突然间，烟花爆炸的火花引发了煤气照明系统的爆炸，这一高大的八角宝塔瞬间在爆炸声中轰然倒地（Major，2018）。

在煤气照明的初期，由于煤气制造以及管道输送设施的原始性，加上对安全意识的缺乏，由煤气泄漏而引起的煤气爆炸事件时有发生。事后看来，发生在詹姆斯公园的不幸一幕也是由于煤气灯系统性的泄漏而触发。而触发这一不幸事件的也许不是因为康格里夫爵士没有按照程序进行，而是因为诸如此类的庆祝场合，首先放烟花，然后让一万盏环绕宝塔周身的煤气灯将詹姆斯公园照得通亮，最后倒映于运河的宝塔将整个庆祝活动推向高潮，不失为一个合乎逻辑的设计。所以，真正的原因或许是当时庆祝活动的策划者根本没有考虑或意识到宝塔煤气灯系统的泄漏所带来的潜在的危险毕竟这是又一次前所未有的尝试。的确，类似的事件还多有发生，比如发生在 1822 年的煤气爆炸事件是由于一位葡萄酒商人带着点燃的蜡烛去检查煤气管道的泄漏；1824 年 GLCC 派了一名没有经验的工作人员去威斯敏斯特桥路检查那里的煤气泄漏时也点燃了蜡烛，结果将路面炸了一个大窟窿；最严重的一次是在 1865 年发生在九棵榆树煤气厂（Nine Elms Gasworks）的煤气爆炸，导致十一名工作人员死亡，一百万立方英尺的煤气突然间形成一个大火球冲向天空，也极大地震动了附近的公众（Trench，1993）。

这些不幸的事件都在不同程度上加剧了公众对新照明技术和设备的恐惧和担忧。还有很多其他的例子。比如威斯敏斯特桥的老油灯起初被煤气灯替换的时候，点灯的人员不敢点亮煤气灯。还有的地方要求储气罐必须做得很小，并放置在坚固的砖瓦结构的建筑物中，以防发生爆炸。这样的做法很显然与当今的安全实践背道而驰。对于一些煤气厂，建造多个小型储气罐而不是采用可行的大型储气罐，再加上房屋结构，都相应地增加了项目的总成本。然而，它反映了公众对这一新兴化学过程及与易燃煤气相关的危险或未知的担忧。尽管这些挫折确实给有前景的煤气照明业务带来了不小的阻力，但 GLCC 还是能够克服这一困难，并能够开发更多的煤气厂来推进其业务。这也得益于克莱格对煤气制造系统做的许多发明和改进。例如对脱硫化氢系统的进一步改善，在储气罐和煤气主管道之间增加了主煤气流量表用来监测，还对每个终端也安装了煤气表，等等。这样做就可以很容易地通过煤气平衡检测到煤气的泄漏。还有用于平衡煤气表之间压力的调节阀以及强化的分布网络等等。到 1819 年，GLCC 又将两个煤气厂投入使用，一个在科特路（Curtain road），另一个在伦敦的布里克巷。这三个煤气厂都同时生产煤气，并通过铺设在地下的 288 英里的管道网络进行输送、分配煤气，将煤气厂与供气区域的街道和房屋连接起来。这些煤气仅在伦敦大都会地区就点亮了 51000 多盏灯。到 1823 年，这三个煤气厂每天通过干馏 24 车煤生产约 300000 立方英尺（约 8000 立方米）煤气。这里要注意的是，车（chaldron）是当时普遍采用的一个典型的重量度量单位，用来衡量有多少煤进入干馏室以制造煤气。这种车是由动物拉动的标准木箱货车，通常可承载约 2837 磅或 1287 千克煤。另一个常用的重量单位是煤重（coalweight，简写为 cwt），一车煤约为 25.33cwt，而 1cwt 等于 112 磅，1 千克等于 2.2046 磅。因此，用于煤制气的 24 车煤在正常工作日大约是 31 吨煤。

除了煤气的制造，煤气的地下输送也有很多问题需要解决。幸运的是，对伦敦地下管道的建设并不陌生，自从中世纪以来埋设饮用水的管道已经遍布伦敦的大街小巷。模仿自来水公司的做法，GLCC 首先将榆树干掏空做成木管一段一段接起来作为煤气输送的主管。与水管不同的是，从主管线到每一个住户的小管线采用了拿破仑战争后多余的廉价枪管连接而成。为了解决泄漏问题，公司后来又逐步地将煤气主管线的材料改为陶瓷材料、铸铁材料等等。随着煤气业务的不断扩大，内径 8～48 英寸不等的铸铁材料基本上解决了早期煤气的长距离输送（Trench, 1993）。就这样，当伦敦的街道被煤气照亮后，这种更明亮、安全、清洁的煤气照明迅速蔓延到伦敦以外的城市，如爱丁堡、格拉斯哥、利物浦、布里斯托尔、巴斯、切尔滕纳姆、伯明翰、利兹、曼彻斯特、埃克塞特、切斯特、麦克尔斯菲尔德、普雷斯顿、基德明斯特以及全国各地的更多城镇和村庄。GLCC 的业务也取得了快速的增长。到 1815 年拿破仑败走滑铁卢的时候，GLCC 的煤气输送主管道的长度已经有 122 英里，管道的直径也不断增大，从 1820 年的 16 英寸增加到 1850 年的 36 英寸，再到 1870 年的 48 英寸。看到煤气照明业务增长的前景，许多新的公司也加入了这一新的领域，开启了后续几十年的激烈竞争。比如伦敦市煤气照明和焦炭公司于 1817 年成立，帝国煤气公司成立于 1821 年，等等。到 1830 年，整个英国有 200 家煤气厂从事煤气业务，这个数字在 1850 年上升到 800 家，到 1860 年很快达到 1000 家（London）。就这样，煤气制造加入了工业革命的主流，开启了持续近一个半世纪的煤气（照明）时代。或者更准确地说，煤气制造将 19 世纪的工业革命推向了更高的层次，彻底拉开了工业革命的序幕。此外，煤气照明成为伦敦文化的一部分，也成为许多电影和文学作品的怀旧主题。

很快，煤气照明跨越了英国的边境。

第六节　煤气照明的普及

一、欧洲

19 世纪 20 年代以前，煤气灯照明主要是英国的一种现象。随着工业革命的进行，英国成为遥遥领先于其他国家的经济强国。面对当时动荡不安的国内和地区地缘政治环境，当时的欧洲大陆及其邻国大体上还在忙于农耕，工业发展的规模很有限。然而，有些地区已经开始享受煤气照明新技术为街道等公共场所照明带来的便利，只不过规模很小，仅限于巴黎、布鲁塞尔、阿姆斯特丹和汉诺威等少数地方，而且增长较为缓慢。例如，1818 年在布鲁塞尔、1822 年在阿姆斯特丹和鹿特丹以及 1826 年在汉诺威较为繁华的街道开始使用煤气照明。一个有趣的事实是，这些煤制气开发项目大部分是由英国工程师和英国的资本运营和资助的。帝国大陆煤气协会于 1824 年在伦敦成立，主旨是开发欧洲大陆市场。汉诺威最早的煤气厂于 1825 年开工，次年投产。1855 年底，在企业家 Viktor von Unruh 和当地银行家 Louis Nulandt 的倡议下，德国大陆煤气公司在德绍成立，以开发、拓展当地市场。从 1856 年开始点亮德绍的街道后，更多的煤气厂相继投入运营生产煤气，逐渐点亮了欧洲大陆的门兴格拉德巴赫、马格德堡、法兰克福、米尔海姆、波茨坦、伦贝格、华沙和克拉科夫等城市。

法国的情况有所不同，长年的战争加上败走滑铁卢，法国的国内政治局势在接下来的几十年持续动荡，使得其经济发展步履艰难，工业的发展规模一直很有限。这也反映在煤气照明市场的发展上，同英国相比慢了一大步。不过，如果记得法国的发明家勒邦在煤气照明早期发明的热灯的话，法国在科学技术方面并未落后多少。几年前在伦敦创建 GLCC 的弗雷德里克·温莎在 1815 年左右被迫离开 GLCC 后来到巴黎。有关温莎与 GLCC 的脱离有不同的说法。不过这里值得一提的是，尽管温莎在组建 GLCC 过程中发挥了主导作用，但他最初并没有被任命为新公司的董事，甚至没有担任高管。虽然后来最终被选入董事会，但温莎只被赋予了一些不重要的任务，比如收集用于装煤气厂副产品的油桶等。来到巴黎后，温莎似乎仍然雄心勃勃地想重复他在伦敦所开创的公共照明事业，开发类似的煤气制造项目，为巴黎提供照明。但他的努力最终没有成功。法国政府于1817年在巴黎开发了自己的煤气制造工艺，并将煤气提供给圣路易斯医院（the hospital Saint Louis）用于照明。政府还于1818年成立国家的煤气公司以发展煤气照明市场。但为了防止无序竞争，法国从一开始就以规范的方式开发煤气照明事业（History of Manufactured Fuel Gases，2021）。到1870年，已经建造了大约340个煤气厂，通过使用各种资源包括煤炭、木材、泥炭和其他碳氢化合物作原料来制造煤气，用于照明、供暖和其他用途（Coal Gasification）。结果，煤气照明很快就延伸到了巴黎以外的城市和其他城镇。

二、北美

美国自从独立后，经历了一段经济和人口快速增长的时期。根据从1800年开始的美国人口普查，当时只有6个人口超过10000的城镇。1850年迅速增加到63个城市，十年后增加到99个城市。1860年，最大的五个城市是纽约、费城、巴尔的摩、波士顿和新奥尔良，其中纽约包括布鲁克林的人口超过一百万，其次是费城，超过五十万。在此期间以及之后随着社会和经济活动的加速发展，大大小小的城市、城镇和村庄都有大量的人口流入。这些地方自然而然开始面临着与英国当年类似的社会挑战，对更好的公共照明的需求便产生了。

在巴尔的摩，美国艺术家兼博物馆老板伦勃朗·皮尔（Rembrandt Peale，1778—1860）从欧洲旅行回来后，立即进行了一个展示，于1816年用易燃气体点亮了他的博物馆。次年，他获得了成立巴尔的摩煤气公司的特许权，为该市的公共照明制造、配送和销售煤气。就这样，美国的第一家照明用燃气厂就诞生了，它位于北街（现为吉尔福德大道）和萨拉托加街的拐角处。采用了当地制造易燃气体的技术，成功地照亮了第一座公共建筑——Belvedere剧院，就在燃气厂和北查尔斯街的另外两座私人建筑旁边。1817年2月7日，当市场街和柠檬街拐角处的第一条公共街道被点亮时，以下是当地报纸的记录（Today In Science History）。

> "……所产生的效果对于那些有机会目睹它的人来说是非常满意的，其中包括给他们的公司提供经营特许的国家立法机关的几名成员。"

类似于英国发生的情形，作为比牛油灯或蜡烛更好的光源，这种煤气灯立刻受到当地居民的欢迎。到2月16日，同一条街道又增加了27盏燃气灯。但当时照亮巴尔的摩街道的似乎不是煤气，而是一种由干馏油或焦油制成的照明气体（Wells，2013）。由煤制造煤气实际上直到 1821 年左右才开始。当时巴尔的摩煤气厂最终使用英国公认的煤制气技术用煤炭作为原料。毕竟，巴尔的摩和美国许多其他城市很容易获得大量的本土煤炭资源，而且价格便宜。继巴尔的摩之后，1822 年的波士顿、1823 年的纽约、1835 年的费城、1837 年的辛辛那提以及 1848 年的华盛顿特区等，都相继成立了自己的煤气制造公司来开发煤气照明业务，各自生产用于公共照明的煤气。很快，在接下来的几十年里，东海岸和密西西比河沿岸的更多城镇也纷纷效仿。

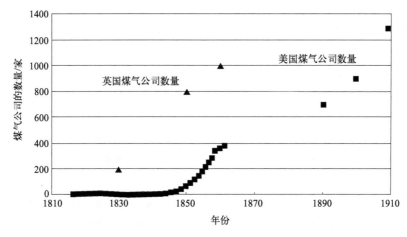

图 4-6　英国和美国的煤气公司数量（特许）

图 4-6 显示了美国和英国特许煤气公司的发展情况。尽管美国在煤气制造方面的起步落后于英国大约二十年，但其随后增长迅速。根据大约 1860 年美国的调查，在内战开始时，除阿肯色州外，联邦的每个州都至少有一个煤气厂。纽约州以 61 个煤气厂在其境内运营而领先全国，其次是宾夕法尼亚州（48 个）和马萨诸塞州（45 个）。煤气厂开工的 396 家，从事煤气业务的公司 431 家，覆盖了超过 1 万人口的大多数城市。当时的纽约市有四家煤气公司，每家公司都建立了自己的煤气厂，在各自的管辖地区生产用于照明的煤气（Murray，1863；Manufactured Gas，2021）。纽约州、宾夕法尼亚州、马萨诸塞州、俄亥俄州和新泽西州由于其广泛的工业活动而拥有美国近一半的煤气制造设施。到 1909 年，煤气公司的数量上升到近 1300 家。从技术上讲，在 19 世纪 70 年代之前，美国的大部分煤气生产都是基于煤炭干馏或炼焦。煤炭炼焦类似于煤炭干馏，同样在封闭和隔绝空气的环境中加热进行，但是其主要产品是用于炼铁的焦炭。从 1875 年左右开始，美国的宾夕法尼亚州开发了自己的煤制气技术。美国煤气制造的情况也几乎同英国一样，在掌握了煤气制造技术之后，进入了快速增长期。纽约州的

布法罗煤气与照明公司（Buffalo Gas & Light Company）负责人奥斯卡·斯蒂尔（Oscar Steele）先生在 1873 年美国煤气与照明会议上的演讲，很好地展示了煤气业务及其对美国公众生活的影响。以下一段摘自他的发言。

> "……继续开展这项事业的主要动机是公共精神，一种对实现公共事业重大改善的迫切愿望。在项目竣工后的几年里，业务的科学性，或者说对最终利润的预期，与它几乎没有关系……但几年后，业务的模式发生了改变。从石油、茨烯和蜡烛照明（到煤气照明）的转变令人非常欣慰……"

在建立的煤气厂中，费城煤气厂与众不同，最终发展成为美国最大的煤气厂。虽然该市位于 Vine 街和南街之间的第二街于 1836 年 2 月 10 日首次使用煤气照明，但实际上费城对煤气照明的兴趣至少在 20 年前就开始了。当时它的市民詹姆斯·麦克默提（James McMurtie）和伯尔曼（Bollman）博士根据他们对英国煤气厂的观察，向该市提交了一份建造煤气厂的建议，并对煤气照明进行了研究。经过多年来的几次审查，费城最终于 1835 年 3 月宣布了一项条例，要求一些私人投资者在第 23 街和市场街的交界处开发煤气厂。著名工程师和发动机制造商塞缪尔·梅里克（Samuel Merrick）被任命为负责设计和建造煤气厂的主管和总工程师，煤气厂由十二位受托人监管。在设计工程时，梅里克采用了 10 个干馏室，每个干馏室采用 3 个干馏器的捆绑设计，以处理当地的烟煤，这与当时英国典型的 5 个干馏器的捆绑设计有点不同。煤气厂包括一个办公室、一个干馏车间、一个石灰净化车间、两个 35000 立方英尺的储气罐、一个计量室和一个实验室。该厂建成后于 1836 年 2 月 8 日首次生产煤气。两天后，46 盏煤气灯点亮第二街，煤气厂大功告成。随着煤气需求的增加，该煤气厂经历了几次扩建。到 1850 年，煤气厂又增加了更多设备，还增加了 9 个储气罐，使其不断增加的煤气储气能力保持在每天 1680000 立方英尺。因此，煤气厂很快就变得拥挤不堪。在 1841 年，该市接管了煤气厂的控制权。当时煤气厂的总工程师约翰·克雷森（John C. Cresson，1806—1876），后来成为费城煤气厂的总裁，向受托人提议选择另一个地点来进一步扩大煤制气生产。新的厂址就选在 Point Breeze，位于原煤气厂以南约两英里半处，坐落在 Schuylkill 河旁边的 75 英亩土地上。扩建工程于 1851 年开始，部署了两座经过改进的干馏车间，每个车间有 72 个干馏室。第一座干馏车间于 1855 年开始生产煤气，第二座在两年后投入运行（Binder；Clement，1983）。

在华盛顿特区，居民也厌倦了蜡烛和油灯的气味和危险，请愿国会成立一家煤气公司来照亮这座城市。1848 年，国会同意成立华盛顿煤气公司。煤气厂于 1852 年开业，位于今天美洲印第安人国家博物馆的所在地。来自煤气厂的煤气照亮了宾夕法尼亚大道和白宫以及当地的家庭和企业。在内战期间，煤气厂还提供煤气，为联邦军的侦查公司的气球充气，在那里保留了 50 多年。

三、亚太地区

煤气照明直到 1856 年才到达亚太地区，几乎是跟随西方的殖民主义扩张而进行，并在随之而来的半个多世纪的时间里到达了新西兰、印度、中国、新加坡、斯里兰卡、日本、泰国、印度尼西亚等国家。由于该地区的工业活动以及规模有限，这些国家的煤气厂的数量和规模通常很小。上海的煤气厂是 19 世纪 60 年代最早开发的煤气厂之一，经过一系列升级和扩建后成为远东地区规模最大的煤气厂，到 1900 年每天生产 700000 立方英尺（19800 立方米）的照明用煤气。

据上海市志办信息，最早兴建煤气厂是由英租界于 1860 年 2 月 26 日在《每日船单商报》上刊登提案，筹募白银 10 万两。今天的中国，一两重 50 克，1949 年以前约为 31.25 克。此后的几年，上海见证了煤气厂、煤气总管路和路灯的选址和建设。首先，在苏州河南岸，现西藏中路购置了一块 9876 平方米的土地作为煤气厂用地，然后在南京东路经浙江中路从煤气厂铺设总长 5051 米的煤气总管及支线管道（直径 51～229 毫米）至外滩。煤气干馏是当时典型的设计，是一个含有 5 个卧式干馏器的捆绑式干馏室设计，后接煤气净化室、1700 立方米储气罐和煤气分配系统。到 1865 年 9 月，上海第一座煤气厂——英商煤气厂（British Concession Gas Works）竣工。同年 11 月开始输送煤气，替换了上海南京路上的约 205 盏煤油灯，也点亮了沿街的 185 幢私人楼宇。煤气售价为 4.5 银圆每千立方英尺，煤气灯的租金为每月 5 银圆。继英租界后，法租界于 1867 年在其管辖境内兴建了第二座煤气厂，位于永寿路与广西南路之间的延安东路，以生产照明煤气。从此，上海的煤气业务拉开了快速增长的序幕。

1878 年，英商煤气厂扩大了运营范围，增加了 5 个同样设计的卧式干馏室，同时将煤气净化从以前使用的石灰升级为氧化铁脱硫化氢。此次扩建将煤气产量增加到原来的煤气照明能力的 6 倍和煤气管线距离的 6 倍。此时具有重要意义的发展是，煤气已经开始被用于家庭烹饪，因此产生了对煤气的额外需求。为满足日益增长的煤气需求，英商煤气厂于 1888 年收购了法租界煤气厂，并于 1893 年在原厂房的基础上又增加了 4 台卧式干馏室，共有 11 台干馏室在运行，每天生产约 13000 立方米的煤气。

1900 年，英商煤气厂在香港重组为上海煤气有限公司，嘉道理家族（Kadoorie）成为其主要股东。同年，上海燃气公司将 11 台卧式干馏室中的 2 台升级为 3 套蓄热式卧式干馏系统。更高效的蓄热式卧式干馏系统将总煤气产量提高到每天 13900 立方米，使上海煤气厂成为远东地区最大的煤气生产商。1900 年至 1934 年间，上海煤气公司对原有煤气厂又进行了一系列改造和技术升级，同时还探索当时开发的新技术，包括立式干馏炉和水煤气炉等。1934 年，又选择了位于黄浦江北岸杨树浦作为新厂的厂址，距老煤气厂约 5 英里。建成后的杨树浦煤气厂的煤气产能已增至每天 113300 立方米，并通过其 190 英里的煤气管道为 13400 家客户提供服务。遗憾的是，1941 年 12 月 8 日，当第二次世界大战在太平洋战场爆发时，日军迅速占领了煤气厂。上海煤气公司因此失去了对煤气厂的控制权，直到第二次世界大战在亚太地区结束才收回。上海也成为研究煤气制造演变历史的最佳缩影之一。

日本的煤气照明发生在明治维新开始之后，1871 年 4 月 4 日位于大阪的日本造币局开张的当天，686 盏煤气灯点亮了造币局内外以及周围的街道。日本造币局坐落于大阪市北区，现天满宫以东不到一公里的大川河的西岸。可以说，煤气照明的采用，整个造币局的建筑风格以及使用的几乎所有的设备、管理方式等堪称明治维新开始后日本全面向西方开放、学习的一个具体典型。向西方的科技学习以及采用西方先进的工业技术还体现在造币局内引进建设的煤气厂、硫酸厂、纯碱厂等。另外，厂区内采用当时西方先进的电报、电话设备等，应有尽有。现在的造币博物馆是遗留下来的唯一的一栋原始建筑，其门前还保留有当年采用的煤气灯和说明，博物馆内还展示着当时采用的煤气灯的原型（The Japan Mint in Osaka, 2011）。继大阪后，日本的许多其他城市如横滨、东京、仙台等也都相继开始了燃气照明。以东京为例，始创于 1885 年的东京燃气公司，其前身是成立于 1872 年的横滨煤气局，1893 年正式更名为东京燃气株式会社。在 1889 年建了第一个煤气厂，其煤气产量到 1893 年已经增加到了每天 30000 立方英尺。在之后的五年间，又有两个煤气厂投入运行。至 1908 年，该公司已经建成了 825 公里的地下管网，煤气厂包括芝浜崎煤气厂、千住煤气厂、深川煤气厂等，每年向十万用户提供 12 亿立方英尺的煤气。80% 的煤气用于居民用户，其余用于工业用户。虽然公司的业务在大约第一次世界大战结束之前得到了快速的发展，但接下来的经济危机特别是 1923 年的关东大地震，让公司的业务受到重创，情况一直持续到大约 1926 年。到 1938 年，东京煤气的业务，煤气以及副产品例如煤焦油、苯酚和氨为军方所控制，用于军工生产。同时，军方督促居民尽量少用煤气。这时，由于日本军备对钢材的需求，大量的煤炭被用于生产焦炭，导致了煤气生产用煤的短缺。1945 年 9 月，该煤气厂被盟军接管（Tokyo Gas）。

总之，煤气照明的出现和使用使人类社会向文明迈进了一大步，不仅极大地提高了当时工业化进程发展的效率，为当时快速发展的城市提供了额外的安全保障，还为后续煤气化技术的发展打下了基础，提供了进一步发展的平台。煤气照明在接下来的一个多世纪发展过程中在世界各地许多城市的大街小巷都留下了许多难忘的记忆。如图 4-7 所示，在今天大阪市横穿瓦町街和本町街的几个街区的三休桥筋大街的两侧，游客仍然可以看到几十盏老式的煤气灯，只不过夜间的照明采用的是电灯。

图 4-7　大阪市街头的煤气灯

第五章
化学与煤气制造

　　经历了早期的学习与实践, 初步建立了煤制气工艺和煤气照明配送体系后, 煤气照明业务似乎进入了快速增长期。在英格兰的城市、城镇、村庄和一些私人庄园中建造了更多的煤气厂, 这表明公众已经接受了这种全新的替代照明方式。同时, 煤制气自身也证明了与蜡烛和油灯相比, 是一种更安全、更便宜的照明替代品。很快, 煤气灯就成了英国各地的流行选择。到 1850 年, 英国大约有 800 家煤制气公司, 其中 13 家在伦敦。尽管当时没有与煤气照明竞争的技术, 但越来越多的参与者涌入煤气照明市场, 造成激烈的竞争。这些无序的竞争不仅侵蚀了业主和股东的利润率, 还给这一新兴市场带来了相当大的混乱, 在某种程度上也损害了消费者的利益。为保护消费者的利益和维护市场秩序, 议会加大了对公共照明市场的规范力度。1820 年的《煤气管制法》开始规范所售煤气的热值与煤气销售价格, 以对煤气质量进行监测。该规范还要求各煤气厂提供的煤气在煤气总管处的煤气压力不得低于 2 英寸的水压 (5×10^{-3} 巴) 等。1840 年之后又颁布了更多相关的议会法案 (Meade, 1921)。激烈的竞争和日益严格的法规迫使煤气制造运营商寻找方法来降低煤气成本, 同时继续向利益相关者支付股息以吸引更多的资本。这激励着化学家、发明家和企业家改进当时的煤气制造工艺或选择其他方法来升级当时的煤气制造技术。这些努力确实导致了一些新方案的制定和工艺的开发。

　　早期的煤干馏制气是一种将煤燃烧产生的热量通过器壁将干馏器内的煤加热到高温而释放煤气的外部加热工艺。这种热传递过程包括热量从外向器内传递, 然后从干馏煤的外层又向内层传递, 是一个非常缓慢的过程, 这就是为什么煤干馏制气是一个批量循环操作的过程, 而且需要 8~12 小时才能完成。此外, 这也是一个低效的耗能过程, 循环操作中的热量损失也不少, 比如烟道气中残留的热量流失到烟囱中, 排出的炽热焦炭中的热量通过熄火降温也流失到周围环境中。所以, 干馏煤制气过程所需消耗的燃料煤大约为干馏煤的 50%。简而言之, 早期的煤干馏制气是一个非常低效低产的过程, 造成了煤炭的高消耗。当煤炭的价格变得不再便宜的时候, 节省用煤量就变得很重要。为了改变这种情况, 人们进行了许多尝试。例如, 试图通过利用干馏器内的炽热环境, 或在每个循环操作结束时利用排出的炽热焦炭的热量, 从现有的干馏操作中获取更多的煤气。煤制气的化学原理随后开始从干馏或热解原理转向化学反应原理, 方法就像意大利的物理学家丰塔纳于 1780 年发现的水与热焦炭反应, 或焦炭被空气部分氧化放出易燃气体。从那时起, 利用水或水蒸气制造氢气来改善煤干馏制煤气的尝试以及发明或寻找新的方法制造煤气的技术开始出现。渐渐地, 有关煤制气的化学开始发生了变化。

　　早期的类似发明之一是英国发明家约翰·伊伯森 (John Ibbertson) 于 1824

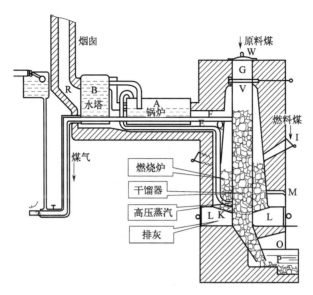

图 5-1　Cruckshanks 的立式干馏水煤气体装置（专利号 BP8141，1839）

年发明的一种装置，他建议将蒸汽注入炽热的用煤燃烧炉从外部加热的焦炭或木炭床中，以产生照明气体。在这一装置内，注入的蒸汽会与炽热的焦炭或木炭中的碳反应释放出氢气、一氧化碳和二氧化碳。1839 年，另一位英国发明家亚历山大·克鲁克香克斯（Alexander Cruckshanks）发明了一个集成了加热炉、干馏炉和蒸汽锅炉的系统。他提议将过热蒸汽注入立式干馏器的下部（图 5-1），该干馏器位于燃煤炉中央，里面装满了碳质材料如焦炭。来自锅炉的蒸汽再由加热炉的烟气加热产生过热蒸汽。发明人在其专利权利要求中提出：

　　"①来自干馏器的加热气体和来自加热炉的热烟道气用于加热和产生蒸汽，还可以加热锅炉供应的水。②蒸汽在被含碳物质分解的温度下引入干馏器，因此与使用较低温度的蒸汽工况相比，可以使用更大尺寸的干馏器。"

　　另外，在干馏煤制气每个循环操作结束时需要将炽热的焦炭从干馏炉里排出。为了利用炽热焦炭的余热，GLCC 的总工程师乔治·洛邑（George Lowe）先生于 1831 年尝试了一个新的发明，目的是利用炽热焦炭的余热生产更多的煤气。为了操作方便，他将炽热的焦炭迅速转移到一个专门设计的带盖的铁制圆柱形容器中，容器内部用砖砌有隔热层以保护容器壁。在转移焦炭的过程中，由于焦炭暴露在空气中时会快速地燃烧，使其变得更热。焦炭转移结束后，立即盖上铁制圆柱形容器的盖子，然后从塔顶注入蒸汽，产生的可燃气体从塔底排出。类似利用炽热焦炭与水蒸气反应产生的额外可燃气体，更准确地说是水煤气。但诸如此类的尝试都有一个共同的特点，即水与碳反应所需的热量是不可持续的，没有持续的热量供给，水与碳的化学反应很快随着温度的降低而停止，绝大多数的焦炭还必须做进一步的处理。因为水与碳的反应是一种强吸热反应，需要大量的热量以保持它的温度来维持反应的进行。总工程师洛邑采取的回收焦炭余热的做法从能源利用的角度来看似乎是有道理的。但考虑到设备的额外投资和所产生的有限的气体，加之又是一个很危险的操作环境，这就使得本来高劳动强度的煤制气过程变得更糟糕，因此很难证明其合理的实用性。这也说明了为什么当时这些许多从科学角度的尝试并没有在工业规模上取得成功。对于当时尝试的许多其他类似试验也是如此，例如通过在类似的装置中将饱和或过热的蒸汽与松香和牛油等油共同注入炽热的物体（焦炭或金属丝等）上产生照明气体等等（英国专利第11654 号，Stephen White，1847；美国专利第 21027 号，J. Milton Sanders，1858）(Institute F.，1886)。传热问题实际上变成了改善、解决干馏煤制气技术的关键。

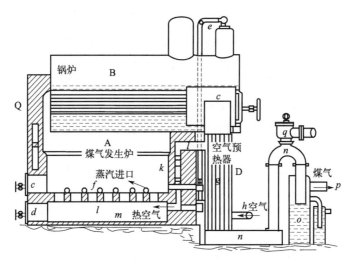

图 5-2　柯克汉姆兄弟提议的装置 (Institute F.，1886)

为了克服工艺上获取热量的困难，柯克汉姆两兄弟（John 和 Thos Kirkham）在他们 1852 年的专利（BP No. 14238，1852）中提出通过向反应器中的煤层同时注入预热的鼓风和蒸汽，煤层（A）被加热到几乎熔化铁的温度状态时产生含有氢气、一氧化碳、碳酸气和大量氮气的可燃气体（图 5-2）。这样，煤炭被空气氧化产生的热量将在内部提供给水-碳反应。该工艺还利用产品气体中的余热加热水以产生蒸汽并预热鼓风。柯克汉姆兄弟的想法的确很奇特，将空气和蒸汽同时鼓风进入煤炭床层，有效地解决了干馏炉所面临的由于外部加热而带来的传热难题，内部传热使得蒸汽与煤的反应变得很高效，而且还可以回收废热重新利用以产生蒸汽和加热鼓风（空气）。从化学原理而言，这离多年后工业化的煤气发生炉接近了一步。然而，空气的采用不可避免的是大量的氮气会进入，从而影响照明用煤气的质量。尽管他们在以后的专利中进一步改进了设计，比如增加了一个加热室使产品气体用油雾化，但还是未能得到所需的热值和照明亮度的煤气，其效果似乎有限。

在干馏装置中获得更多用于照明的易燃气体的努力似乎都碰壁了。考虑到干馏系统的固有特征，采用外部加热毕竟是一个效率较低且耗时的过程，而采用内部加热又克服不了煤气质量的难关。事实上，干馏器内部发生的化学反应取决于气体制造的方法和工艺。或者，反过来说更为恰当，工艺方法的选择决定了内部的化学反应，这是一个事物相辅相成的两个方面。干馏煤制气技术似乎走到了尽头。那么，工艺上的改变是否会为新的化学提供更好的机会，或反而言之，改变煤制气的化学是否能够带来煤制气工艺上的新突破，从而开拓新的领域或市场？邻近领域的发展为这些问题提供了答案。

到 1800 年，英国的高炉技术有了长足的进步，每年可生产约 13 万吨铁制品。这要归功于达比在 1709 年引进的焦炭和更强大的鼓风机，使大规模操作成为可能。1861 年，英国铁的年产量已经达到了 380 万吨。高炉炼铁已经很成熟，娴熟的工匠们通过在高炉内将铁矿石、木炭或焦炭和石灰石层叠起来，然后将其烧至尽可能高的温度，几个小时后，铁水会从炉底渗出。与此同时，高炉顶部逸出了大量气体，是一种易燃的废气。据 1842 年 5 月法国科学院报告，法国人奥贝尔多（Aubertot）于 1809 年 11 月左右首先开始利用高炉排出的易燃废气焙烧铁矿石和烧制石灰石，他还为此申请了专利（Wyer，1906；Kaupp，1984；Crookes，1870）。高炉尾气易燃这一事实肯定在此之前就已为人所知，许多工匠们已经意识到此易燃气体的价值。因为这是大西洋彼岸的默多克和克莱格刚刚开始早期建设商业规模煤气厂并正在试图开发更多煤气厂以生产更多照明用可燃气体的时候。1837 年，Wilhelm von Faber du Faur 在维尔腾堡的 Wasseralfingen 使用反射平炉成功地利用这种可燃废气从生铁中制造出锻铁。当然，在 Faber 和奥贝尔多之间，还有更多其他的类似尝试，并且已经发布了相当多的关于将废气用于冶金的专利。然而，当时关于高炉内发生的化学现象或废气形成的化学反应，人们似乎知之甚少，尽管人们似乎对化学反应的复杂性质已经有了一定程度的了解。这可以从克鲁克斯和洛里格二人于 1870 年出版的一本书《冶金学实用论文》（A Practical Treatise on Metallurgy）中的一段中看出。

> "然而，在使用废气时，人们很快发现，高炉过程的修改改变了废气的质量和数量，结果烧制过程受到了损害。气体的收集似乎也损害了高炉的过程。"

也许，对高炉运行可能带来的潜在影响的担忧可能阻止了对易燃高炉废气利用的进一步探索。毕竟，高炉的目标是生产铁产品，而不是废气。然而，将废气或燃气作为工业过程加热的更好方法的尝试引起了人们对开发高炉以外生产燃料气体的浓厚兴趣。这里一种新的化学发挥了作用。

1839—1840 年前后，在人们对寻找高炉废气在炼铁过程中的应用产生广泛兴趣的背景下，德国化学家古斯塔夫·比绍夫（Gustav Bischof）和法国化学家埃贝尔曼（M. Ebelmen）各自独立发明了煤气发生炉，通过碳与空气或空气和蒸汽反应生成燃料气体，法语称其为 gazogene，在英语中称其为 gas producer（煤气发生炉），这是一种独立于高炉操作的单独设备。虽然关于二人当中是谁首先发明了煤气发生炉并将其应用于法国东部 Audincourt 的钢铁厂似乎存在不一致的说法，但对于他们二人都在 1840 年左右以工业规模进行的一些广泛的试验，似乎没有什么异议。他们似乎采用了几种类型的煤气发生炉来生产用于炼钢用的燃气（Wyer，1906；Kaupp，1984）。图 5-3 显示了两个示例，一个是埃贝尔曼发明的熔渣煤气发生炉，看上去类似于高炉的设计和操作。另一个是比绍夫的干灰式煤气发生炉。熔渣煤气发生炉是一个用铸铁做的筒式外形，木炭或焦炭从顶部进料，与从该发生炉的底部进入的鼓风反应产生燃气。燃气主要由一氧化碳和一些二氧化碳组成。产生的气体从发生炉的左上角排出。发生炉内始终充满木炭或焦炭作为密封，或者可以在顶部使用盖子，防止燃气泄漏。为了从发生炉的底部顺利排出熔融状态的灰渣，必要时可将少量铁渣和黏土作为助熔剂与木炭或焦炭共同进料。很显然，埃贝尔曼的设计基本上遵循了炼铁高炉的设计操作原理。而比绍夫的干灰式煤气发生炉，一般紧挨着炼焦炉放置，为其或其他工艺提供燃气。干灰式发生炉采用了传统的方形砖式结构设计，固体燃料从顶部装填并放置在炉排上，鼓风从炉排下方吹入。蒸汽从炉排上方的侧翼开口注入煤床的下部。有趣的是，当采用燃气用于熔炼炉的时候，从发生炉的右上角出来的燃料气直接流向熔炼炉，在那里与利用熔炼炉废气预热的空气混合，进一步燃烧，用燃烧的辐射热来炼铁。这就是早期的搅拌炼铁炉（puddling furnace）。显然，前面介绍的柯克汉姆兄弟的发明采用了这种煤气发生炉的原理。煤气发生炉采用了一种新的取热方式来加热自身，它通过碳与空气（氧气）的快速反应实现在内部加热，更快、效率更高。但是如前所述，产生的可燃性气体在热值、成分等方面与照明用煤气有很大区别，不适合用于照明。此外，同煤炭干馏相比，在 gazogene 内部发生的化学现象也完全不同，是一系列全新的化学反应，并可以将原料煤或焦炭完全转化为可燃气体，这是一个完全气化的过程。不过，这在当时从化学的角度还了解甚少。

当时，煤气发生炉通常采用砖体结构建造，类似于高炉的逆流操作（气体介

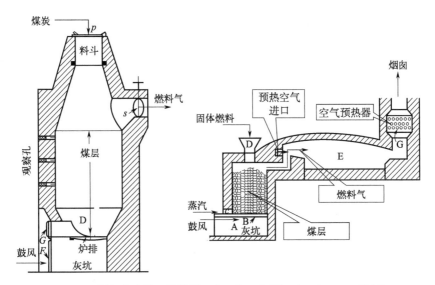

图 5-3 煤气发生炉：熔渣型（左）和干灰型（右）(Wyer, 1906)

质上升、固体向下移动），并可以连续运行以制造燃气。内置的干灰煤气发生炉右面的熔炼炉［图 5-3（右）］还展示了使用搅拌炉的烟道气加热冷空气（E区）。这是预热的空气在搅拌炉左上方进入加热室中燃烧燃气的示例。尽管两种煤气发生炉的排灰方式湿法排渣与干法排灰不同，但这两种设计在化学和工程原理上基本相同。以煤炭为例，在煤气发生炉内部由下至上发生的是物理和化学过程：分别是燃烧、还原、热解和干燥的过程，按照从炉排或发生炉底部到煤层顶部的顺序发生（表 5-1）。在实际运行中，鼓风夹带蒸汽或不夹带蒸汽由下向上运动，与向下运动的煤形成逆流。在向上移动的过程中，空气（氧气）与碳反应将燃烧区加热至 1200℃ 以上，反应生成二氧化碳并释放热量。二氧化碳与氮气上行一起进入白炽区即气化区，在那里二氧化碳被还原为一氧化碳，同时失去部分热量导致温度降低。然后生成的气体携带剩余热量进入热解或干馏区，利用剩余的热量干馏出煤中的挥发性物质，释放易燃气体。最后，燃气中的低温余热加热从顶部送入的原煤而带走其中的水分，离开煤层进入上部的开放空间。燃料气体连同水分和夹带在煤层中的细颗粒粉尘以大约 150～200℃ 的温度离开发生炉，流向下游的热回收和煤气处理系统。显然，与干馏操作相比，发生炉内的热交换非常有效。在反向运动中，煤一旦进入发生炉顶部就会受热并开始失去水分，进一步向下移动的干煤开始失去其挥发性物质并产生焦炭。生成的焦炭在炽热的气化区与二氧化碳反应生成一氧化碳而被部分消耗掉，然后残留的碳在燃烧区燃烧，释放出显热和辐射热，从而实现煤炭的完全消耗，达到完全气化。熔渣或干燥灰在发生炉的底部排出。相对于通过干馏制取煤气，这两种煤气发生炉的发明在有效利用热量和完全消耗或转化原料煤以生产可燃气体燃料方面确实提供了截然不同的特性，将新的化学引进了煤制气工艺。很快，这种新的煤制气工艺不仅打开了燃料气市场，还促进、改善了当时一直使用传统的干馏操作法的煤制气过程。不过，这是后来发生的事情。在当时的情况下，除了在要求不太极端的温度下运行的冶金过程中的一些有限用途外，这样一种由完全气化而产生的低热值燃料气在当时并没有引发任何工业过程的革命。这次易燃燃气中的氮气似乎是罪魁祸首。

表 5-1　固定床煤气炉内的反应区域

区域	温度/℃	主要反应	化学过程
干燥	<350	去除水分	物理过程
干馏	350~900	干馏过程	物理化学过程
气化	900~1200	生成 CO、H_2、CH_4	气化过程
燃烧	>1200	生成 CO_2	燃烧过程

由于使用空气作为鼓风，煤气发生炉产生的燃气含有超过 50% 的氮气。由此产生的燃气只有 110~150Btu 每立方英尺的低热值，这种燃气仍然无法达到冶金学家当时在制造优质玻璃或钢时需要的温度。那么，在煤气发生炉中使用氧气代替空气怎么样？这肯定会有所帮助，问题是氧气分离技术直到半个世纪后才发明。

与目前的煤制气工艺和那些依赖外部加热的尝试或试验相比，从技术上讲，通过向碳氢化合物固体床中注入空气或与蒸汽的混合物来运行的煤气发生炉的优势似乎是显而易见的。发生炉是适应复杂的物理化学过程以利用煤炭资源生产燃气的有效装置。它通过更有效的内部加热在连续操作中提供不间断的燃气。这种发明的潜在价值似乎是重要的，在当时还没有其他工艺可以与之匹敌。在不断增加的化学知识的帮助下，这应该是工程学的一次飞跃。就这一点而言，寻找释放这种煤气发生炉的潜在价值的方法似乎已成为科学和工业活动的焦点。什么样的解决方案可以提供突破来释放这样的价值？这种方法似乎很自然地指向温度的性质及其背后的因素。那么当时对热是如何理解的呢？当时的常识似乎是人们通常将热与温度联系起来，一个例子是当水受到煤的燃烧热时，水的温度会升高。然而问题是，早在 19 世纪 40 年代，人们对什么是热量以及热量如何改变温度知之甚少，也较为混乱。另外，如果有了解的话，也是拉瓦锡的热理论。尽管这一理论遇到了越来越多的困惑和质疑，但仍然很有权威性。即氧气与煤燃烧的时候，氧气中的热量（caloric）释放出来发光发热，或以某种方式进入水中使水的温度上升。所以，当时的化学现状，对化学的理解或化学本身似乎都在某种程度上阻碍了煤制气的进步。或者更准确地说，如果不了解热量的真实性质，煤制气将很难达到另一个里程碑和一个更高的技术层次。小克莱格在 1841 年关于煤制气的论文中所描述的可能更能证明这一点。

　　"化学家应该很好地理解热量的影响：在他手中，这是一种重要的力量，通过这种力量，不仅使物体进入适当的结合状态，就像通过加热将固体转化为液体一样，而且还能够破坏以前存在的组合；因为热量不仅抵消了内聚力的影响，而且当加热进程进行得足够深时，还可以抵消亲和力的影响。因此，我们通过加热石灰或石灰石的天然化合物碳酸盐至发红来形成生石灰；碳酸与石灰结合的亲和力被热量中和或破坏，结果气态酸逸出，将纯石灰留在窑中。"

　　巧合的是，一位从小就对热量概念着迷的英国酿酒师一直热衷于研究热量及其与其他形式能量的等效性。1845 年左右，他终于找到了一个确凿的证据，证明了热量的性质及其与温度和其他形式能量的关系，不仅为化学的发展提供了新的契机，也为煤气发生炉价值的再现提供了机会。

　　他就是詹姆斯·普雷斯科特·焦耳。

第六章

工艺集成的魅力

随着煤制气的生产规模和能力越来越大，多干馏室的模块设计和外壳砖体结构的采用提高了煤制气的热效率。砖体结构的采用使得向开放环境中散失的热量减少，只要全天候运行，就可以显著节省用于加热干馏室的燃料煤。但在每次干馏操作结束时利用热焦炭来制造更多气体的努力尚未在技术和经济上证明是有效的。干馏操作仍然排放大量的焦炭，这仍然是热损失的主要来源之一，似乎需要找到一种更好的方式来管理回收热量。不过，在 19 世纪 40 年代之前，关于热是什么及对热的性质的理解仍处于混乱之中，如何更有效地回收利用这一热量来改善干馏操作仍没有大的进展。不过，传统的煤制气工艺已经取得的成就是，对于大规模的多干馏室系统的操作，如果排出焦炭和装载煤的循环在干馏室保持热态的情况下进行的话，将会节省高达 50％ 的燃料煤。用砖体结构取代铁材料建造集成的多干馏室综合设施强化了这一点，因为黏土比铁能够更好地保持热量。

自 1829 年第一条商业铁路在利物浦和曼彻斯特之间开通以来，铁路行业的发展也很迅速。如此快速的发展产生了对用来制造蒸汽机和铺设铁路轨道的材料的强烈需求，制造更好、更坚固耐用的钢材料也就变成很现实的问题。在那之前，铁轨一般是用锻铁制成的，使用时间不长。为了使蒸汽机和铁路轨道更坚固、更耐用，对钢材的需求就变得很刚性。当时，钢材被认为是在硬度和抗拉强度方面比熟铁或铸铁性能更高的材料，但问题是钢材的价格昂贵且供应量也很有限。因为炼钢需要比炼铁更高的炉温，可问题在于将温度提高到足以完全熔化铁的技术在 19 世纪 50 年代尚未开发。另外，也没有相关的基本知识，例如什么因素有助于影响或控制温度。就这样，对钢材的需求和了解热的本质的需要为不断变化的煤制气化学找到其价值和用途提供了绝佳机会。其中前面提到可以完全、彻底地将煤炭转化以产生可燃气体的煤气发生炉技术，也找到了其价值。这归功于西门子兄弟。

不过这是在热的概念得以澄清之后发生的事情，让我们先回到热的概念的实质。

第一节　热、运动、热量、电及其相互转换

虽然通过钻木取火或石头摩擦产生火花生火已经实践了数千年，但摩擦现象或火花引起燃烧的背后究竟是什么一直让哲学家和科学家感到困惑。很少有人将机械运动产生的热量和引起的燃烧联系起来。在拉瓦锡的燃烧理论中，他认为与氧共存的热量元素（caloric）在燃烧过程中会产生热量和光。而 1799 年的晚些时候，戴维通过摩擦两块冰块使表面的冰融化的实验来试图推翻这个想法，因为当时人们似乎普遍认为冰只会在温度升高时融化。遗憾的是戴维并没有对拉瓦锡

的理论提供任何可替代的合理解释。类似的道理也适用于炼钢过程，需要白热而不是樱桃红热的温度才能更彻底地熔化铁，以便通过炼钢操作脱去杂质生产出更好的钢材。从表面上看，冰融化和铁熔化似乎是完全不同的两个现象，但就本质而言，它们很可能具有相同的原则。

就像熟练的铁匠从排气烟道中回收热量用以预热鼓风空气，从而帮助提高锻造或熔炼温度以生产更好的铁产品一样，钢铁、煤制气行业也都在积极寻找替代方案以提高其效率，从而可以在煤价上涨时节省煤炭消耗。热最终演变为一个有趣的主题，吸引了医生、物理学家、哲学家等来调查和研究热（heat）与热量（caloric）之间的关系与差异，从而促使了热力学和物理化学的建立，将化学的发展推进了一大步。

法国科学家萨迪·卡诺（Sadi Carnot，1796—1832）出生于法国大革命人物拉扎尔·卡诺的家庭。经历了拿破仑时代兴衰动荡的生活后，他对科学及其应用产生了浓厚的兴趣。1812—1814 年期间，萨迪·卡诺在巴黎理工学院（École Polytechnique）接受了良好的教育。该公立学校于 1794 年成立，旨在推进法国的科学和工程。法国军队的军官多在那里接受培训，重点是将数学、化学和物理等科学应用于解决工业和经济问题。正是在这段时间里，卡诺接触了一些伟大的思想家，他选择的课程强调与分析、力学、描述几何和化学相关的技能。这些技能由泊松、盖-吕萨克、安培和阿拉戈等几位杰出的教授授课。毕业后，卡诺成为一名军官。在科学兴趣的驱使下，卡诺积极参与关于化学和物理学及其应用（如蒸汽机）的公开讨论。1815 年后，英国在蒸汽机技术、应用和制造方面远远领先于法国。设计和制造蒸汽机需要大量的实践经验和信息，以便在不同的发动机设计（单缸或多缸）或不同的蒸汽条件（低压与高压、饱和蒸汽与过热蒸汽）下了解这些诸多不同的条件对蒸汽机设计的影响。在仔细检查法国军队使用的蒸汽机并分析相关著作后，卡诺认为蒸汽的低效使用是其效率低的原因，并在他1824 年题为 "*Réflexions sur la puissance motrice du feu et sur les machines propres à developper cette puissance*"（对火的动力的思考）的论文中指出蒸汽循环的性质。在文章中，他预测热机或蒸汽机的效率仅取决于循环运行过程中工作介质在极端点的条件，而在这一循环过程中，作为介质的热（heat）或热量（caloric）无法产生或消失。还有，在膨胀和冷凝过程中所做的功与介质的类型无关，不论是水还是其他流体。遗憾的是，卡诺的论文在很大程度上被忽视了。直到十年后，另一位法国工程师埃米尔·克拉佩龙（Émile Clapeyron）帮助推广了卡诺的成果，卡诺的研究结果最终被接受并形成了现代热力学原理的基础（Mendoza，2023）。在其理论中卡诺仍然借用了拉瓦锡的热量（caloric）观点来解释他的理论，尽管当时该观点已被证明是错误的或不切实际的。问题是对于热

（heat）或热量（caloric）应该是什么也没有达成任何共识。正确的是卡诺认为热或热量既不能被创造也不能被消灭的原理。卡诺的工作终于在 19 世纪 50 年代得到热力学奠基人德国物理学家鲁道夫·克劳修斯和英国化学家威廉·汤姆森（开尔文勋爵）的认可，并将其纳入热力学第一定律——能量守恒定律。接下来，苏格兰工程师威廉·朗肯 1859 年在理想条件下的卡诺循环的基础上进一步建立了所谓的实际气体条件下的朗肯循环（Rankine Cycle），以反映热机在真实工作条件下的效率，即热机效率在实际条件下总是低于理想气体条件的结果。

那么，拉瓦锡提出的热量（caloric）到底是什么，是现实的存在还是虚无缥缈的想象，它同热（heat）有无关联？早在 1800 年，英国医生和物理学家托马斯·杨（Thomas Young，1773—1829）就首次使用了"能量"一词，但直到 19 世纪 50 年代才被注意到（Morse，2018）。在他的一次演讲中，杨使用能量一词来代替运动物体的"生命力"，它是物体质量（m）与其运动速度（v）的平方的乘积（mv^2），是当时的物理学科的话题。为了建立热、热量、电和能量等之间的联系，迈耶和焦耳在 19 世纪 40 年代所做的观察和实验对于联系这几个概念至关重要，同时也有助于理解它们的性质，为建立热力学学说铺平了道路。作为荷兰东印度公司商船上的随行医师，普鲁士医师和物理学家朱利叶斯·罗伯特·冯·迈耶（Julius Robert von Mayer，1814—1878）在 1842 年的爪哇之行中注意到，生活在热带气候的人的静脉血比生活在寒冷地区的人更红。他推测食物摄入量、身体热量和做功之间存在某种关联，并据此提出了能量守恒的概念，即身体热量可以转换为身体做功，这种等价性原则应该普遍存在。迈耶在著名的化学家伽斯特斯·冯·李比希（Justus von Liebig，1803—1873）拥有的期刊 *Annalen der Chemie und Pharmazie*（化学与药学年鉴）上发表了他的观点，但也没有引起当时人们的注意（Julius，2022）。

与迈耶不同的是，英国酿酒师和物理学家詹姆斯·普雷斯科特·焦耳（James Prescott Joule，1818—1889）出生于一个酿酒师家庭，早年接受约翰·道尔顿的教育的同时，也受到当时工业中心曼彻斯特许多伟大工程师的影响。在年轻的时候，焦耳就对电着迷。在评估用新发明的电动机取代其家庭啤酒厂使用的燃煤蒸汽机的可行性时，焦耳以其独特的方式对两种机器进行了定量的估计，一磅煤可以产生的蒸汽，其工作量是一磅锌电池供电电动机的五倍；根据煤炭、锌等原材料的价格以及用量的不同，这两种方式的成本效益则是 20 倍（James Prescott Joule，2022）。在做这样的比较时，焦耳采用了等效或公分母的概念，即蒸汽机或电池完成的等效功。虽然锌电池供电的电动机很有吸引力，但其运行成本要比蒸汽机高得多。显然，煤炭比锌便宜得多。当时电动机需要的电力是由伏打（Volta）电池提供的，锌是运行电池的消耗品。这项工作显然依据了热与电的等效性概念，也可能促使焦耳进一步思考热、磁和电能是否也可能以某种方式相互联系或互换。熟悉了卡诺和克拉佩龙在法国的工作后，焦耳继续建立他的实验室，以研究各种形式的能量相互转换。

1840年，焦耳在一次会议上提出了他的发现，并根据他对电机和伏打电池的实验得出了以下结论。

> "转动磁电机时施加的机械动力转化为感应电流通过其线圈产生热量；另一方面，电磁发动机的动力是从电池的化学反应获得的。"

这些发现后来构成了焦耳定律的基础，即功 Q 等于电压 U 的平方除以电阻 R 或等于电流 I 和电压 U 的乘积：

$$Q = U^2/R \text{ 或 } Q = IU$$

图 6-1　焦耳热能转换实验仪 (1845)

它还清楚地表明了电力产生的热量与电池内化学反应产生的热量的等效性。在接下来的几年里，焦耳继续证明电机也能将机械功转化为热能。到此为止，焦耳已经对他关于不同形式的能量的相互关联且可以互换的假设充满信心。在他下一个旨在量化这种等价性的实验中，他的名字开始为人所知。焦耳于1845年在剑桥向英国协会所做的题为"关于热的机械当量"的演讲似乎在当时的科学界中产生了一些连锁反应。在他的实验中，焦耳测量了将一磅水的温度升高 1℃ 所需的英热单位（Btu）的热量，相当于使一磅重的物体下落了 819 英尺的高度以旋转桨轮搅拌水所需的能量（图 6-1）。换句话说，一磅重的物体行进 819 英尺距离的势能相当于将一磅水的温度升高 1℃ 所需的热量。通过更多的实验，焦耳在 1850 年将一磅物质的行进距离精确到 772.692 英尺。

事后看来，迈耶和焦耳都能够在不同的能量形式及其互换性之间建立联系。尽管迈耶的提议似乎有点抽象，但焦耳的实验相当直观、定量，具有极强的说服力。那么，一个自然而然的问题可能是迈耶和焦耳如何能够联系这几个不同的概念来实现这一突破以及为什么焦耳的提议花了这么长时间才被接受。这里可能的解释有很多，在准确性或量化不常见的时候，例如煤炭通常以 chaldron 或 cwt 为单位进行计量，都是基于经验法则，甚至不一定是估计。当焦耳分享他的故事是基于他声称能够分辨出 1/200℃ 的温度差异的时候，不得不引起许多人的怀疑或质疑（James Prescott Joule，2022）。当时像煤制气这样的工业过程在 10℃ 或更高的误差范围内工作或以冬季和夏季来衡量当时的生活时，1℃ 温度的变化又能说明什么呢？然而，问题可能是这里有一个被遗忘或容易被忽视的事实，即迈耶和焦耳所从事的专业或职业，1℃ 甚至 0.1℃ 的温度差异对他们来说都可能会很重要或很有意义，并且对他们的目标对象也许会产生很大影响。在他们的职业中，温度及其变化是一个敏感的关键参数，迈耶据此认真工作以照顾他的患者，焦耳密切注意并保持酿造过程的准确温度以确保他的葡萄酒美味可口。以人体为例，我们人体的体温在白天和晚上变化在 1℃ 以内，±0.5℃ 是正常的。但想象一下，如果体温升高 1℃ 的话，人体会很容易感受到这种影响，这很可能是健康状况出了问题。另外，如果没有焦耳在控制温度方面的敏感能力，他的实验可能无法成功。在他于 1845 年发表的实验中，要获得一个英热单位 Btu 的功，即使一磅水的温度升高 1℃，需要一磅重物用绳子系在滑轮上垂直下降 819 英尺的距离。这个距离接近 56 层建筑物的高度。为了使其实用，焦耳可能会缩小到较小的温度差，这样滑轮上的物体下降的距离会缩短一些，而他的"温度计"仍然能够以所需的精度捕捉到温度变化。当然，焦耳也可以通过让滑轮重新运行几次来完成他的实验，以弥补所需的总行进距离，从而导致水温发生可测量的变化。这的确是一件精妙的实验作品！此外，焦耳似乎对他的"温度计"会帮助他实现目标非常有信心，这也解释了他在赢得认可之前遇到许多沉默和拒绝后的坚持和毅力。迈耶在遭遇拒绝发表他的早期论文后也是如此，最终在 1871 年获得了皇家学会拉姆福德奖章。其实，众所周知，当今现实生活中的许多常识或知识在发现或发明的时候都遇到了许多质疑。当瑞典的物理学家安德斯·埃格斯特朗（1814—1874）于 1868 年发明了国际度量单位（埃，即一千万分之一毫米或十分之一纳米的长度）的时候也受到了许多非议。虽然 1927 年被在巴黎举行的第七次国际度量衡大会认可，但是被正式纳入国际度量单位还要等到 1960 年当米的单位被重新定义之后才发生。

在接下来的几年里，焦耳继续他的实验，多次改进他对机械当量热的测量，他在 1878 年的最终测量精确到了 772.55 英尺。在他 1889 年 10 月 11 日去世后，这个数字刻在了他的墓碑上。除了这一重大贡献，焦耳在与开尔文勋爵一起研究空气或气体的时候，又发现了当气体在不做功膨胀的时候，气体的温度会下降。据此，在 1852 年建立了焦耳-汤姆孙定律，该定律后来在气体处理、分离和制冷等方面获得了广泛的工业应用。还有，焦耳定律的建立对 19 世纪 50 年代首次铺设的从英国到欧洲大陆、美洲大陆以及印度等地区的重要的水下电报线路也有重要的贡献，帮助开尔文勋爵解决了电报信号通过长距离海底线路时的信号衰减问题。当 1858 年 8 月 16 日横贯大西洋的海峡电报线将英国和美国连接起来的一刻，维多利亚女王向美国总统詹姆斯·布坎南发了一封 80 字的电报，以祝贺两国的友好合作。虽然这封电报足足花了 16 小时 40 分钟方通过这条 3200 公里的电报线到达白宫。就这样，科学技术的发展首次将地球的各大板块连接了起来，也拉开了此后信息时代的大幕。

焦耳的发现和他精巧的实验令人信服地证明了热、电、机械运动的本质及其互换性。热、运动和电等只是能量的不同形式，它们之间发生的任何热交换都不存在任何热量（caloric）的介入。这显然为戴维、卡诺和其他许多人所应用的拉瓦锡热量理论的争论画上了句号。焦耳的发现也为后来德国物理学家鲁道夫·克劳修斯（Rudolf Clausius，1822—1888）、英国物理学家和发明家开尔文勋爵（William Thomson，1824—1907）、苏格兰机械工程师威廉·朗肯（William Rankine，1820—1872）建立热力学学说奠定了坚实的基础。这就是，热既不能生也不能灭，但可以从一种形式转化为另一种形式，即现代科学的热力学第一定律。"能源"一词从此也成为代表不同形式能量的统称。

同样重要的是，焦耳的发现也为企业家和工程师打开了许多可能的窗口。让他们可以按照卡诺循环原理重新发明、改进各种工业流程，从而利用不同形式的能源来提高效率。其中有一位企业家和发明家，他一直在密切关注焦耳的研究进展，同时还一直致力于提高热机效率的创新工作。在他不懈的尝试过程中，这位企业家意外地释放了煤气发生炉技术的价值，使他在炼钢技术方面取得了巨大的突破，敲开了第二次工业革命的大门。

他就是卡尔·威廉·西门子。

第二节 蓄热器和冶金

卡尔·威廉·西门子 (Carl Wilhelm Siemens, 1823—1883)，即后来的查尔斯·威廉或威廉爵士，德国工程师、发明家和企业家，出生于德国汉诺威附近的一个村庄。他是西门子家族的第四个儿子。18 岁时，他就读于哥廷根大学，后来在马格德堡一家著名的蒸汽发动机制造厂当学徒。然后，他开始了我们今天所说的商务开发事业，并前往伦敦推销他哥哥维尔纳 (Werner) 开发的电镀工艺。在伦敦，他成功地将这一技术以 1600 英镑的合同价推销给知名玩具制造商埃尔金顿 (Elkington) 公司，为由他的哥哥维尔纳创造的西门子公司积累了非常可观的第一桶金。在他的下一次旅行中，他带来了自己发明的另一种产品，并将伯明翰作为他的新家，以方便从事技术的开发与销售业务。在接下来的几年里，威廉爵士不仅帮助维尔纳营销电气产品，还在不同的时间在几家店铺工作，并从事他的发明研究。顺便提一下，上面提到的 1858 年铺设的横贯大西洋的电报电缆就是由威廉爵士领导的西门子英国分公司完成的。西门子公司是从电报服务业务起家的，直到维尔纳于 1866 年发明了实用的发电机后西门子公司才开始了电气设备产品以及相关的业务。当时的伯明翰已经成为英国正在进行的工业和科学革命的中心。在伯明翰度过的时间对威廉爵士来说是宝贵的，也为他积累了丰富的实践经验，有助于他日后的职业发展。1851 年，他创办了自己的公司来推销他的发明。其中一个发明是用蓄热器移动热量，这使他日后在炼钢和许多其他工业加热过程中声名鹊起。当然，这样的成功经过了失败和不懈的努力与奋斗。从某种角度来看，他对新科学发现的坚定信念以及逐渐对热及其性质和原理的应用理解使他的信心和努力得以坚持。

自 1829 年英国工程师乔治·斯蒂芬森 (George Stephenson) 和他的儿子在利物浦-曼彻斯特铁路上的首次"火箭"（蒸汽机车）运行以来，铁路建设在缓慢起步后进入了快速增长。铁轨从 1838 年的 500 英里增加到 1850 年的 6600 英里，然后在 1870 年达到 15500 英里 (Stavrianos，1995)。远洋轮船也是如此。这种扩张需要更多的钢材——一种更好的材料。当时锻铁通常作为铁轨、弹簧和大型金属部件的材料，可是其使用的业绩不佳。例如，用锻铁制成的轨道不够坚硬和抗拉，在那些服务频繁以及铁轨承受重物较大或弯曲地段的工作环境中，仅能持续几周的时间。虽然当时的钢铁生产一直在进步，但进展缓慢，并且采用的大多是坩埚和搅拌炉等工艺进行小批量生产。抛开昂贵的价格不说，钢材产量远远不能满足当时的市场对钢材的需求。炼钢技术成了打开这一局面的关键。而打破这一障碍的关键是如何有效地使用热来达到炼钢需要的高温。

如前所述，在煤气制造过程中，将热量从外部热源有效地传递到干馏炉内部是一个缓慢、耗时且具有一些局限性的过程。炼钢也是如此，它使用壁炉燃烧的热烟气来加热放置生铁的炉膛。但是，燃煤为炉膛提供所需高温的功效有限，当炉膛的规模放大时尤其如此。这就是为什么当时只是局限于小规模的坩埚和搅拌炉来炼钢。在威廉爵士去世后，其中由会员理事会呈送的一份讣告中的一段话这样讲述了威廉爵士对热和节能的热情。

"毫无疑问，他在年轻时就研究过热理论，并且跟上了后来关于热的所有发现。他掌握了焦耳、迈耶、卡诺等人的深刻研究，并且非常熟悉伟大的现代能量守恒定律，热的动力学理论提供了如此确凿的证明。运用他杰出的实践头脑，他看到，在几乎所有的制造和工业过程中，由于热量的浪费，宝贵的能量不断发生巨大的损失，他认真努力地发现和引入回收废热的方法。"

威廉爵士相信在燃煤蒸汽机系统中回收烟气中损失的热量是提高蒸汽机效率的有效方法。威廉爵士早在1846年就开始将卡诺循环和焦耳的最新发现等科学原理应用于工业加热过程，比如已经大规模使用的燃煤锅炉、熔炉以及玻璃制造等等。18世纪中期这种节省煤炭的努力一定已经引起了广泛的关注和兴趣，因为钢铁制造、冶炼和玻璃制造等行业都在快速增长，导致对煤炭需求的相应增加。1815年英国的煤炭年产量约为1600万吨，1830年增加到3000万吨。1853年至1862年间，煤炭的年平均产量已达到约7200万吨（Historical Coal Data，2021）。煤炭的价格也是如此，煤炭的费用通常占产品成本的很大一部分。因此，高效的产品和技术将有很大的需求。面对这样的状况，威廉爵士将他的信念和技能付诸行动，开发高效的技术和产品，使煤炭加热的过程更有效率。

不过，1846年到1856年之间的这段时间对威廉爵士来说一定是一场艰苦的奋斗，因为他打算提高蒸汽机效率的尝试并没有像他希望的那样顺利。他在1847年的第一次试验是在伯明翰的本杰明·希克父子的工厂，在一台4马力蒸汽机的冷凝器中安装了一个换热器用来回收来自主气缸的蒸汽冷凝热。他试图利用回收的冷凝热来过热蒸汽。两年后，他又继续在位于思迈斯威克的福克斯-汉德森（Fox-Henderson Co.）工厂进行试验，但取得的成功很有限。然而，他为蒸汽机系统产生过热蒸汽的概念在1850年得到了英国艺术协会的认可。威廉爵士继续努力，他相信自己能够而且应该能够成功。

回想起来，尽管威廉爵士为实现自己的愿景所做的努力的方向是正确的，但问题是可能没有选择正确的工作目标，即蒸汽机。在他1862年向伦敦机械工程师学会的演讲中，他将自己早期的蒸汽机工作总结为"许多实际困难阻碍了理论和实验所承诺的成功的实现"。后来的案例也证明确实如此。如果他选择一个不同的目标，比如选择排放到烟囱的高温烟道气做热源的话，结果可能会更好。威廉爵士已经意识到，在燃煤蒸汽机环境中，从蒸汽循环或燃煤烟气中再生的热量温度偏低，会使他的换热器得到的任何好处都是微不足道的。此外，当时的蒸汽机可能不适合使用过热蒸汽，这也可能是"许多实际困难"之一。正如我们今天所知，过热或超过热的蒸汽条件对先进膨胀汽轮机系统的运行性能至关重要。在19世纪40年代和几十年后的当时就不是这样了。因为瓦特的蒸汽机主要是在环境压力下用饱和蒸汽运行，所以它的效率很低，只有个位数。任何通过从低水平蒸汽条件中回收热量来提高蒸汽机效率的努力都是非常有限和微不足道的。相反，其潜在的效率收益也都往往很难抵消热回收系统的投资成本。

　　此外，可能还有其他因素限制了热回收的益处。有时，工程或设计的合理性、采用的材料的适当与否以及操作程序的正确性都很可能成为决定一个计划能走多远的命运的关键。在大多数情况下，这些因素的组合通常会限制成功的程度。其实，从烟气中回收热量并不是什么新鲜事。早在19世纪20年代后期，炼铁工匠就进行了实践。只是这种做法在很长一段时间内都没有引起注意，可能是因为炼铁工匠们倾向于保密。几个世纪以来，炼铁工匠们一直在努力通过提高温度来提高铁制品的质量，因为这是关键的一步。达比于1709年使用焦炭发明的炼铁，以及后来工匠们通过使用由动物或蒸汽机驱动的鼓风机向炼铁的炉子或火炉提供强力的鼓风，都有助于实现高温。然后在1829年，尼尔森先生使用的预热的空气鼓风则是后来的另一项改进，这些措施虽然极大地提高了炉内的温度（Cowper，1860），但对炼钢而言还不够。然而，这种预热的好处受到当时用于将热量从废气转移到鼓风中的换热器材料的限制。例如，炼铁工匠们使用铸铁管换热器来回收热烟道气的热量以预热鼓风，预热的鼓风随后进入熔炼炉以提高焦炭燃烧的温度。可问题是，由于铸铁不能承受高温，预热的鼓风很难达到高于700℃的温度，否则铸铁将失去强度。诸如此类的情况，材料的选择就变成了限制性因素。然而对威廉爵士来说，蒸汽锅炉可能不会帮助他，因为高温的烟气在产生蒸汽后温度会低得多。不过，我们无法知道威廉爵士是否尝试过，但最后的结局是一样的，至少是相似的，即效果甚微。

　　几年后的1856年，威廉爵士的运气开始转变。他的弟弟弗雷德里克（Frederick）按照威廉爵士的热回收思想，发明了一项名为蓄热器的新产品，而且这一发明使用了不同的设计和材料进行热回收。威廉爵士立即意识到这项发明的价值，并开始与弗雷德里克密切合作以进一步改进它，同时寻找机会将蓄热器用于工业过程。

　　弗雷德里克（Frederick，1826—1904）是一位德国化学工程师和发明家，于 1848 年前往英国与威廉爵士一起开展电气业务。与此同时，弗雷德里克也在威廉爵士以前工作的几家公司工作。1856 年，弗雷德里克于 12 月申请了一项临时专利，并于次年 6 月 2 日在英国申请了题为"改进的炉子布置、改进适用于所有需要极端热量的情况"的完整专利。该发明是一种从高温甚至极端温度的排气烟道中回收热量的蓄热器方案，该方案将在许多工业过程中（如冶金、玻璃制造和炼钢等）得到应用。这是在亨利·贝塞默（Henry Bessemer，1813—1898）申请著名的炼钢炉专利大约 10 个月之后。

到了 19 世纪 50 年代，金属熔化、玻璃熔化和陶器加热的熔炉已经普遍采用燃煤和空气鼓风燃烧来提供热量。但是，熔炉的规模普遍较小，批量操作每批约 2～4 吨。通常，熔化物体需要达到 1315～1426℃或更高的炉温。一方面，要获得如此高的热量强度（温度），不仅需要硬煤等优质煤，还需要熟练的劳动力。另一方面，这些要求与燃煤壁炉的设计一起，也成为阻碍大规模运营的因素，即当熔炉的规模增大时，这样的温度也很难达到。所以，这些行业的从业者们一直都在寻找更好的方法来改善他们的熔炉运作。弗雷德里克的发明来得正是时候，在他哥哥威廉爵士的积极介绍下，有许多从业者立即接受了这一发明的使用。虽开局良好，但商业化之路却在接下来的十年间几经转折，才迎来了梦幻般的结局。

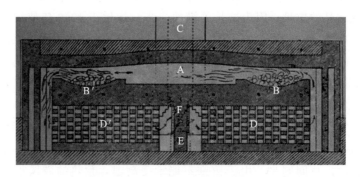

图 6-2　蓄热系统（GB 专利号 2861，西门子，1856 年）

铁或玻璃熔炉的典型操作是采用煤燃烧产生的火焰加热装有金属或玻璃等的熔炼室，然后作为烟道气离开熔炼室。这样的烟道气进入烟囱之前，通常处于高温，烟道气中的大量热量直接散失到大气中。通过将弗雷德里克的发明应用于这些熔炼炉，可从烟道气中回收废热，用以加热需要的空气鼓风。然后将加热的空气吹入壁炉与煤燃烧时会提高烟道气的温度，从而将放置铁或玻璃的熔炼炉加热到更高的温度。为了有效地达到这一结果，弗雷德里克采用了威廉爵士一直致力于研究的蓄热系统原理，但发明了一种完全不同的设计理念来传递热量。为了适应新设计（图 6-2），弗雷德里克选择耐火砖作为框架结构和传热材料来构建热回收用的蓄热器系统。一对蓄热器（D、D′）彼此相邻，作为排气烟道（F）和冷空气鼓风（E）之间交替的通道。蓄热器位于壁炉（B、B′）和放置目标对象的熔炼炉（A）的正下方。耐火砖是一种优良的耐热材料，在高温环境下表现良好，同时还有良好的蓄热效果。当然，这种材料当时已经普遍用于煤制气工艺。蓄热器的设计和内部使用的耐火砖数量将确保蓄热器末端排气烟道的出口温度低于 100～150℃，以便回收大部分废热。实际运行如图 6-3 所示，热烟道气离开熔炼室，通过切换盒（起三通阀作用）进入蓄热器一侧（B），在通过内部设置的曲折通道时将热量传递给耐火砖后，再进入烟囱。一旦耐火砖被加热到足够高的温度（保留足够的热量），热烟道气切换到另一侧加热处于冷态的蓄热器（A）。同时空气鼓风通过烟囱侧的第二个切换盒切换进入已经被加热的蓄热器（B），并逐渐被加热升至接近热烟道气的入口温度的高温，然后喷入燃煤壁炉燃烧。当加热空气的蓄热器（B）的温度低于一定程度，同时蓄热器（A）被加热到指定的高温后，热的烟道气和鼓风空气又被切换到相反的方向，进入下个循环。就这样，循环操作以固定的时间间隔自行重复，连续为熔炼炉提供需要的热量。这样做的好处很明显，高温热空气有助于提高煤炭燃烧强度，为熔炼室提供更好的热量强度。同原来的炼铁操作相比节省近 50% 的煤炭，从而产生了显著的煤炭经济性。威廉爵士和他的弟弟对这项发明的潜力感到兴奋，立即采取行动将其付诸实践。

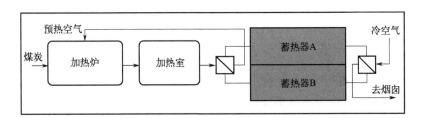

图 6-3　西门子蓄热式炉示意图

接下来，在 1857 年至 1865 年的这段时间，弗雷德里克和威廉爵士将新的蓄热系统应用于伯明翰、曼彻斯特、伦敦等地的许多工厂，用于加热钢筋、熔化铁、铜或玻璃等。每个工厂的蓄热系统的设计都是量身定制的。根据威廉爵士在机械工程师协会所做的许多演讲以及随后作为业主在活动中的反馈的问答讨论，蓄热系统在这些工厂中都运行良好，并显著节省了煤炭使用量。但是，它并没有改变劳动强度以及对熟练劳动力的要求；还有，由于燃煤壁炉的局限性，它的加热功率还是不足。当大规模操作时，加热室内加热不均匀的问题会经常出现。另外，位于高温热烟道气侧的切换盒，由于高温和腐蚀性环境，需要经常维护。不过好消息是，市场对优质钢材和玻璃的需求依然强劲。

之后，西门子兄弟二人在不同的工厂又尝试了各种设计，例如一个燃煤壁炉与两个燃煤壁炉、单加热室与双加热室以及燃煤壁炉的不同位置等等。最终得出的结论是，燃煤壁炉是瓶颈，煤炭燃烧的单一火焰是问题的根源。如果有一种新型的气体燃料做热源的话，将有助于清除这一瓶颈。有了可用的气态燃料，兄弟俩意识到他们可以同时加热鼓风空气和气体燃料来充分利用他们的蓄热系统。这一想法如果实现的话将会进一步提高燃烧强度，不仅可以达到更高的温度，还可以通过气体分布式燃烧使加热室内的热量分布更加均衡，这样就能很容易地解决大型化操作的问题。

19 世纪 60 年代煤气已经在英国的城市、城镇甚至乡村广泛使用。西门子兄弟应该非常清楚这一点。然而，对于工业用途，煤气太昂贵而导致大量使用没有经济意义。况且，工业应用需要的是燃料气体而不是照明用的煤气。那么，兄弟二人还有什么方法可以利用呢？这时，出现了另一种煤制气工艺解了他们的围，那就是一种采用新的化学反应的煤气发生炉。

第三节　释放加热能力

1862 年 11 月 29 日，苏格兰当地报纸《格拉斯哥先驱报》报道了一个采用西门子兄弟新发明的项目。这是其中的一段话。

> "通过这项发明，从事玻璃制造或生铁冶炼的工人可以比在以普通方式加热的炉子上工作更舒适地进行劳动。我们提到的炉子是苏格兰安装的第一台熔炼炉。据我们所知，如果燃料消耗要少得多，工作进行得更好的话，这些熔炼炉很可能会被广泛用于这个国家的玻璃和铁厂。"

确信他们需要一种方便且低成本的气体燃料后，兄弟俩开始寻找一种可以提供这种燃料的技术。很快，他们就找到了。更重要的是，这一发现也导致了他们的另一个重要发明。当将煤气发生炉与熔炼炉的框架结构分离开的时候，也就打开了各自潜在的一系列优势，从而完全、彻底地释放出了蓄热器系统的全部价值。

当时，西门子兄弟大概不是非常清楚煤气发生炉的化学内涵以及比绍夫或埃贝尔曼于 1840 年左右在 Audicourt 炼铁厂进行的工作，即在发生炉的环境里当燃烧系统的鼓风降低到一定水平时会产生可燃气体，而且生产可燃气体似乎也可以通过多种方式来进行。西门子兄弟生产气体燃料的最初计划是通过改造图 6-2 所示的两个壁炉来进行的。兄弟二人在壁炉的底部分别设置一个小炉排，认为如果空气通过炉排吹进壁炉里的煤堆时就会产生可燃气体。很快，他们放弃了这个想法。因为这样设计的壁炉的煤层很浅，很难达到煤炭气化的效果。同时，这样做也不会改变劳动强度，也许反而会使其复杂化。然后兄弟俩开始采用类似于古斯塔夫发明的干式排灰的煤气发生炉设计，采用的也是砖体结构。起初的计划是用煤气发生炉替代熔炼炉的壁炉，这样包括发生炉在内的所有设备仍然在同一砖体框架之下。这样生产的煤气会直接进入熔炼炉与预热的鼓风混合而燃烧，燃烧的热烟气进入熔炼室。后来改进的设计将煤气发生炉从熔炼炉的框架结构分开，成为一个独立设备，但熔炼炉还是包含加热室和蓄热系统。新的蓄热系统不是一对蓄热器，而是两对蓄热器，一对用于加热煤气发生炉产生的热煤气，另一对用于加热鼓风空气。预热的气态燃料将通过多个进气口引入加热室，与热风相遇、燃烧，可以产生更强烈的加热能力。这种新设计，即集成蓄热系统（图6-4）很快被应用于伯明翰周围和英格兰其他地方的许多玻璃、钢铁厂。1862年11月29日，《格拉斯哥先驱报报》道的就是这样一个采用综合蓄热系统的熔炼炉改造项目。这些工程的运营在许多方面例如良好的燃料经济性、产品质量和产量的提高等，都取得了令人满意的效果。

从煤制气的角度来看，很有趣的是煤气发生炉如何在这个综合蓄热系统释放弗雷德里克1856年发明的蓄热器的一系列潜在价值以及它如何能够将加热室的温度推得更高，有利于玻璃、钢铁的制造。以下是使用煤气发生炉相对于壁炉的一部分优势。

·在蓄热系统中同时预热燃气和鼓风可提高接下来的燃烧加热能力，从而使熔炼炉的加热室达到更高的温度。

·预热燃气和鼓风可大大地节省煤炭消耗。

·燃气可以被分布式地引入加热室的周围，彻底消除了单火焰壁炉的瓶颈，可以很均匀地加热加热室。

·燃气比多尘的火焰壁炉的排气烟道更清洁，有助于提高产品质量，同时也减少了维护的强度。

·煤气发生炉可以使用劣质煤，这些煤比优质煤便宜得多，可使生产煤气便宜。

·煤气发生炉可以为现场的多个熔炼炉提供燃气，使整个操作更加经济。

·等等。

该系统（图6-4）的工作方式基本上与图6-3所示的早期设计类似，不同之处在于离开加热室的热烟道排气分为两股气流以分别加热两对独立的蓄热器，一对用于加热鼓风，另一对用于加热煤气炉生产的燃料气。煤气炉与加热室结构分离，使得产生的热燃气方便地通过连接通道直接流入一对已加热的蓄热器 A′或 B′而被进一步加热，然后与从蓄热器 A 或 B 流出的被加热的空气进入加热室汇合，快速燃烧加热熔炼室内放置的目标物体。

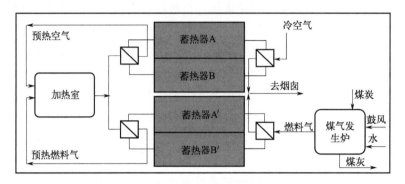

图 6-4　与煤气发生炉的集成蓄热系统

受到煤气炉燃气释放出的卓越加热能力的鼓舞，威廉爵士决定建立自己的工厂，来优化技术并开发一个技术体系，可以以更快的速度生产更好的钢。1865年，他在伯明翰建造了一座实验工厂，并将其命名为西门子样品钢厂（Siemens Sample-Steel Works）。该厂充当开发组件技术及其集成的平台，以优化的集成系统作为产品，最终为将来开发成功的著名的平炉炼钢技术打下了很好的基础。此外，西门子兄弟还在圣海伦附近的英国平板玻璃厂、德国的钢铁和玻璃厂、比利时和法国的钢铁厂等尝试寻找采用这种新的加热方式的机会。集成蓄热系统还安装在煤气厂，如巴黎总煤气厂、GLCC 在伦敦的布里克巷煤气厂，可能还有伯明翰的温萨街煤气厂等。其中，炼钢似乎占用了西门子兄弟的大部分精力，因为它的需求强劲，而且利润率也很诱人（Siemens，1862）。

1850 年，英国每年生产约 200 万吨熟铁，但仅生产了 50000 吨钢。铁路、桥梁和高层建筑、造船业的发展需要更多的钢材，包括更多的结构钢材。然而，由于供应有限，当时钢材的售价为 50～60 英镑每吨，而熟铁的售价仅为 10～15 英镑每吨。当时，英国发明家和实业家亨利·贝塞默已经着手开发另一种炼钢技术，即贝塞默（Bessemer）炼钢工艺。到 1862 年，即获得专利七年后，贝塞默在开发该技术方面取得了实质性进展，并开始将其授权给许多炼钢厂。贝塞默工艺是将熔化的铁水从高炉中转移到转换炉，转换炉是一个内衬耐火材料的圆柱形钢锅。然后从转换炉底部注入空气，这样可以迅速地烧尽生铁水中残留的碳和其他杂质。很明显，贝塞默工艺是一个间歇操作的炼钢工艺过程；因此，炼钢的规模受到相当的限制。到 1867 年，使用该工艺生产的钢产量已达到 50 万吨每年。贝塞默当然有了大显身手的机会。到 1870 年，贝塞默工艺已在英国广泛使用，以较低的价格为市场提供了大量的钢材。现在问题是，西门子兄弟能否迎头赶上。

与间歇式操作的贝塞默炼钢工艺相比，利用集成蓄热系统通过分布式的热燃气和热风燃烧加热带来的强大而均匀的加热能力，让威廉爵士能够直接使用生铁和铁矿石作为原料，这就是后来众所周知的平炉炼钢工艺。平炉炼钢工艺虽然比贝塞默法需要更长的"蒸煮"时间，但它可以生产大量优质的钢材。因为长的蒸煮时间可以更容易地控制钢水中的碳含量和其他杂质。1868 年，威廉爵士搬到南威尔士的一个大厂房，在他的新公司蓝岛西门子炼钢公司（Landore Siemens Steel Co.）建造了一个更大的平炉。次年，该平炉每周可以生产 75 吨钢，这个数字在 1870 年达到了 100 吨。随着威廉爵士在市场上声誉的建立，第一个商业平炉法工厂于 1873 年在格拉斯哥附近的浩塞得（Hallside）建成（Barraclough，1986）。这基本上标志着西门子平炉工艺的开始。很快，西门子平炉工艺远远超过了贝塞默工艺。该工艺持续了一个多世纪。

与此同时，通过威廉爵士在法国的授权许可，在巴黎开发了使用相同集成蓄热系统的另一个版本的平炉工艺。这就是西门子-马丁工艺，使用生铁和废金属作为原料。这就进一步增加了平炉工艺的竞争优势，有助于其在正在进行的工业革命中很快占据主导地位。该法生产的钢材在 1867 年的巴黎展览会上为威廉爵士获得了大奖。1873 年，包括西门子-马丁法在内的平炉法年产钢量为 7 万吨，但与贝塞默工艺法的 50 万吨相比仍然还有很大差距。可是到了 1899 年，平炉工艺扭转了局面，提供了超过 300 万吨的钢材。而这一年，用贝塞默工艺生产的钢材仅为 180 万吨。

总而言之，威廉爵士的成功似乎可以归因于他对能量守恒和转化的科学原理的理解和信念，他在煤制气方面的化学知识以及他有效利用热能并追求最理想能效的先进工程技术。随着平炉炼钢工艺的日益普及，威廉爵士和弗雷德里克爵士继续努力改进集成蓄热系统和必要的工程原理，并将其应用于其他领域，如生产火石玻璃、优质陶瓷和水泥等优质产品，以及更多需要清洁和高温供暖的场所。他们的努力取得了成功。在煤制气领域，虽然他们早在 1862 年就在巴黎总煤气厂和 GLCC 在伦敦布里克巷煤气厂也试用了集成蓄热系统，但并未在煤气行业得到大规模的商业化应用，直到大约二十年后当格拉斯哥的达尔马诺克煤气厂采用集成蓄热系统提高其现有煤气干馏操作的运行性能后才得到了更多广泛的应用。

1882 年，在担任包括机械工程师协会在内的多个机构的主席期间，为了纪念焦耳对热力学的建立所做的开拓性工作，威廉爵士提出采用詹姆斯·焦耳的名字作为能量单位，这就是今天仍在使用的 SI 能量单位，即需要 4.186 焦耳的等效功来使 1 千克水的温度增加 1℃，1 卡路里的当量等于 4.186 焦耳。

第四节　赋能的煤气炉及其化学原理

平炉工艺作为现代历史上最伟大的发明之一，不仅展示了人类工程学的独创性，还展示了不同技术之间应用整合的独特能力。西门子兄弟在早期虽然尝试了很多不同的方法来使他们的蓄热系统有效地工作，却发现他们被束缚在加热室或熔炼炉内以创造一个均匀的高温环境，一个温度足够高的环境足以使生铁彻底熔化。显然他们对这一试验有信心，而且也是正确的，那就是寻找有效的方式利用通常损失到烟囱的热量的潜在价值。这对许多其他人来说可能并非如此。

另一方面，在此之前20年发明的采用完全气化原理的煤气发生炉，虽然也有很多应用，但由于产生的煤气热值低，在当时也没有真正的工业规模价值，而且它也不适合用于照明的目的。然而，当西门子兄弟将它从闲置的架子上取下来，并将其与蓄热器结合起来的时候，他们突然发现如果能够有效地回收废气中的热能来同时加热燃气和鼓风，这一集成的蓄热系统的加热能力瞬间变得强大。换句话说，生产的煤气燃料虽然热值低，但一旦在蓄热系统中被进一步加热，回收的热量一旦转移到燃气中，实际上会增加燃气的势能，从而使其成为更强大的燃料。这种双重作用，即通过从热烟道中回收更多的显热来同时预热燃气和鼓风，将在随后的燃烧中释放更多的热量，从而以分布加热的方式将加热室或熔炼炉加热到足够高的温度以彻底熔化生铁来炼钢，这是当时最难达到的温度条件。是发生炉煤气，让西门子兄弟解决了以往单火焰煤炉的瓶颈，可以方便地放大加热室的规模。煤气炉与蓄热系统的集成，不仅释放了蓄热系统的能力，而且还释放了煤气炉的价值，这是迄今为止在现代工业化实践中最好的工程应用之一。

西门子兄弟使用的煤气炉（西门子煤气发生炉）的早期设计与比绍夫20年前发明的类似，为方形砖体结构的干式排灰系统。煤从煤气炉的左上角（A）进料（图6-5），从下部的炉排进入发生炉的鼓风在向上移动时与煤床的移动发生逆流，同时与煤发生激烈的化学反应。产生的燃气通过煤层上升并通过炉壁右上侧的出口离开煤气炉，然后通过与蓄热器系统连接的管道直接进入蓄热器。当然西门子煤气发生炉还有一些其他特征，如煤斗侧的反应器壁设计为倾斜式，由一块内衬砖的铸铁板支撑，铸铁板再由内衬的耐火砖提供保护（B）。这样的设计可以在煤气发生炉内部提供额外的空间来容纳更多的煤炭。倾斜的器壁连接到下方倾斜的炉排（C），在那里空气进入炉内与向下移动的煤层燃烧并气化。除此之外，还有一个特点是在炉排底部放置了一个水槽（D），与炽热的灰烬接触。炽热灰烬的辐射加热会使槽内的水蒸发，来保护上方的炉排，然后蒸汽进一步上升到煤层中。这是埃贝尔曼（Ebelmen）发明中的一个特征。补充水通过连接到蓄水池（E）的管道自动供应到槽中。

在正常工作状态下，煤气炉中的煤炭在上升的鼓风和蒸汽中逆流向下移动，将产生如前面所述的四个不同的区域（表5-1），煤炭经过这些区域按顺序不断变化，最终被消耗殆尽，剩余的灰烬从底部排出。以下是威廉爵士提供的关于煤气炉内逆流过程中发生的化学反应的部分描述。

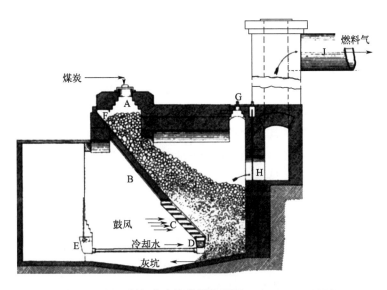

图 6-5 西门子煤气发生炉的横截面图 (Siemens, 1862)

"……在倾斜平面 B 上缓慢下降的燃料（图 6-5）被加热，并且其挥发性成分，碳氢化合物气体、水、氨和一些碳酸气的部分，与气体干馏器中产生的相同。现在仍有 60％～70％ 的纯炭质物质需要消化掉，这是由通过炉排 C 进入的空气完成的，在炉排上空气立即与炽热的炭燃烧，但是由此产生的碳酸气，必须缓慢地通过一层 3～4 英尺厚的炽热的燃料，吸收另一个当量的碳，这样形成的碳氧化物与其他可燃气体一起流到加热室。"

显然，威廉爵士在宏观层面上对发生在煤气炉中的化学本质还是有一定程度上的认识，煤气发生炉从随后的一个世纪一直应用到现代。然而，在微观层面上，在燃烧区炉排正上方碳和氧之间发生的化学现象，比如是形成二氧化碳还是二氧化碳和一氧化碳，仍然是未来调查和研究的课题。但是，当时的化学家和工程师能够正确地认识到，二氧化碳是燃烧区空气中碳和氧之间形成的主要气体产物，然后在通过白炽的气化区时被还原为碳氧化物（一氧化碳）。这就是他们的第一个计划，通过设置一个炉排来改造燃煤的火焰壁炉，鼓风通过该炉排进入煤床以制造燃料气的方法不会奏效的原因，因为壁炉无法容纳足够的煤来形成 4～5 英尺厚的白炽区，也就是产生发生炉煤气的化学反应所需要的还原区。从化学的角度来看，威廉爵士所描述的煤气炉和蓄热器内部的反应情况看起来确实很肤浅。考虑到当时分子理论基本上还不存在这一事实，当时的化学家和工程师能够解释煤气炉内部化学现象的程度大概如此。此外，威廉爵士还指出，在蓄热器内煤气中的碳氢化合物裂解产生的沉积碳与煤气中存在的蒸汽发生进一步的反应，从而释放出额外的水煤气。

到 1862 年，集成蓄热系统已在英国的许多玻璃制造和铁管焊接工厂得到验证。通常煤气炉的设计能容纳约 10 吨煤，能够持续约五天的正常运行，也就是日平均消耗 2 吨煤的水平。事实证明，能够处理劣质煤的能力显著地增加了煤气炉的价值，有助于生产工业用的廉价发生炉煤气。每吨劣质煤会释放出约 64000 立方英尺的发生炉煤气，其中含有多种成分，如氢气、一氧化碳和一些碳氢化合物，包括夹带的焦油和轻油。然后，当发生炉煤气通过蓄热器时会发生额外的反应，从而产生更多的永久易燃气体。这是西门子兄弟发明的蓄热器的额外优势。

当发生炉煤气通过蓄热器并被加热到接近 1600℃ 的温度时，该温度已经远高于煤气发生炉中的温度，发生炉煤气中的成分，尤其是那些在低得多的温度下形成的碳氢化合物、轻油和焦油会进一步裂解而导致额外的化学变化如积碳等。威廉爵士认为其中的水蒸气会与裂解产生的积碳发生反应，释放出更多的永久易燃气体。最终，每吨煤产生的 64000 立方英尺的发生炉煤气将变为 72000 立方英尺的燃气，增加了 12.5%。当这样的燃料气体和热空气在玻璃或铁的熔炉加热室周围的入口处相遇时，会燃烧并释放出强烈得多的热量，从而将熔炉加热室加热到纯铁的沸腾温度，约 1571℃ 以上。这样的高温足以充分去除生铁中的碳和杂质来生产质量更好的钢铁和玻璃产品。不过平炉工艺对处理含有高磷元素的铁矿石还有一定的局限性。此外，发生炉煤气通过在炉腔周围布置更多的燃烧器从而使热量分布到需要的地方，来实现均匀的加热效果。这使得平炉工艺很容易放大生产规模，这是传统的单火焰壁炉无法实现的，也是贝塞默工艺做不到的。

简而言之，弗雷德里克的早期蓄热器与煤气炉集成后，二者的有效结合变成了一个更强大的工具，使平炉工艺在炼钢方面与贝塞默工艺竞争时很快处于绝对的优势。

第五节　发生炉煤气和蓄热式干馏器

西门子兄弟在建立了用于炼钢和高质量玻璃制造的平炉工艺后，于 1880 年左右将注意力转回到煤制气行业。这个时期恰逢弧光灯等电灯照明进入市场。还有托马斯·爱迪生（Thomas Edison，1847—1931）于 1879 年发明的一种新的白炽灯泡也在市场上引起了很多关注。早在 19 世纪 50 年代，由电池供电的弧光灯实际上已经开始照亮欧洲的许多灯塔和一些露天场所。这对煤气业务构成了威胁，但非常有限，因为弧光灯产生的是一种非常强烈的白色光源，适用于开放空间，很难用于室内空间。尽管如此，它确实推动了煤气业务向其他领域的转移，如商业建筑和家庭住宅的供暖、烹饪等。大约在 1856 年，德国化学家罗伯特·

本生（Robert Bunsen，1811—1899）发明的本生灯问世，在某种程度上把煤气照明等业务延续得更长久。与广泛使用的阿甘（Argand）灯燃烧器不同，本生设计的燃烧器是在空气到达燃烧器尖端燃烧之前事先将空气与燃气预混合。这种崭新的设计使煤气的燃烧更加高效和清洁无烟，从而使煤气照明的体验更好，对于维持煤气照明业务的确助了一臂之力。但是后来当白炽灯到来时，尽管当时仍然很昂贵，但新兴的照明业务的面貌已经改变。只需用指尖轻按一下开关，即可打开和关闭更亮的白炽光的新型照明设备。白炽灯的到来对许多客户产生了极大的吸引力，这给传统的煤气照明业务带来的压力是空前的。

　　迫于白炽灯的竞争，许多煤气公司感到了空前的压力，随即通过降低煤气价格的方式来保持竞争力。虽然简单地降低煤气价格确实有帮助，但从长远来看，削减利润率的短期策略很难成为长期的解决方案。因此，煤气厂开始寻求通过改进和升级煤制气工艺来降低煤制气运营成本的途径，同时开拓新的煤制气消费市场。住宅供暖和烹饪以及工业供暖是其中的几个例子。燃气炉、燃气灶具、热水器等产品已被煤气公司发明并挑选，添加到他们的设备租赁清单中。例如在上海，电灯于 1881 年 8 月首次出现。为应对这种威胁，英商煤气厂不得不在当年将煤气价格大幅降低至 3.5 银圆每千立方英尺煤气，而 1865 年煤气价格为 4.5 银圆每千立方英尺。1882 年，为了留住客户群，煤气价格进一步降至 2.5 银圆。为了保持竞争力，英商煤气厂还决定提高其煤气质量并建造更多的煤气储存空间。然而，这样的投资项目需要很长的时间才能实现。为了开拓煤气的新市场，上海英商煤气厂在 1879 年推出第一台灶具供顾客试用，又在 1882 年进口了 2～8 马力不等的小型燃气发动机，用于印刷厂等商业用途（City）。在英格兰，煤气公司也开始努力地继续发展煤气业务。在 1880 年之前，煤气公司一直处于快速，甚至是暴力的增长时期，通过以扩建或合并等方式建立新的煤气厂。在伦敦，GLCC 于 1877 年将其煤气产能增加到 110 亿立方英尺的同时还吸收了其他四家煤气公司，即帝国和独立煤气公司（the Imperial and Independent）、伦敦市煤气公司（the City of London）、大中央煤气公司（the Great Central）、公平和西方煤气公司（the Equitable and the Western）。之后，GLCC 的煤气产能占该市所有煤气产能的 65%（Dresser，1877-1878）。根据 Con Edition 的网站，纽约市在 1823 年建造了第一家纽约煤气厂，随后在建了 1833 年的曼哈顿煤气灯公司、1855 年的哈莱姆煤气灯公司、1858 年的大都会煤气灯公司以及 1876 年的纽约互助煤气灯公司和市政煤气灯公司之后，1876 年纽约市已经拥有六家煤气燃气公司。根据该市的章程，每家公司都只能向自己地盘上的客户提供煤气。所以，挖掘街道以铺设更多的煤气总管来扩大地盘便成为争夺更多客户的一种方式。在 1880 年，该市的大公司之间不得不协议达成固定的煤气价格，以结束对大街小巷道路的不断无序挖掘。当然，这种垄断价格的商业行为在当今的商业环境中显然是不合法的。

从技术的角度来看，1880 年似乎是煤制气的一个转折点。在此之前，煤制气技术基本上是停滞不前的。众所周知，传统的干馏法煤制气工艺一直使用煤燃烧炉将干馏室内的多个干馏瓶（水平或倾斜式的）加热到所需的温度并保持一段时间以最大限度地让煤释放出更多的煤气。它采用的还是循环操作，每个循环持续约 6~8 小时，具体取决于所用的煤和最终的干馏温度。在每个循环结束时，需要将焦炭推出并补充新煤。这是一个高强度的劳动密集型工作，而且其工作环境还相当恶劣。尽管已经采取了一些措施来简化工作，例如用机械臂式工具来取出焦炭和补充煤炭等，但燃煤干馏操作仍然停留在一个比较原始的工艺状态，还需要大量的煤来加热干馏室。因为建造了越来越多的干馏设施，对当地的环境也造成了污染。在 1880 年之后，煤气市场开始发生转变，这主要是由于新兴的白炽灯照明的竞争以及不断变化的煤炭市场。煤制气公司被迫寻找改善其煤制气工艺的方案。总的来说，西门子兄弟卷土重来的时机再好不过，他们对将新设计的煤气发生炉用于改善现有的传统煤制气工艺重新产生了兴趣。新设计的煤气发生炉放弃了以前的方形砖体设计，而是采用了一种由锻铁制成，内部衬有耐火砖的圆柱形容器。不过，这种设计当时在美国已经实践了多年。这种采用新的煤气发生炉改进的集成蓄热系统立即引起了佛里斯（W. Foulis）先生的注意，他是格拉斯哥煤气信托公司（Glasgow Gas Corp. Trust）的总经理。该公司在格拉斯哥地区拥有几家煤气厂。在 1880—1981 年之间，西门子兄弟与佛里斯先生达成协议，在位于该市最东侧的达尔马诺克（Dalmarnock）煤气厂示范改进的集成蓄热系统。不久，西门子兄弟的新设计再次取得成功（Supplement，1882-1883）。

达尔马诺克煤气厂是该地区最大的煤气厂，拥有 750 个干馏瓶。佛里斯先生希望西门子兄弟首先在每室有 7 个干馏瓶的 4 组干馏室上测试他们的新集成蓄热系统，每个干馏瓶的尺寸为 9 英尺×18 英寸×13 英寸。将蓄热系统应用到用燃气加热的干馏室时，典型布局是一个架起的凸形结构，干馏室位于顶部，蓄热系统位于干馏室下方，这样可以方便地使来自干馏室的热烟气直接交替流动进入蓄热器，并在到达烟囱之前将热量释放，传给蓄热器（图 6-6）。煤气炉位于紧邻干馏器结构的前面或后面，这样煤气炉的热煤气会通过最短的距离进入燃烧室，在那里它与来自蓄热器 A 或 B 的预热空气相遇。这些措施旨在最大限度地减少热损失。然而，达尔马诺克煤气厂是一座现成的砖瓦结构的传统干馏设备。加高干馏室就必须完全重建，这是不切实际的。西门子兄弟采取了灵活的方法，将蓄热器还是放在干馏室的正下方。不过向地下挖了大约 10 英尺，为蓄热器和煤气炉提供了必要的空间，后者就位于前面的蓄热器旁边。这样做也有可能让热焦一旦从干馏室中排出，就可以作为原料直接输送到煤气炉，这与以前使用劣质煤不同。煤气厂使用的是苏格兰的柯乃尔煤（cannel coal，属烟煤类），其产生的焦炭质量低劣、价值低下。因此这是在适当的时候将其倾倒给旁边的煤气炉的一个方便的理由。一旦热煤气和热空气在中央区域干馏室正下方的燃烧室相遇，燃气的火焰就会均匀地散布在干馏器周围，创造出比燃煤壁炉的单一火焰更好的均匀加热环境。

为了确保试验成功，西门子兄弟在四组干馏室中的每一组中都配置了一个小型煤气炉（内径 3 英尺、高 7 英尺 6 英寸）。煤气炉是内衬耐火砖的圆柱形锻铁外壳。从顶部开口接收热焦，而煤气从右上角直接排出到中心室燃烧。在用煤气炉改造了直接燃煤壁炉后，因为在拆除燃煤壁炉后产生了额外的空间，每一个干馏室都已扩展到容纳 8 个干馏瓶。经过一段时间的摸索和修改后，升级改造证明是成功的，不仅改进了供热体验，而且还将燃料消耗降低了 50% 以上。以前，加热 7 个干馏瓶的干馏室会消耗 65%～75% 的排放的焦炭。改造后，加热 8 个干馏器可将焦炭使用量减少到之前的 30%～50%，且每个干馏瓶装载的煤炭还增加了 38%。升级改造确实给达尔马诺克煤气厂带来了显著的好处，不仅节省了燃料，还利用了现场低价值的焦炭。同时由于集成蓄热系统改善了加热的环境，还生产了更多的煤气。佛里斯先生对这样的成功感到高兴，"新的燃烧系统变得如此简单，如果在日常操作中稍加注意，几乎不会出现任何失败的可能性。"

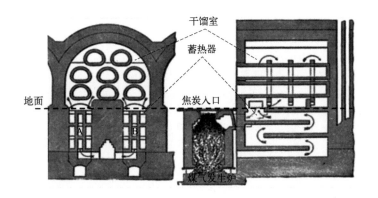

图 6-6　带蓄热系统的燃气干馏室 (Supplement, 1882—1883)

随着这 4 套 7 瓶捆绑干馏室的成功改造，集成蓄热系统以及从试验中吸取的教训又被应用于改造另外 8 套 7 瓶捆绑干馏室，然后接下来是另外 22 套干馏室。很快，新的集成蓄热系统发挥了它的价值，许多其他的煤气厂如伯明翰的温萨街煤气厂和附近的蒂普顿煤气厂以及英国以外的其他国家也纷纷效仿，直到 20 世纪初立式干馏技术的出现。

蓄热式干馏工艺直到 1900 年才进入中国。大约在同一时间，上海燃气公司用集成蓄热式卧式干馏系统替换了其 11 套 5 瓶捆绑干馏室中的 2 套。技术升级使煤气厂每消耗一吨煤，可多生产 36％的煤气。根据有限的信息，上海燃气公司大约是在后来的几年里采用集成蓄热系统最终升级了所有剩余的旧式干馏室，大幅增加了煤气的产量，满足了城市对煤气不断增长的需求。升级改造一直持续到 1920 年左右，当时上海燃气公司在其煤气厂中也开始引入立式干馏器，并逐渐地淘汰蓄热式卧式干馏器。

在美国，情况有所不同。集成蓄热系统在煤气厂的利用似乎非常有限，因为这时的美国已经开始采用将彻底改变煤气生产的另一个不同技术，开辟了煤制气的又一个全新的领域。

第七章
煤气和内燃机

尽管 19 世纪的大部分时间见证了煤制气行业的腾飞，然后进入了增长的快车道，但对干馏器和煤气发生炉内部的化学现象以及化学成分的了解并没有取得重大进展。或许更准确地说，从煤制气的角度看，化学发展几乎处在停滞不前的状态。虽然道尔顿的原子理论似乎在 19 世纪初引起了一些关注，还有历史学家认为这是化学理论的开始，但是随着煤制气经验的不断丰富、发展，化学家和工程师渐渐地发现道尔顿原子理论缺乏实质且较为空洞，在了解元素、原子和化合物的概念以及它们之间的关系时会越来越混乱。因此，从应用化学工程师和化学家的角度来看，很难对干馏内部发生的化学现象以及煤干馏、煤气或煤燃烧过程中气体的生成提供一个合理且一致的解释。以下段落是小克莱格在其 1841 年的论文中对如何解释煤制气化学过程的尝试之一。

> "物体的物理状态取决于两种对抗力：内聚力和排斥力。内聚力作用于物体的原子，倾向于使它们接触。因此，在固体中，这种力优于排斥力。在弹性流体中，情况正好相反，由于在它们的粒子中发现了这种排斥力，如果不是包含在容器里，这些粒子将被无限制地分离。在非弹性流体或液体中，力大约是平衡的。人们普遍认为，热（heat），或者更准确地说，热量（caloric），是排斥的原因。如果将热量（caloric）视为一种微妙的流体，我们可能会想象它产生排斥效应，通过在物体的原子或分子之间作用，从而抵消内聚力的影响。"

很显然，当时的化学是相当机械的，而作为平衡凝聚力和排斥力之间力量的原因——热量（caloric），仍然不清晰，依然是一个一个虚无缥缈的东西。相对于煤制气技术及其工艺当时已经取得的进展，很显然，化学已经落后了。即使没有远远地落后于煤制气的发展，也仍然深深地处于牛顿机械化学的阴影之下。有趣的是，小克莱格使用了"分子"这个词。尽管无法知道他的想法具体是什么，但小克莱格可能已经意识到当时关于分子理论的某些争论。不过至少从煤制气的角度来看，这也的确值得关注，诸如煤制气过程到底是一个化学过程，物理过程，还是一个物理化学过程；还有各种相关元素在这一过程中又如何相互作用；等等。在市场需求带来的机遇的推动下，工程师和发明家继续奋勇向前，不断地改进煤制气技术、工艺和相关设备与零件等，使得干馏法煤制气行业继续保持增长的势头，从而让煤气照亮了更多的家庭、作坊和街道。而发生炉煤气作为工业气体燃料的出现，又进一步扩大了煤气行业的存在。简而言之，煤气行业逐渐成为正在深入进行的工业革命的重要组成部分。

虽然当时从煤制气角度的化学现状似乎令人失望，但其他科学领域，如电磁学、电学、物理学、物理化学、农业和有机化学，却正在获得动力，不断地取得新的发展，从 19 世纪 50 年代开始直接或间接地与煤制气行业进行交叉、互动。焦耳在 19 世纪 40 年代初期的工作阐明了拉瓦锡半个多世纪前提出的热量的概念之后，汤姆森（开尔文勋爵）和克劳修斯相继建立了热力学和物理化学。这也为威廉爵士继续他的研究铺平了道路，即通过转移热量即传热的方式可以更好地用于工业过程，后来导致了集成蓄热系统的发展和建立，从而彻底改变了炼钢工艺和相关行业。传热方式有效利用的同时也极大地提高了燃烧工艺的热效率，节省了昂贵的燃料。意识到煤气这一气体燃料可以提供的潜在优势和好处后，工程师、化学家、物理学家和发明家都开始研究煤气的物理或物理化学特性，以利用它获得额外的价值和应用，而不是简单地用作气体燃料或照明气体。这种开发最终促成了许多重大发明，其中之一是燃气发动机。燃气发动机的发明反过来又帮助煤制气和发生炉煤气的应用深入到不同行业的各个角落，并在某些情况下成为唯一的方式。燃气发动机提供了一种方便、经济的机械动力的替代方案，是对长期存在的蒸汽机技术的补充，特别是对于急需小型驱动力源或负担不起大型蒸汽机的小商店和工厂。就这样，燃气发动机的发明和使用赋予了由蒸汽机领导的工业革命新的生命，使其进行得更彻底，影响更深远。

第一节　外燃与内燃

说起内燃机或燃气发动机，人们自然而然会联想到内燃机驱动的汽车、火车及轮船等机动型交通工具。内燃机在这些行业已被普遍采用，为交通工具提供了能够自由移动的主要动力。实际上，内燃机早在汽车发明之前就已经存在，只不过这一事实似乎已被人们淡忘。它曾被用于驱动机器，其应用范围很广，从机械工作到驱动发电机发电。可能更鲜为人知的是，早在 19 世纪 50 年代，正是煤气大量且方便的存在使得内燃机的发明和商业化应用成为可能。其实，早在内燃机诞生之前，由机械动力而非动物驱动的独立交通工具的开发已经由来已久，至少可以追溯到 18 世纪后半叶。只不过由于缺乏便携的能源来产生机械动力，所以这种新型动力源的发展一直并不顺利，也没有取得任何实质上的进展。

18 世纪的大部分时间，欧洲地区战事不断。18 世纪 60 年代后期，法国军事工程师和发明家尼古拉斯-约瑟夫·库格诺（Nicolas-Joseph Cugnot，1725—1804）受命开发一种能够为法国军队快速移动重型火炮或设备的自行式法迪尔（Fardier）。法迪尔通常是用来移动军事装备的两轮马拉车。1769 年，库格诺采用纽科门蒸汽机，造了一辆有两个轮子的法迪尔。但与典型的马拉车不同的是，他又设计了一个前轮来承载蒸汽机，并设计了一个往复运动的活塞来驱动安装在前轮上的齿轮机构。就这样，一台自行驱动的无马马车就诞生了。只不过由于其笨重的特点，它的移动速度不如预期。尽管对它进行了改进，但库格诺仍然无法使法迪尔提高到所期望的行进速度，更不用说它是否足以在崎岖的地形或山丘上拉动任何大炮。原因也很简单，在瓦特改进纽科门蒸汽机之前，当时可用的蒸汽机效率非常低，只能提供有限的动力。此外，为保持锅炉燃烧以产生蒸汽而频繁补充煤或木材燃料以及必要的锅炉水补充都使法迪尔工作的可能性变得不切实际。可是这些挑战在当时似乎根本无法克服，以至于法国陆军当局最终放弃了进一步发展的计划。然而，值得庆幸的是，法国陆军当局并没有放弃这台 250 年前建造的法迪尔，而是保留了它，所以今天的人们得以在巴黎的法国国家工艺美术学院观赏到它。根据库格诺的设计蓝图，法迪尔原型车重 4000 千克，尺寸为 215 厘米×725 厘米×225 厘米（图 7-1），可与福特 F150 卡车的尺寸 220 厘米×635 厘米×203 厘米相比，但重量约为 F150 卡车的两倍。假如比较两者的动力，那将会是天壤之别。

图 7-1　18 世纪库格诺自行式法迪尔的雕刻版（Wikipedia）

　　在威廉·默多克开始研究煤气之前，他似乎还在 1784 年制造了一辆小型三轮模型汽车，该模型汽车由安装在两个后轮之间的蒸汽机驱动。蒸汽锅炉用酒精灯加热，酒精灯是通常在实验室中使用的燃烧器具，很有效。默多克可能在模型中使用了改进的瓦特蒸汽机。这些尝试也是在默多克被分配到博尔顿和瓦特公司在康沃尔郡的雷德鲁斯安装和维修蒸汽机时进行的。默多克在接下来的两年里继续开发，但后来没有任何成果就结束了。博尔顿和瓦特似乎都没有看到该产品的任何价值，并打消了默多克进一步开发的念头。这可能使默多克在他的空闲时间转向研究用于照明的煤气制造。总之，市场上对开发自行式"汽车"的兴趣在接下来的几十年里一直断断续续。19 世纪 20 年代后期，另一位英国发明家塞缪尔·布朗也制造了一辆蒸汽机驱动的汽车，它是采用氢气作为燃料气来加热蒸汽锅炉。到 19 世纪 30 年代，蒸汽机驱动的"马车"似乎获得了认可，并已被用作在一些城市内移动的一种交通工具。然而，这种运输方式的缺点与 1769 年库格诺建造的第一台法迪尔基本上没有什么差别，尽管蒸汽机已经有了显著的改进。那些自动"马车"又大又重，行驶缓慢，而且在启动锅炉和开始运行之前也需要时间预热。正是由于这些特点，它还需要专门的工人来操作和维护锅炉和蒸汽机。然而，类似这样的采用蒸汽驱动的"汽车"（比如农用拖拉机等）已经存在了一个多世纪。现今，还有一些用燃煤锅炉驱动的农用拖拉机等作为收藏品仍在一些地方运行，每年常常被用来展示。

与使用煤气照明的时间相吻合，科学界已经基本接受了拉瓦锡建立的化学理论框架，特别是对于物质气体状态的存在，并对进一步探索这些气体（无论是否易燃）及其相关特性更加感兴趣。尤其在欧洲大陆，有一个学派提出是否可以利用氢气或煤气等可燃气体在一定条件下遇到火或火花时体积的爆炸性膨胀而产生的能量来直接做功。当时的想法是，如果可以设法使剧烈的爆炸性能量做功，则此类气态燃料会将外部燃烧转变为内部燃烧，后者将使发动机系统比当时已经广泛使用的蒸汽机变得更简单、更高效。因为如果可以通过引入燃料气体直接进入气缸，然后通过产生火花而使气体燃烧，其随后的爆炸将迫使活塞做功，就像蒸汽施加到活塞上的力一样。这将是一石二鸟的功效，如果能够同时取消蒸汽机系统中的壁炉和锅炉，这将会是一场多么有效的革命！其实，早在1801年，勒邦除了在巴黎展示了他发明的煤气照明外，还设计了一个使用木炭干馏气体燃料的燃气发动机计划。他的热灯可能也使用了相同的木炭干馏气。他的计划似乎是基于罗伯特·斯特雷特的早期设计改进而来。斯特雷特可能使用了从油中蒸馏出的气体燃料并用火焰点燃。不同的是，勒邦根据使用热灯照明经验提议使用火花来点燃气体燃料。尽管勒邦从未真正制造过发动机，也从未将他的计划付诸实施，但历史学家似乎倾向于将此视为内燃机发明的最早尝试。1804年，法国-瑞士工程师艾萨克·德·里瓦兹（Isaac de Rivaz）采用与勒邦相似的设计，制造了一台由火花点燃的采用氢气作为燃料来驱动的模型发动机。他后来在1807年将这个模型应用到一辆马车上，车上载有一个充满了氢气的气球，然后通过一根管道将储存氢气的气球和发动机连接起来，中间用一个手动阀来控制氢气燃料的供给。里瓦兹的发明在法国和瑞士都获得了专利。然而，这些努力似乎在进入市场之前就停止了。不难想象，内燃机的发明成功与否在很大程度上取决于有无合适的燃料，既便于携带，又经济可行。

与此同时，在科学方面，法国的一些化学家和物理学家开始研究这些气体及其膨胀行为。其中的一位是法国化学家和物理学家约瑟夫-路易·盖-吕萨克（Joseph-Louis Gay-Lussac，1778—1850）。他在早期的职业生涯中对气体进行了广泛的实验，并观察了它们在不同温度和压力下的体积变化。他得出了我们熟知的结论：所有气体在受到相同条件，即温度和压力时，均会等同地膨胀。

这促成了所谓的查尔斯-盖-吕萨克定律的产生，反映了查尔斯多年前做出类似的发现但未公开的事实。此外，盖-吕萨克当时正在进行的另一项有关气体的工作还对持续了数十年的分子理论辩论做出了重大贡献。在他于 1794 年在巴黎成立的高等理工学院任教期间，他教授的气体化学影响了许多充满好奇心的人。萨迪·卡诺便是其中的一位，盖-吕萨克的课程使他对气体化学产生了兴趣，并寻找改进蒸汽机的方法，促成了卡诺循环理论（即发动机设计和运行的原理）的形成。随着亚历山德罗·伏打（Alessandro Volta）的电堆或电池的发展，卡诺在 19 世纪 20 年代的研究和焦耳后来的实验清楚地展示了不同形式能量间的转换。于是，19 世纪 50 年代开尔文勋爵和克劳修斯最终建立了热力学原理，开启了物理化学的开端。至此，前人有关发动机的发明与尝试以及与燃气发动机工作原理相关的科学理论的建立似乎已经为燃气发动机的发明奠定了较为坚实的基础。直到 1859 年，当比利时的发明家勒努瓦将所有这些理论应用到现有的蒸汽机气缸中后，他将城市煤气引入气缸中，并通过连接到电池产生的火花点燃煤气时，一台运转平稳、安静的内燃机终于诞生了。在巴黎，当时建筑物的所有楼层都安装了煤气（À une époque où l'on installe dans les immeubles le gaz à tous les étages）（Lenoir's First Type Gas Engine，2022）。现成的城市煤气自然成为点燃燃气发动机的方便燃料，这使燃气发动机终于成为现实。

第二节　煤气和燃气发动机

让·约瑟夫·艾蒂安·勒努瓦（Jean Joseph Étienne Lenoir，1822—1900）是一位白手起家的发明家，他出生于比利时的穆西拉维尔。勒努瓦在他很小的时候就立志要成为一名技术专家，在 16 岁时就离开家前往巴黎，靠工作养活自己的同时，还利用他业余时间阅读和进行试验，充分利用了巴黎可以提供给他的机会。众所周知，巴黎当时是化学和科学的中心。勒努瓦于 1847 年在一家珐琅店工作时获得了他的第一项专利，是使用氧化化学工艺法制造白色珐琅。他随后把专利卖给了店主，店主欣然付了钱。很快，勒努瓦通过出售他的其他发明实现了经济独立，例如银和铜的电解电镀、机械捏合机、电信号和铁路制动器、发电机控制器和水表等等。他的聪明才智和勤奋的确也很好地回报了他。有一次，当观察在巴黎中央学校（École Centrale Paris）的展览中展示的库格诺多年前发明的蒸汽驱动"汽车"法迪尔时，勒努瓦变得着迷并很自信地认为他可以使它变得更好。巴黎中央学校是一所成立于 1829 年的卓越的工程和自然科学的学校。勒努瓦似乎是当时在中央学校提供的免费课程中接触到内燃机思想流派及其早期试验的。他意识到使用蒸汽带来的缺点可以用另一种不使用蒸汽的发动机来弥补。然后勒努瓦决定用自己的钱开发燃气发动机，因为煤气在巴黎很容易买到。他一定也已经意识到，煤气在密闭的空间或装置中点燃后膨胀所产生的强大力量如果能够找到一种方式加以引导的话，可以用来做功。借用朋友位于巴黎市中心的作坊，那里有很方便的城市燃气（煤气）供应，勒努瓦开始了他的这一新尝试。勒努瓦改造了一台双动式蒸汽机汽缸，将略微带有正压的煤气交替引入气缸的每一侧，然后用他发明的火花塞点燃煤气，气缸活塞直接挂在驱动飞轮的曲轴上，煤气由曲轴通过偏心轮控制的滑阀控制输送，点火器由伏打电池供电。就这样，第一台可以工作的燃气发动机诞生了，这是一台能够运行平稳的二冲程发动机。1859 年底，勒努瓦为他的二冲程燃气发动机申请了专利（Tieza，2021）。这样的成功在当时的市场上马上引起了极大的反响。凭借可用的融资，勒努瓦成立了他的公司勒努瓦汽车公司（Société des Moteurs Lenoir），并于 1860 年 5 月交付了他的第一个系列的 4 马力发动机。在接下来的一个月，又交付了另外 138 台 4 马力的不同大小的发动机。有趣的是，这些发动机并未安装在汽车上，而是用于商店、工厂或作坊，主要为印刷机、车床和水泵等小型机器提供驱动力。虽然勒努瓦在接下来的几年里曾经尝试在船上和三轮汽车上使用他的发动机，但由于当时缺乏合适的燃料供应，这些尝试似乎都没能够取得成功。显而易见，用移动的物体携带足够的煤气是不切实际的。另外，当时的这些发动机对于制造汽车来说太小。图 7-2 是勒努瓦设计的早期燃气发动机。

图 7-2　勒努瓦二冲程发动机（Wikimedia）

事后看来，当时方便的煤气供应可能对勒努瓦发明内燃机和创建发动机业务的成功起到了关键作用。在 19 世纪 50 年代左右，除了煤气之外，另一具有技术可行性的气体就是氢气，它是由铁屑与稀硫酸反应产生的，硫酸可以用已有百年历史的铅室法工艺制造。这种用铅室法制造的氢气纯度高，在当时已被公认为只能当作燃料来使用，或者作为轻质气体用于气球飞行。除此之外，没有任何其他价值。然而，与煤气不同的是，没有为氢气开发的基础设施如管网分配等。除此之外，这种在批量和小规模操作中生产氢气，高成本也是一个不可避免的问题。尽管当时还出现了一些其他技术，例如电解水制氢气以及使用炽热的铁或煤炭与蒸汽反应，但它们的可行性都必须经过进一步的研究。事实上，电解水制氢在今天仍然是一项热门的新兴技术。实际上，正是煤气市场迅速增长，煤气大规模生产并具有竞争力的价格，才使当时售出的数千台勒努瓦发动机成为可能。否则，内燃机的商业化部署可能需要更长的时间。

与蒸汽机相比，勒努瓦的二冲程燃气发动机在固定式应用中为机械设备提供动力方面具有许多优势，比如启动速度快、结构紧凑、成本低且占地面积小。事实证明，它非常适合小型商店、作坊和工厂，并且可以与类似大小的蒸汽机竞争。但这并不意味着勒努瓦的二冲程燃气发动机是完美的。它的设计还是继承了蒸汽机的一些缺点，例如效率低导致煤气消耗高，以及气缸采用空气冷却的效果较差导致气缸严重磨损，因此经常需要大量的润滑，等等。尽管如此，它仍然受到没有足够空间、买不起蒸汽机或不需要大型蒸汽机的小店主们的青睐。它在当时很好地服务于小型燃气发动机市场，直到更高效的燃气发动机出现。

尼古拉斯·奥古斯特·奥托（Nikolaus August Otto，1832—1891）也是一位白手起家的德国工程师和发明家，在科隆担任销售代表期间就被勒努瓦的燃气发动机吸引。就像库格诺发明的蒸汽机驱动的法迪尔对勒努瓦的吸引一样，奥托也注意到了勒努瓦发动机设计上的缺点，并相信他能够改进它。1864 年，奥托认识了德国工业家和工程师尤金·兰根（Eugen Langen，1833—1895），兰根对奥托打算改进勒努瓦发动机的想法很感兴趣。两人随后利用兰根的资金和奥托的专业技能组建了 N. A. Otto and Cie. 公司，以开发和制造改进型二冲程燃气发动机。事实证明，他们的合作关系是成功的。在三年内，他们制造出了改进的二冲程燃气发动机，并在 1867 年的巴黎博览会上获得了金奖。改进的发动机效率更高，消耗的煤气不到勒努瓦发动机的一半。随即，他们通过吸收更多资本来扩大制造设施，从而开始了他们的快速扩张。由于扩张的需要，他们于 1869 年将工厂迁至科隆郊区的道依茨。然后于 1872 年成立了道依茨燃气发动机制造公司（Gasmotoren-Frabrik Deutz AG），以生产管理不断增加的燃气发动机订单。虽然改进的二冲程燃气发动机业务发展迅速，但是奥托在发动机发明上最大的里程碑直到1876年才出现。当时奥托根据萨迪·卡诺在其论文中提出的卡诺循环的原则，用气缸的四冲程循环取代了当时的二冲程循环。就这样，奥托彻底改变了勒努瓦的二冲程燃气发动机，将燃气发动机带入一个全新的时代。四冲程循环发动机（奥托循环发动机）在1878年的巴黎博览会上又获得了金奖。在接下来的几年里，奥托循环发动机售出了数万台。

与每个冲程都产生动力的二冲程发动机相比，奥托的四冲程发动机有四个冲程，即吸气—压缩—爆炸—排气，其中只有第三冲程即爆炸冲程产生动力。这很容易引起人们的疑问，为什么奥拓的四冲程发动机会比勒努瓦的二冲程发动机更有效？其实，奥托采用的飞轮设计能够在第二冲程中使用飞轮的动能来压缩进气燃料煤气和空气混合物，以便在下一冲程的再爆炸膨胀过程中做更多的功。这种利用飞轮来压缩的方式显著增加了进气燃料和空气混合物的势能。在此之前，所有二冲程燃气发动机中运行的燃气和空气都是在大气压下的混合物。实际上，在相当长的一段时间，人们一直认为燃气压缩有助于提高做功的能量。然而，问题是如何实现它。由于没有可用于气体压缩的工具或装置，气体压缩机当时还不存在。来自煤气供应的轻微压力实际上是在每个干馏器和储气罐的上游产生的，并且对于发动机环境中的这种膨胀力几乎没有价值。通过这种借助飞轮压缩的方式，奥托的四冲程发动机能够将热效率从早期勒努瓦二冲程发动机的3％～5％提高到四冲程循环运行的12％～15％。借助技术上的这一突破，奥托和兰根的燃气发动机业务又经历了很长一段时间的急剧增长。尽管奥托在1886年因与竞争对手的纠纷而失去了专利权保护，但已经售出了数千万台的奥托四冲程循环发动机为奥托打出了品牌，也使奥托功成名就。直到现代，奥托发动机设计仍然是人类历史上最重要的发明之一。燃气发动机的发明大大增加了对煤气的需求，也极大地促进了煤制气技术的进一步发展。在工业领域，成千上万的燃气发动机已被部署，为各种用途的机器提供机械动力，从而帮助煤气进一步深入地扩展到工业领域的每个角落，成为工业革命不可或缺的燃料。

当时，奥托和兰根将他们的发动机定位成为固定的机械提供动力，因为煤气是当时唯一可行的气体燃料，在城镇中很容易获得，而且数量很大，所以燃气发动机的销售业务还是很强势。但是有两位工程师仍然没有放弃制造汽车的梦想，他们是戈特利布·戴姆勒（Gottlieb Daimler）和威廉·迈巴赫（Wilhelm Maybach）。于1882年加入道依茨燃气发动机制造公司，几年后他们决定离开公司去追求他们对汽车制造的兴趣。1890年，他们将一台奥托发动机安装在一辆四轮马车上，从而创造了世界上第一辆四轮汽车，并于两年后为他们的发明申请了专利。汽车工业由此诞生。使之成为可能的是当时从石油或煤焦油的蒸馏中获得的液体废物流，即汽油馏分。由此，奥托四冲程发动机继续发展并最终引发了另一场革命，该工业至今仍在蓬勃发展。到 1920 年，大约有 900 万辆汽油汽车在街上行驶。1930 年，已经有 2800 万辆汽油动力汽车。此外，在售出的数万台奥托发动机中，其中大部分从一开始就使用煤气作为燃料，但在几年后转而使用另一种煤气，即发生炉煤气。发生炉煤气更具成本优势，又不需要煤气管网，这项开创性的工作是英国工程师约瑟夫·爱默生·道森实现的。

第三节　道森燃气发生炉

约瑟夫·爱默生·道森（Joseph Emerson Dowson，1844—1940）是一位英国土木工程师，出生于伦敦，在凡尔赛中学和德威学院接受土木工程师教育。毕业后，道森加入了他父亲的工程公司，通过从事不同的项目和在公司担任不同职务获得了广泛的工程和项目开发经验。从 1876 年起，道森作为自由职业者参与了一些冶金项目，从而熟悉了用于金属加热或矿石冶炼的熔炉技术，当时西门子兄弟的煤气发生炉已经广泛地利用这些熔炉来提供燃气。为了更好地了解熔炉系统的工作原理，道森深入研究了该系统及其内在的化学原理。通过这些研究，道森于 1878 年申请了专利。这项发明是一种小型紧凑型的燃气生产系统，旨在为那些无法获得煤气供应或空间有限而无法安装蒸汽机的业主提供可用的清洁和廉价的燃气发动机燃料。这发生在奥托发明四冲程发动机大约两年后。道森已经预想到他的煤气炉产品定位于为没有其他燃气选择的店铺、作坊和小型工厂等用户服务。也就是说，煤气炉发生系统必须是一个独立的单元，独立于煤气管网，并能提供少量现成的气体供下游消耗。为了取得成功，道森意识到他的煤气炉发生系统生产的燃气需要很干净，尽量不含焦油和细小的颗粒物，因为这些物质往往会堵塞小的管道、旋塞阀和燃烧器的出口，而这些机器和设备的规模通常比较小。这与煤气不需要任何处理的大规模熔炉应用不同，因为像熔炉这样大型笨重设备中的气体通道往往足够大，就像西门子兄弟在平炉工艺和高质量玻璃制造中所做的那样。然而，这样未经处理的粗煤气是不适合用于燃气发动机的。道森似乎熟悉当时的煤制气工艺中处理焦油、油和硫化氢的许多经验教训。他后来的成功证明了他的远见，自此道森将其职业生涯献给了煤气发生炉的研究、开发和应用。他也是最早进行煤气发生炉、煤炭和煤气化研究以了解煤气发生炉内部发生的化学和机理的少数人之一。

与西门子兄弟的煤气发生炉类似，道森的煤气发生炉是一个正压气化系统，即在略高于大气压力的情况下运作生产燃气。不同的是，道森的设计是使用无烟煤来最大限度地减少煤气炉内部焦油的形成，因此生成的燃料气含较少量的杂原子化合物，这有助于保持系统的紧凑，还能避免其他相关的潜在操作问题。还有，道森采用蒸汽锅炉产生过热蒸汽来提高煤气发生炉的效率，同时，蒸汽通过文丘里管将空气带入煤气发生炉，可以帮助在煤气炉内部形成正压。而西门子兄弟的煤气炉则使用鼓风机来实现系统正压操作。道森发生炉设计系统的主要特点是小型、紧凑。该系统包括过热蒸汽锅炉、煤气发生炉、焦油粉尘收集器和储气罐，这是一个完整的组合（图 7-3）（Dowson，1920）。总的来说，这样的一个系统看起来与煤制气系统相似，但为了获得竞争优势，道森必须把它做得小得多，而且要简化到极致。例如，储气罐被设计成具有多种作用，可冷却、净化和储存产生的气体燃料。通过控制空气和蒸汽的流入，储气罐的液位自动控制煤气发生炉的运行。建成的最终产品将是个完整的系统，而且占据尽可能小的空间。

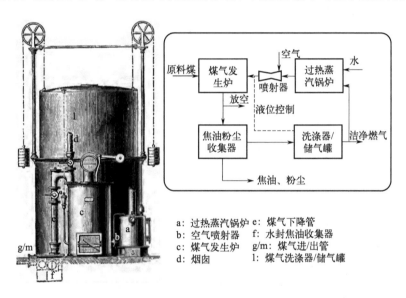

a：过热蒸汽锅炉 e：煤气下降管
b：空气喷射器 f：水封焦油收集器
c：煤气发生炉 g/m：煤气进/出管
d：烟囱 l：煤气洗涤器/储气罐

图 7-3 道森燃气炉（1878—1881 年）和工艺方案

由此可见，道森似乎从一开始就致力于开发紧凑型煤气发生炉，并着眼于将其煤气发生炉应用于小型燃气发动机市场的可能性。1879 年，当道森将他的紧凑型煤气发生炉系统以无烟煤作为原料进行试验时，他要求当地一家奥托循环发动机制造商试用他生产的燃气。然而，由于担心道森燃气发生炉的燃气质量差，当地发动机制造商最初拒绝这样做。发动机制造商的拒绝并不是毫无根据，因为使用空气作为反应或气化介质，发生炉气体中将会含有高浓度的惰性氮气，这会导致煤气炉燃料气具有非常低的热值，而奥托循环发动机从没有使用过这种低热值的燃料气体。当时，燃气发动机的经验完全是建立在传统煤气的基础上的，传统煤气的热值是道森的煤气炉煤气的近四倍。此外，当时包括化学家在内的许多人似乎普遍认为，任何含有高惰性气体例如氮气或碳酸（二氧化碳）的燃料气体都会影响在发动机环境中的有效燃烧。所以，发动机制造商之所以这么小心，还是有充分理由的，毕竟这是一个特殊领域。以下是道森在1906年的《发生炉煤气》一书开头说的一段话，对当时的情况是一个很好的陈述，也从另一个角度讲述了奥托和兰根刚刚开始向市场销售他们早期四冲程燃气发动机的情况。

"我还感谢一些燃气发动机制造商。起初，他们认为将煤气炉生产的气体用于他们的发动机不符合他们的利益，因为它比城市燃气（煤气）弱得多。发动机本身的声誉当时还没有完全建立起来，他们害怕使用发生炉气体可能会增加他们不得不应对的困难。那是在小型发动机的时代，当时汽油的消耗量并不大，而且汽油的成本并不重要。后来他们意识到，燃气动力的未来在很大程度上取决于发生炉煤气，而我有与他们合作的优势。"

为了使他的紧凑型煤气发生炉设计工作顺利进行，道森明白他必须使用无烟煤或焦炭等高品位煤或原料作为煤气炉的进料，以最大限度地减少焦油的产生，从而避免潜在的操作困难，当然也包括燃气发动机。与西门子煤气发生炉相比，在试验中使用无烟煤，道森发生炉生产的燃料气体含18.73%的氢气，远远高于前者（表7-1）。尽管道森发生炉煤气的热值为每立方英尺160Btu，明显高于西门子兄弟的125Btu，但仍远远低于当时奥托循环发动机设计使用的热值为每立方英尺550~650Btu的煤气。对于任何发生炉煤气而言，只要使用空气作为氧化剂或气化介质，最终产生的燃料气中就会含有高浓度的氮气，这是不可避免的事实。西门子兄弟的煤气发生炉或道森燃气发生炉都是如此。然而，令道森惊讶的是，拥有在英格兰制造奥托循环发动机许可证的克罗斯利兄弟公司（Crossley Brothers）在1879年向道森提供了一台3BHP四冲程发动机让他来试用他的发生炉煤气。道森没有让克罗斯利兄弟公司失望，试运行的结果令所有人满意，发动机工作正常。为了确保其可重复性，第二年道森又进行了更多测试。这些试验产生了大量令人高兴的结果，也有助于未来改进奥托循环发动机。1881年，道森在约克的英国科学促进会的会议上展示了他的试验结果，并在同年的减烟展览会上展示了这个与3马力奥托循环发动机集成的煤气发生炉的紧凑型生产系统。展览会的委员会对这一集成产品进行了测试，小型发动机在156转/分钟时的功率为3.26马力。威廉·西门子爵士为此授予道森一枚金牌以表彰他的成就，称其为"将燃料用作家用和工业用加热燃料的最佳方法，既具有最大的经济性又不产生烟雾和有毒气体"。

表 7-1　不同的发生炉煤气的气体成分含量（体积分数）　　　单位：%

气体成分	西门子发生炉[1]	道森发生炉[2]	蒙德发生炉[3]
氢气	8	18.73	24.8
一氧化碳	23.7	25.07	13.2
甲烷	2.2	0.31	2.3
二氧化碳	4.1	6.57	12.9
氧气	0.4	0.03	0
氮气	61.5	48.98	46.8
照明成分		0.31	—
总计	99.9	100	100

[1] 西门子发生炉使用的原料煤是黏结煤与不黏结煤的混合。

[2] 道森发生炉使用的是无烟煤。

[3] 蒙德发生炉使用的是烟煤，发生炉煤气于 1894 年 7 月 5 日在威宁顿厂用于 25 马力气体发动机试验（见"意外的蒙德燃气炉"一节）。

　　道森的成功为他的煤气发生炉打开了销售到燃气发动机市场的大门。另外，它也帮助奥托循环发动机从蒸汽机业务市场中获得了额外的市场空间。在此之前，超过 20 马力的以煤气为燃料的燃气发动机几乎无法与蒸汽机竞争。道森的煤气发生炉与奥托循环发动机的结合开启了这两种技术结合的非凡发展之旅。许多其他煤气发生炉和燃气发动机制造商纷纷效仿，通过制造自己版本的煤气发生炉进入这个快速增长的市场。这些煤气发生炉在不同的地方做出相应的改进以适应它们各自的特定情况，例如煤炭质量、发生炉容量、燃气发动机类型和特定应用等。在大约半个世纪的时间里，道森使西门子兄弟商业化的煤气发生炉成为被开发和采用最广泛的技术产品之一，煤气发生炉也成为最多样化的气化产品之一。到 1889 年，使用煤气发生炉的燃气发动机已经发展到高达 60 马力，在 1894 年增加到 120 马力。然后，在路德维希·蒙德于 19 世纪 90 年代展示的另一种煤气发生炉技术的帮助下，煤气发生炉开始为商业规模更大的燃气发动机提供燃烧动力，使得燃气发动机的功率在 1910 年之前达到 1000 马力以上，在 20 世纪 20 年代之前达到大约 2000 马力（1.5 兆瓦）甚至更大（图 7-4）。很快，

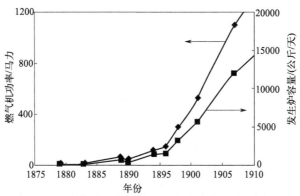

图 7-4　燃气发动机的功率和估计的煤气炉用煤量

燃气发动机成为一种非常有力的竞争者，可以与更大的蒸汽发动机竞争进而占据更多的蒸汽发动机的市场份额。同时在工业过程、蒸汽锅炉、运输、农用拖拉机、内河或远洋船舶等方面也找到更多其他应用。1000 马力以下的燃气发动机似乎已经在商业上得到普及，大型燃气发动机的发展有着无限的上升空间。

然而，情况的发展并非如此。很快人们发现，大型燃气发动机自身也变得越来越笨重。例如，额定功率为 700 马力的靠柯利尔（Cockerill）单缸奥托循环发动机包括飞轮在内重量超过 160 吨，气缸直径也达到 51.2 英寸（Lawton，2011）。接下来的问题是，活塞直径越大，在往复运动做功的过程中活塞所承受的热应力就越高，这需要更频繁的维护。因此，大型发动机的活塞所承受的热应力的限制，逐渐变成其发展的制约因素之一。另外，1920 年以后开始的柴油机的商业化利用也制约了燃气机的进一步推广。

为了适应快速的业务增长，道森于 1887 年成立了他的公司，经济煤气和电力有限公司（Economic Gas and Power Co.），并在伦敦设有办事处，继续发展煤气发生炉业务，并制造用于燃气发动机和工业加热炉的煤气炉。同时还在黑色金属和有色金属等工业部门推广道森煤气炉，生产的燃料气用于钢铁厂的炉膛加热以及再加热、退火和热处理等。该公司的一则广告显示，1903 年利用煤气发生炉的燃气发动机总功率已达到约 6 万马力（图 7-5）。假设平均每台 120 马力，那么大约会有 500 台燃气发动机使用发生炉煤气为燃料，这在当时是相当不错的营销。

1910 年，道森将他的业务与梅森煤气动力公司合并。梅森煤气动力公司于 1905 年在曼彻斯特成立，专门制造各种炉子。新成立的道森和梅森煤气公司（Dawson & Mason Gas Plant Co.）总部设在曼彻斯特，在伦敦设有办事处。该公司一直运营到 20 世纪 60 年代，道森担任总工程师和董事总经理。当时，道森还制定了新公司的有关发生炉发展的战略计划。道森清楚地了解煤气发生炉或煤气化这一新领域缺乏基本的知识和经验，所以，他还让新公司着重创新和研发活动，为不时出现的基础问题和技术挑战提供支持。当然，这是除正常的产品销售和技术服务的业务范围之外的活动。这项开创性的研发活动可能是记载的最早的煤气化基础研究工作（Guide G.）。这样的研发计划得到了大量的基础知识，道森在他发表的《发生炉煤气》一书中分享了这些知识。该书于 1906 年首次出版，之后的二十年至少再版了四次，第四版发行于 1920 年。在这本书中，道森和他的助手拉特尔从煤气发生理论的基础入手，详细阐述了所涉及的化学反应、它们的平衡和影响平衡的因素等。然后对煤气炉系统、燃气发动机及其相互作用和改进进行了分析，从而对如何获得最佳组合运行的结果进行

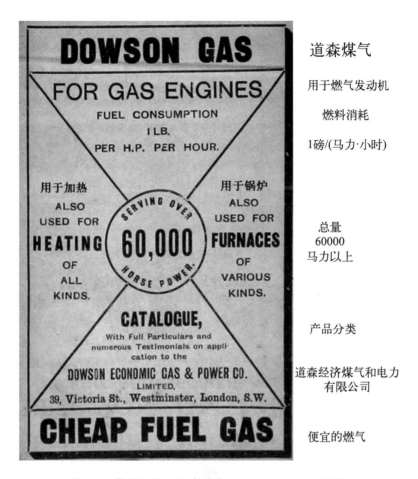

图 7-5　道森公司 1903 年广告（Grace's Guide 网站）

了探讨。这些讨论基于大量试验和实验数据，因此在今天仍然有其适用的价值。

　　除了日常工作外，道森还抽出时间撰写论文并在会议上发表，分享煤气发生炉和燃气发动机的进展以及他的见解。他还积极参与了许多专业机构，如土木工程师学会和机械工程师学会。虽然道森在 1916 年左右从这些机构中退出，但即使在 93 岁时，他仍然活跃在这一专业领域。

　　道森的煤气发生炉作为最多样化的开发技术之一，也是有效的经济解决方案，已被广泛应用于需要机械动力的领域。20 世纪初期，其中的一项天才发明是应用发生炉煤气的原理进行抽水灌溉。英国工程师赫伯特·阿尔弗雷德·汉弗莱（Herbert Alfred Humphrey，1868—1951）早年在布鲁纳·蒙德公司担任咨询工程师的时候，熟悉了煤气发生炉技术。他在 1909 年左右发明了汉弗莱泵。

与以往任何由蒸汽机驱动具有许多运动部件的水泵不同，汉弗莱泵完全不使用任何运动部件如活塞、转子等，而是利用发生炉煤气爆炸产生的力将水推送到更高的地方。汉弗莱水泵系统是一个 U 形管道的基础设施，它包含三个组件：煤气发生炉、气体爆炸室和一个 U 形大口径管道（图 7-6）。爆炸室设有发生炉煤气入口，尾气排气出口和点火器。U 形管的底部位于水源的水面以下，设计有许多进水孔，每个进水孔都用管内的移动阀门盖住，称为蘑菇帽。U 形管的另一侧是出水口。它在原理上像燃气发动机一样工作，但使用水本身作为"活塞"。每次爆炸时，"活塞"都会将已经在 U 形内部的水推向右侧，到达出水口；爆炸结束时，排气口打开排出尾气，同时通过蘑菇帽将水吸入管道内，使管道内达到必要的水位；然后排气口关闭，发生炉煤气入口打开引入燃料气，接着下一次爆炸开始，由此不断地循环运行。使用发生炉煤气抽水是一种巧妙、有效而又简单的输水方法，很快在世界各地得到了应用。1913 年 6 月，在英国埃塞克斯郡的清福德安装了五台汉弗莱水泵，用于社区抽水灌溉。有四个大水泵和一个小水泵，每台大水泵的设计目标是每天将 4000 万加仑的水输送到 25～30 英尺的高度，小水泵的容量是大水泵的一半。这套系统配备了四台道森煤气发生炉设备，三台大型、一台小型，以生产所需燃气。三台大型煤气炉中的每一台都能够每天气化 370 磅的无烟煤，小型煤气炉是大型煤气炉的一半（Dowson，1920）。从那时起，汉弗莱水泵在埃及、美国和澳大利亚等国都有应用。于 1914 年安装在美国得克萨斯州的汉弗莱水泵位于墨西哥边境的德尔里奥（Del Rio）县，从里奥格兰德河取水用于灌溉。

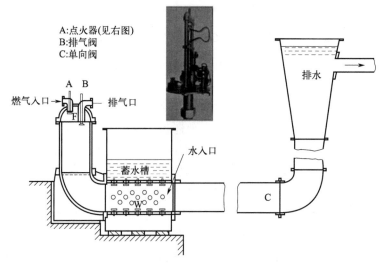

图 7-6　19 世纪初设计的汉弗莱泵

事实证明，汉弗莱水泵是一种简单、坚固且高效的输水工具。只要有发生炉煤气可用，它就可以快速启动。同时因为它没有移动部件，维护也很简单。否则需要经常润滑以最大限度地减少发动机的正常磨损。它的缺点是泵头必须位于水源的水位以下，因为汉弗莱水泵没有传统离心泵自身产生的真空吸引力，爆炸室有时容易发生水浸，这在某些情况下限制了其更广泛的应用。尽管如此，汉弗莱水泵仍是一个有吸引力的引水灌溉的有效解决方案。在这一方案中，煤气发生炉肯定是一个关键的支持部件。

回顾过去，创造像法迪尔这样可以自由行驶的交通工具的梦想已经存在了很长时间，但实现这一梦想的旅程却经历了一个多世纪的时间。问题的核心似乎是实用且方便的车载驱动力的可用性。事实证明，燃煤或以氢气作燃料的蒸汽机都不适合法迪尔。虽然煤气使勒努瓦发明燃气发动机成为可能，但忽视以下事实也是不公平的。比如当时已经积累的有关气体以及让气体爆炸做功的知识，对内燃机及其潜在好处的理论认知，以及不断发展的有关热的知识和热力学原理，等等。这些知识和经验给勒努瓦和奥托提供了必要的背景知识和工程经验，得以让他们的激情和雄心释放出来，从而为发明法迪尔迈出了重要的一步，也是最关键的一步。紧接着，道森抓住了新兴的燃气发动机的机会，又拓宽了煤气发生炉的价值，通过开发紧凑型发生炉系统，道森能够使小型燃气发动机独立运行而不再需要同任何煤气管网相连接，这是朝着建造法迪尔迈出的又一步。尽管戴姆勒和迈巴赫最终在19世纪90年代交付了第一台法迪尔，从此打开了汽车产业的大门，但在接下来的半个世纪里，道森紧凑型煤气炉也被广泛用于驱动法迪尔。实际上，两次世界大战期间和第二次世界大战后，在汽油供应有限的国家，汽车和卡车上安装了大量的吸气式小型煤气发生炉。例如，瑞典在1942—1943年左右约90%的汽车都将汽油发动机改造成燃气发动机，每辆汽车都安装有小型煤气炉。当时，大多数欧洲国家也都制定了激励政策，鼓励汽车使用发生炉煤气。日本也是如此。在中国，20世纪50年代，在北京街头行驶的公共汽车的顶部常常装有一个装满煤气的巨大袋子。在上海，街头行驶的大约160辆公共汽车的后部都装有一个以无烟煤为燃料的煤气发生炉。总之，合适的燃料对于法迪尔真正的大规模工业化有着举足轻重的作用。最终，不论是传统的煤气还是发生炉煤气，都让位于液体燃料。

在工业领域，同蒸汽机技术一样，用于过程加热的煤气发生炉的广泛工业部署以及煤气发生炉与燃气发动机的集成将正在进行的工业革命推向了一个新的高度，开启了19世纪80年代开始的电气化时代和19世纪90年代启动的机动化汽车时代。这些事件的多米诺骨牌效应彻底改变了公众的生活方式。最终，托马斯·爱迪生实现的电气化取代了第一次世界大战前的传统煤气照明行业。19 世纪 90 年代发明的内燃机带来的机动化导致了汽车工业的诞生，在道路上行驶的数以百万计的汽车、卡车和公共汽车在今天仍然流行。不久，运输和交通机械化时代的到来又为煤气化创造了另一个机会，一个全新的合成化学时代到来。

此外，煤制气的作用和贡献还有更多。

第八章
雾化水煤气——新的照明气体

美国的煤制气起步较英国晚，大约直到 19 世纪 50 年代才进入快车道。在 19 世纪 70 年代之前，美国使用的煤制气主流技术大部分起源于英国。随着煤制气市场的进一步发展，美国最终超越英国成为最大的煤制气市场。与此同时，美国的煤制气业务也受到新兴电力照明的压力，传统煤制气工艺的弊端比以往任何时候都更加明显。煤气厂业主们开始寻求替代品，一种更具竞争力、清洁和方便的技术。毕竟，传统的卧式干馏工艺通常只是利用煤炭中的部分挥发性物质，这只是煤炭的一小部分，而大部分物质最终变成焦炭，需要进一步地处理和利用，更不用说熄焦还带来大量的热量浪费。这些传统煤制气的特点加上用于加热燃煤，是导致煤气成本高、煤气制造费力且低效率的主要原因。尽管西门子兄弟的煤气炉能够将煤完全转化为燃气，而且燃气已被用于加热许多工业过程包括煤制气过程，但大量氮气的存在而导致的低热值使其无法用于照明目的。19 世纪 70 年代初期，赛道斯·洛邑（Thaddeus Lowe，1832—1904）发明了一个全新的煤制气工艺，即水煤气工艺，很快就占领了燃气照明市场。值得注意的是，这一发明发生在大西洋的另一边，美利坚合众国。这一新技术的独特性也使美国从 19 世纪 70 年代开始在更广泛的范围内成为煤制气业务的主要参与者，这不仅为即将到来的合成化学工业奠定了坚实的基础，也为现代煤气化的出现铺平了道路。

第一节　煤气、气球和洛邑先生

像鸟一样地飞翔是人类由来已久的梦想。自从拉瓦锡在他的化学理论中确定了气态的存在，一些富有冒险精神和好奇心的人开始利用比空气轻的气体来为空中飞行创造升力，从而使人类飞上天空成为可能。卡文迪什发现的氢气和丰塔纳发现的水煤气等气体已被一些有兴趣的冒险家用来充填在气球中加以利用，这使早期的飞行成为可能。因为氢气或水煤气与空气的密度差异会产生升力，气球大小以及氢气或水煤气的含量将决定升力的强弱。这些知识引发了冒险家们对气球的无限想象，他们无数次地尝试飞上高空，探索未知的"天堂"，也引起了好奇的公众的广泛关注。然而，撇开激情和热情不谈，气球或是热气球飞行绝对不是一项便宜的冒险。随着法国大革命的爆发，法国与其他欧洲列强之间的战争提供了一个机会，法国军队尝试将气球作为战地侦察的工具，以及时发现战场上敌人的位置和行动目标。1794 年 4 月，法国政府成立了第一气球队，即 ler Campagnie d'Aerostiers，由化学家让·玛丽-约瑟夫·库特尔（Jean Marie-Joseph Coutelle）领导，并由一名科学家和一名工程师协助。萨迪·卡诺的父亲拉扎尔·卡诺（Lazare Carnot）似乎是这一开创性工作的关键人物。该任务在 1799 年被放弃之前在几次不同的战斗中支持了野战部队的将军们。在此期间，法国政府甚至建立了一所国家航空航天学校，任务为培训所需要的特殊人员（Haydon，2000）。但是，要完成这样的任务，制造充填气球用的比空气轻的气体成为关键的一步。如果了解当时的情况，大量地制造这种气体将是一件很麻烦且昂贵的事情。就像亨利·卡文迪什所做的那样，通过使硫酸与铁或其他一些金属反应来制取氢气相对容易。可是这在当时是不可能的，因为硫酸已被禁止用于制造弹药以外的任何用途。很显然，弹药对战争更为重要。化学家库特尔不得不建造煤气炉，利用丰塔纳提出的原理，通过在炽热的木炭上分解水来制造煤气。他于1793年在巴黎建造了一个实验设施，并生产了20立方米的水煤气。当法国军队在几次战役，如弗勒鲁斯（Fleurus）战役、列日（Liege）战役和布鲁塞尔（Brussels）战役期间进入比利时，库特尔便在德国的亚琛（Aachen）附近建造了气球仓库，为在1794年左右野战部队的将军们进行空中侦察（Haydon，2000；French Aerostatic Corps）。这正是默多克开始试验制造煤气的时候。虽然煤气在接下来的六十多年时间里逐渐在英国的城市和城镇得到广泛的使用，但气球的飞行在法国军队于1799年放弃以后却一直没有有规模或有组织的利用。这一状况一直持续到美国内战爆发的时候。洛邑（Lowe）先生是那段历史中作为气球航空员的关键人物之一。

赛道斯·洛邑是一位白手起家的美国化学家、航空家、发明家和企业家。他出生在新罕布什尔州库斯县杰斐逊米尔斯的一个富裕家庭，是家中的第二个孩子。在年幼的时候，洛邑就表现出对化学的好奇心和贯穿他一生的独创性，这给他的一生带来了财富和名望。他一生中获得了200多项专利，涵盖广泛的科学学科，应用于商业、军事和科学领域，如航空、热气球、制气、制冷、铁路建设等。

小时候，洛邑在农场工作时就参加了冬季学校。在对知识渴望的驱使下，他花了很多个晚上在壁炉旁阅读从老师那里借来的书。14岁时，他独自离开家，与哥哥一起从事鞋类配件业务。有一次，在参加雷金纳尔·丁克尔霍夫（Reginal Dinkelhoff）教授举办的关于比空气轻的气体的化学展时突然被化学吸引。意识到这个年轻人的热情，丁克尔霍夫教授随即邀请他加入了他的演艺事业，不久让他成为一名助理。两年后丁克尔霍夫教授退休时，洛邑接管了演艺事业并发了第一笔财。然后，洛邑将兴趣转向使用煤气的气球航空冒险业务。

26岁时，洛邑就成为了一名小有名气的气球制造者和航天员。他还有一个雄心壮志，那就是用自己的气球横渡大西洋。为了准备这样的冒险，洛邑在他父亲的帮助下，从1859年7月起用90天的时间建造了一个巨大的气球。他将气球命名为纽约市号（图8-1）。纽约市号高200英尺，直径130英尺，可容纳

725000 立方英尺的升力气体。观察篮的下方还安置了救生艇。这不是热气球，因为当时不存在天然气或液化石油气，可用作升力气体的只能是煤气或氢气。然而，将 725000 立方英尺的气球装满并不是一件容易的事，更不用说它的成本了。洛邑显然在设计纽约市号时就已经考虑到了使用煤气，并计划于 1859 年 11 月 1 日从位于纽约市水晶宫的场地开始他的试飞。尽管使用氢气是理想的选择，因为与煤气相比它可提供两倍的浮力，但煤气在当时更便宜，而且当时在美国的许多城镇都可以容易地获得大量煤气。纽约市水晶宫是为举办 1853 年万国工业展览会而建造的，这是第一届在北美举办的世界博览会，该设计的灵感来自建造于伦敦的海德公园的水晶宫，那里举办了 1851 年的万国博览会。遗憾的是，在洛邑的计划推出前一年的 10 月，这座建筑被一场熊熊大火烧毁。洛邑之所以选择水晶宫的场地来开启他横渡大西洋

图 8-1　洛邑于 1859 年建造的
纽约市号气球
（美国国会图书馆）

的冒险是有他的理由的。位于曼哈顿中心的水晶宫场地，不仅是一个很好的宣传场所，而且靠近格兰德街纽约煤气灯公司的煤气厂，可以很方便地为他的气球提供煤气。

　　不幸的是，与纽约煤气灯公司主管的联系和沟通似乎在某处出了差错。开始充气后，洛邑发现煤气厂能够提供的 50000 立方英尺的煤气是基于每天，而不是每小时。以这样的速度至少需要十五天才能将他 725000 立方英尺的巨大气球充满。对于横渡大西洋来说，十五天意味着会有更多意想不到的事情发生，其中最重要的是气球本身和天气变化很可能与他的目标背道而驰（Evans，2002）。然而，面对活跃的公众，洛邑最终不得不放弃他从纽约市横渡大西洋的计划，转而打算于次年春天前往费城继续他的大西洋横渡计划。费城市民愿意支持他横跨大西洋的冒险计划，该市位于 Point Breeze 的费城煤气厂拥有每天 300 多万立方英尺的煤气容量，足以为洛邑的气球在尽可能短的时间内提供需要的升力气体。费城煤气厂成立于 1835 年，拥有当时美国最大的煤制气规模。

　　好事多磨，洛邑的冒险飞行计划又被迫推迟到当年的 9 月，恰好在即将发生的另一个历史事件之后。此时，大东方号（Great Eastern）客轮正准备于 1859 年 8 月 30 日开启从英国的利物浦到美国的大西洋横渡首航。大东方号客轮是当时

用钢材建造的最大客轮，它的动力由五台燃煤蒸汽机提供。但是在试航的时候由于其中的一台蒸汽机发生了爆炸，大东方号最终未能完成航行。爆炸是由一个处于关闭位置的蒸汽管道阀门引起的，该阀门本来应该处于开的位置却被错误地放到了关闭的位置。为了呼应大东方号，洛邑将他的纽约市号重新命名为大西方号（Great Western），因为他即将从费城向西穿越大西洋。遗憾的是，接下来的进一步延迟迫使洛邑改变了他穿越大西洋的计划，转而进行了更多次的试飞。1860年6月28日，洛邑凭借费城煤气厂提供的煤气，成功地从费城飞往新泽西州。又在9月进行了几次横跨大西洋的航行，洛邑没有再遇到煤气供应的问题，因为费城煤气厂提供了足够的煤气。遗憾的是气球多次遭到损坏而导致两次航行计划都失败了。在1861年2月25日与史密森尼亚学会秘书长约瑟夫·亨利教授的交流中，洛邑采纳了他的建议。对于洛邑的询问，亨利教授也没有任何现成的知识和信息可以分享。但是在1861年3月11日的回信里，亨利教授建议洛邑进行更多的试飞，以了解更多内陆城市和大西洋沿岸之间的气流和与天气相关的空气动力学规律（Henry，1861）。洛邑认为亨利教授的建议有道理，他在下一次飞行中选择了费城以西500英里的俄亥俄州的辛辛那提市，并使用了他之前建造的企业号（Enterprise）气球。一旦从辛辛那提市起飞，根据他的计划，企业号将向东或东北方向行驶，到达大西洋沿岸。辛辛那提早在1843年就建造了煤气厂，即辛辛那提煤气厂（Cincinnati Gas，Light & Coke Co.），它同意为洛邑提供所需的煤气。这次的航行洛邑似乎已经准备得很充分。1861年4月19日清晨，洛邑开始了他的高空飞行。但是天不作美，风没有按预测的那样向东吹，而是将他和他的企业号吹向南/东南方向，到达了南卡罗来纳州。更不巧的是，两天前美国内战爆发，南卡罗来纳州现在由南方军（Confederate Army）控制。无意之中，洛邑成为内战的第一个"俘虏"。在证明了自己是一名平民和气球冒险家，而不是北方军（Union Army）的间谍后，洛邑方能设法回家。当然其中不乏经历了一些艰难的时日和有趣的遭遇（America，1907）。内战的爆发使洛邑横跨大西洋的冒险计划成了泡影。不过，塞翁失马，焉知非福。很快，洛邑成为战争期间美国军事空中侦察的先驱。

战争爆发时，美国的工业活动总体上集中在北方各州，这些州煤气厂的发展似乎是工业发展水平的一个良好指标，像巴尔的摩、费城、纽约、波士顿、辛辛那提等城市已经开发建设了煤制气厂，煤气照明已经扎根于这些城市。由于这些城市处于正在进行的工业革命的最前沿，随即带来的不仅是经济的繁荣，还带来了科学技术的发展。其实，林肯总统已经考虑过使用气球技术来帮助收集南方军信息的可能性，从而可以早日结束战争。但他需要找一位具备适当专业知识和技能的人来领导这项工作，就像60年前库特尔在欧洲的法国所做的那样。60年过去了，一个显著的不同是煤气在许多美国城镇已经变得很容易获得。在史密森尼亚学会秘书长约瑟夫·亨利的推荐下，洛邑被召集到华盛顿特区展示他的气球。洛邑于 1861 年 6 月上旬抵达华盛顿特区，并于 11 日受到林肯总统的接见。几天后，洛邑在哥伦比亚军械库向林肯总统和一些内阁成员展示了他的气球。哥伦比亚军械库位于目前史密森尼亚国家航空航天博物馆的所在地。这个地址选得很好，因为它就位于华盛顿煤气灯公司于 1852 年开设的煤气厂旁边。该地目前是美国印第安人国家博物馆的所在地，史密森尼亚学会在其后面。那天是星期二，洛邑和他的企业号一起升空，高悬在哥伦比亚军械库上方 500 英尺处。洛邑从高空向白宫发送了一封电报。电报上写着："致美国总统：这个观察点控制着直径近五十英里的区域。这座城市及其周围的营地呈现出一幅绝妙的景象……T. S. C. 洛邑。"（US Army Balloon Corps）。

洛邑的升空示范不仅证明了他的能力，而且还展示了气球作为空中侦察的可能性。洛邑最终被任命为航空队的负责人，并负责组建美国陆军气球队，以便在战场上进行空中侦察，提供敌方部队的配置、行动和位置。该气球队隶属于 1838 年成立的美国地形工程师队，以支持北方军队的行动。有了分配的资源，洛邑迅速行动起来，开始组建团队并制造必要的装备，以满足现场空中侦察的战地需求。

与以前的经历大不相同，洛邑明白要使气球在战场上发挥作用，他必须设计和制造一种坚固、机动且能够尽可能迅速行动的气球。因此，洛邑为单人轻载任务设计了三个小气球（雄鹰号、宪法号和华盛顿号），又为重载的情况设计了四个大气球（联盟号、无畏号、绝佳号和美利坚号）。根据从辛辛那提得到的经验，洛邑还指示所有的气球都以被固定的方式升空，即气球一旦上升到既定的位置，将由地面上的成员通过绳索固定，以防止不可预测的空气流动而飘离，从而使气球变得不可控。最重要的是，他需要一种便携式战地气体供应源，而不是来自华盛顿特区或其他城市的煤气厂提供的煤气，或可能需要用其他的气球来充气。在华盛顿特区附近的几次早期野外侦察中，他不得不在华盛顿特区的煤气厂给气球充气。然后，气球队的工作人员会将气球牵引到战场上。这项工作看起来容易，实则是很艰巨的，有的时候距离很远，几乎无法满足现场需求。在当时的地理和交通条件下，拖曳气球是一项具有挑战性的任务，因为当时在华盛顿特区和通常的侦查点之间有很多河流，通过河流的桥梁通常是格架桥，是一种桥上有钢梁的桥。此外，有时还必须躲开沿途的电报线、树木和树枝。因此，拖曳气球这项工作不仅费力，还需要周密的计划。不然的话，气球如果有任何损坏都会导致前功尽弃。在早期的一次任务中，他的团队从华盛顿的煤气厂充满重载用的联盟号气球后，花了整整一个晚上的时间才将这个大气球牵引到波托马克河对岸的目标观察点。这段距离仅仅约 4.8 公里。毫无疑问，如果没有一种便携式的气源，洛邑气球队的空中侦察工作将会面临很大的不确定性。

设计便携式气体发生器时，洛邑意识到气体发生器必须是可移动的，而且还要坚固耐用。同时，这个发生器还需要便于操作和维护，能在尽可能短的时间内快速产生大量的气体，以便及时地给气球充气。还有，它必须足够紧凑，能在崎岖地形的战场上灵活机动地迅速移动。当然，这些要求之间经常相互抵触。如果有一个离战场足够近的固定式气体设施会很方便，但这根本不适用于瞬息万变的战场。虽然充分了解成熟的煤制气技术，但是洛邑还是转向了通过铁与稀硫酸反应的老式制氢技术，他相信这种技术更能满足他此刻的需求。硫酸虽然价格昂贵，但很容易从工业化发达的北方获得，这与当年法国大革命时期的情形大不相同。采用这种古老的制氢方法，一旦与铁适当接触，硫酸就会立即发生释放氢气的反应。还有，虽然战时的成本可能不是一个问题，但采用氢气可以使用较小的气球来补偿，因为氢气比煤气提供的升力要大得多。在这里，洛邑展示了他的化学知识、创造力和实用的设计理念。当他将所有必要的部件组合在一起时，这个新的产品就赋予了旧艺术全新的生命，最终展现的是一个新颖、紧凑、行动迅速且坚固的战地氢气发生器（图 8-2）。

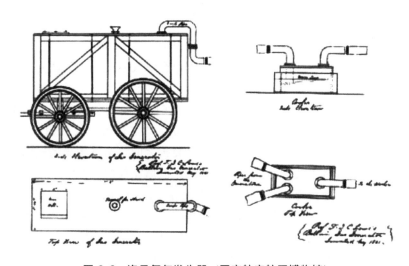

图 8-2 洛邑氢气发生器（国家航空航天博物馆）

为了设计这一氢气发生系统，洛邑使用了一辆普通的军用马车，然后将一个与马车尺寸匹配的加强的木箱固定在车架上。木箱内部做了防护用于装硫酸，顶部有两个开口，一个用于倒硫酸，另一个用橡胶管连接作为氢气的排出口，全部做成气密。备用的硫酸通常单独储存在 10 加仑的玻璃罐中。当需要氢气时，操作员会按照洛邑编制的程序，小心地将硫酸通过漏斗分批倒入位于水池中装有铁屑的木箱。氢气会从木箱里冲出来，进入清洁箱，去除携带的酸和任何潜在的杂质，然后通过一个控制阀进入气球（Evans，2002）。为了保证操作安全，洛邑还为他的队员开发了一个操作程序，特别关注硫黄的处理和应用。

图 8-3　费尔奥克斯战役中给无畏号充气（美国国会图书馆）

以下是整个系统的工作原理。每个气球都配有两辆载有氢气发生器的马车，每辆马车由四匹马拉动。备用马车由两匹马拉动，装有 3200 磅的铁屑和 40 加仑的硫酸以及备用橡胶零件。经过测试，采用单台氢气发生器给气球充气时，需要三小时十五分钟。在紧急情况下，通过同时启用两台氢气发生器，可以将充气的时间缩短一半。这一便携的制氢系统大约在 1861 年 10 月投入使用，正如洛邑在他首次给华盛顿号气球充气的报告中所描述的，"工作得令人钦佩"（US Army Balloon Corps）。在 1861 年 10 月至 1863 年夏天之间，洛邑领导的气球队同时在几个不同的战场部署了气球和氢气发生系统，以填充气球、升空侦察，为战地将军提供了及时的战地信息。其中一次是发生在 1862 年 6 月的费尔奥克斯（Fair Oaks）战役（图 8-3）中，不仅同时部署了两台氢气发生器来给无畏号充气，必要时还可以从其他气球转移氢气来进一步缩短充气时间。洛邑的发明与许多其他航空家以前使用的所有氢气发生设备不同，它实用且机动。当时的空中侦察给麦克莱伦将军提供了南方军的营地及其行动的重要信息（Lowe，1911）。

后来，洛邑曾试图获得他发明的制氢系统的专利，但未能如愿。然而，洛邑能够发明这种独特的设计，并将其设计开发成产品，在短时间内建成且发挥良好的功能，这一事实无疑证明了洛邑的独创性、实用设计理念和优化组合的能力。要知道，当时的常识是煤气是最常见的比空气轻的气体，已经用于气球充气，就像约翰·怀斯（John Wise，1808—1879）提出的另一项竞争建议。洛邑可能不知晓，怀斯当时也在竞争洛邑的职位，或者更准确地说，怀斯是这一职位的另一位候选人。洛邑使用氢气的发明似乎违反了当时的"常规",然而,它确实很实用,能够很好地满足战地的需求,并使他成为美国历史上实施空中侦察的先驱。从此,洛邑在更多发明中进一步展现了他的个人特质和专业知识,包括开发另一种独特的煤制气工艺。该工艺将取代用于生产照明气体的旧干馏工艺,同时也为他带来了好运。

第二节 洛邑水煤气工艺技术

随着战争的深入,洛邑看到他的气球队在美国陆军中的作用和待遇越来越有限。这可能是许多原因造成的,例如前线将领层更迭、频繁地前进或撤退以应对战场上的迅速变化,等等。洛邑于 1863 年 5 月递交了辞呈。三个月后,存在了两年多的气球队也不复存在。洛邑回到了他在费城的家,然后把他的家人搬到了凤凰城(Phoenixville)附近的切斯特县(Auge,1879)。在那里,洛邑恢复了他的学术热情,在市场需求旺盛的领域寻找新的创新机会。不过,他还依然为那些对气球设计、制造和航空感兴趣的人们提供咨询。当时,气球航空在英国、德国和巴西等许多国家越来越受欢迎。1867 年,他发明了制冰机,还试图将其安置到船上用于制冷,来拓展得克萨斯州和纽约市之间的牛肉运输业务(Lowe,1867)。与此同时,洛邑一定已经注意到了燃气加热和照明市场的快速增长,以及那些采用传统干馏器的老煤气厂所面临的挑战,至少从他在利用气球探险时的经验可以看出。1871 年,洛邑又举家搬到宾夕法尼亚州诺里斯敦北部,在那里加紧研究煤气制造的更好方法。就像默多克在 1792 年所做的那样,洛邑也用他制造的气体来点亮他诺里斯敦的房屋(Auge,1879)。如今,这座房子已成为诺里斯敦旅游的地标之一。

通过此前对纽约、费城、辛辛那提和华盛顿特区煤气厂的了解,洛邑意识到使用煤气的照明、取暖和烹饪业务发展势头很强劲。但当时通过传统的干馏制取煤气的业务似乎没有能够在技术上和经济上跟上步伐。当时的市场需要一种可以大量生产清洁且廉价煤气的替代技术,这样的技术也会更好地应对日益严峻的来自各方的竞争和挑战。自埃德温·德雷克(Edwin Drake)于 1859 年 8 月在宾夕法尼亚州西部的泰特斯维尔(Titusville)钻出他的第一口油井以来,该地区的石油产量在 1860 年达到 20 万桶,然后增加到 1870 年的 540 万桶,在 1882 年左右达到顶峰。与今天的情况不同的是,当时的石油实际上没有太大的用处,只是经过简单的处理用于生产煤油。煤油是一种石蜡、环烷烃和芳烃的混合物,大约含有 11~15 个碳的碳氢化合物,一般用于农村和没有煤气的地方照明。除煤油外,其余的石油、石脑油和重油几乎没有商业价值。洛邑很快就研究了这种用于制造照明气体的"废油"。1872 年 8 月，洛邑向美国专利局申请了多项装置专利（美国专利号 130、381、382、383），通过裂解石脑油或者重油来制造用于照明和取暖的气体燃料。1873 年，洛邑还在以前居住的社区凤凰城建立了一座燃气厂，利用他当时发明的不同技术来生产照明燃气。1875 年，洛邑在诺里斯敦成立了一家燃气公司，称作人民燃料、燃气和照明公司，为当地社区制造和输送用于照明和取暖的燃气。但是，洛邑的这些努力似乎在当时没有产生什么明显的效果。基于这些经验，洛邑将注意力重新转向了煤炭。

1875 年 3 月，洛邑申请了专利（美国专利号 167、847），涉及一种使用煤来制造用于照明和取暖的煤气制造工艺。此发明成为未来以煤为原料的水煤气工艺的基石，很快在美国和世界各地的市场上得到广泛应用，不仅取代了煤干馏制气工艺，延长了煤气照明的寿命，而且还促成了发生在下个世纪初期的人造肥料的合成，成为化学品和液体燃料现代合成化学工业的开端。

从原理的角度来看，洛邑发明的水煤气炉看上去同煤气发生炉没什么两样，而且也很简单。不同之处是他将煤气发生炉的操作巧妙地分成两个循环，鼓风（blast）和运行（run）交替进行。在鼓风循环中煤与空气反应，将炉内煤层的温度升高以蓄热，在接下来的运行循环中煤与蒸汽反应提供热量，生产蓝色水煤气（blue water gas，BWG）。另外，鼓风循环过程中产生的燃料气在下游的蒸汽过热器内进一步燃烧蓄热，离开的热烟道气又经过空气预热器来预热空气。在运行循环过程产生的蓝色水煤气如果喷入石脑油或轻油则可以生产用于照明的雾化水煤气（carburetted water gas，CWG）。以下是循环操作在正常操作条件下的工作原理（图 8-4）。

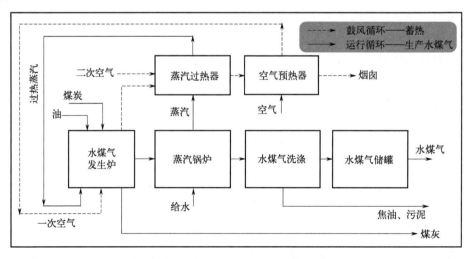

图 8-4 循环流程示意图（洛邑 1875 年美国专利号 167、847）

鼓风循环：不同于当时一般采用砖体结构的煤气发生炉，洛邑设计的水煤气炉是一个圆柱形筒体，内部衬有耐火砖。在鼓风循环阶段，一次空气被吹入水煤气发生炉的底部，并通过几英尺深的煤层燃烧，产生燃气。燃气离开水煤气炉进入蒸汽过热器的底部，蒸汽过热器是一个充满耐火砖并带有气体通道的圆柱形筒体，在那里与二次空气相遇产生内部燃烧，从而加热内部的全部耐火砖。所以，蒸汽过热器实际上类似蓄热器，用来在下个循环操作中产生过热蒸汽。烟气中的剩余热量在空气预热器（一种管壳式换热器）中回收，并逆流预热一次空气和二次空气，以提高水煤气发生炉和蒸汽过热器的燃烧效率。一旦发生炉和蒸汽过热器中耐火砖达到所需的白热状态，气化的运行循环通过关闭空气并切换到蒸汽操作开始。

运行循环：来自蒸汽锅炉的蒸汽经过蒸汽过热器过热后进入水煤气发生炉，蒸汽与炽热的煤焦发生反应，放出含有氢气、一氧化碳和少量二氧化碳的可燃气体，这就是水煤气。炽热的燃气沿着煤层上升到煤层的顶部空间，与从水煤气发生炉顶部喷入煤层的雾化油相遇，煤层的高温使油裂解成小分子气体，形成照明用煤气离开水煤气炉。照明煤气在通过蒸汽锅炉（管壳式换热器）时释放出大部分热量来加热产生蒸汽的水，然后通过燃气洗涤器的水池去除焦油、灰尘和其他携带的杂质，最后到储气罐中储存。如必要的话，还需要在销售前进行额外的处理。运行循环一直持续到水煤气发生炉中的热量无法支持水煤气的大量生产，然后将气化操作切换回鼓风循环。就这样，水煤气炉的操作在鼓风和蒸汽运行间重复循环，产生的雾化水煤气进入储气罐。储气罐利用时的煤气供应可以连续地进行。与煤气炉的操作类似，煤灰通过发生炉底部的炉排排出。整个操作过程中，进料煤被不断地消耗，同时新鲜原料煤从发生炉的顶部入口补充，以维持水煤气发生炉中必要的煤层水平。

表 8-1 焦炭做原料生产的 BWG/CWG 成分典型值

成分	体积分数/%		
	BWG	CWG	水平干馏煤气
一氧化碳	40.0	30.0	13.5
氢气	51.0	31.7	51.9
甲烷	0.5	12.2	24.3
二氧化碳	5.5	3.4	2.1
氧气	0	1.2	0.4
氮气	3.0	13.1	4.4
照明成分	0	8.4	3.4
总计	100	100	100
热值/(Btu/英尺^3)	290	580	520

注：1. 生产 1000 立方英尺雾化水煤气一般需要 35 磅焦炭和 3.3 加仑油。

2. 雾化水煤气的热值为 580Btu/英尺^3，用于照明时相当于 20 个烛光功率。

洛邑发明的水煤气工艺过程的优点是显而易见的，也很巧妙地解决了系统的供热以及热的利用问题。与西门子兄弟在钢铁或玻璃制造中使用的煤气炉不同，洛邑的水煤气工艺在运行循环中生产的煤气具有更高的热值，因为它含极少量的氮气，生成的水煤气含有高浓度的氢气和一氧化碳（表8-1）。其中少量的氮气是由于系统操作过程中装置周围的空气泄漏而残留的。如果煤气炉顶部没有喷油，它产生的水煤气被叫作蓝色水煤气，因为气体在燃烧时会呈蓝色。如果蓝色水煤气中浸渍了来自喷油雾化的裂解油气，则产生的照明煤气又通常被叫作雾化水煤气，比干馏操作产生的煤气具有更强的照明能力。此外与煤气发生炉一样，洛邑的水煤气炉也是将煤炭完全转化，很容易产生大量煤气，此煤气作为替代照明气体比传统的干馏工艺更具成本效益。

更有趣的是，不论是从技术角度还是从创新的角度来看，洛邑水煤气工艺过程中的每个组件单元看起来都很熟悉，并且已经在其他的不同技术工艺里都实践过，比如水煤气发生炉和蒸汽过热器与西门子兄弟在他们的蓄热系统中发明的类似。自从丰塔纳在1780年发现将蒸汽注入赤热的煤或炭时释放出可燃气体以来，这一现象已为人所知并尝试了数十年。以前在高炉操作中已经采用的空气预热器、蒸汽锅炉、燃气洗涤器和储气罐与半个世纪前为传统煤气制造而制造的设备也没有什么不同。然而，这些事实并没有以任何方式削弱洛邑发明的价值，实际经验已经证明了这一点。洛邑将这些组件组合在一起并以独特操作方式实现了他的宏伟计划，充分地证明洛邑水煤气工艺是新颖、优秀和高效的集成。事实上，洛邑水煤气工艺通过鼓风和运行循环的操作过程是一个巧妙而又简单的设计，鼓风循环使煤床的加热既有效又高效，因此在下一个循环中，炽热的煤与蒸汽反应产生含80%～90%的氢气和一氧化碳的高质量蓝色水煤气，这几乎是纯氧作为氧化剂才能达到的效果，而空气分离技术直到19世纪末才被发明出来。蓝色水煤气的加热功率是煤气发生炉煤气的两倍以上，而且一旦与裂解油气结合，将会成为一种强大可用于照明的雾化水煤气。这种工艺设计与独特的操作理念相结合，产生了一个新颖而又引人注目的新工艺来替代传统煤气的生产，充分地展现了洛邑的独创性、动手能力和实用设计的技能。实际上，他在美国内战期间开发氢气发生器时就展示了独特的创新能力。说到这里值得一提的是当年发生的另一件相关遭遇。

当洛邑在内战开始时被任命为气球队的负责人之前，北方军实际上一直在与美国另一位航空员约翰·怀斯教授合作，而且他当时极有可能担任该职位。如果怀斯在1861年夏天的布尔朗（Bull Run）战役之前能够成功完成当时一项指定的侦察任务，结局可能会是洛邑在气球队为怀斯工作。不过，怀斯并没有得到这一职位，而是洛邑建立和领导了气球队。怀斯教授热衷于气球的飞行冒险，是美国航空领域的先驱之一。自 1835 年 5 月 2 日他在费城进行首次气球飞行以来就得到了认可（Evans，2002）。他被认为是美国为数不多的航空专家之一，并于 1850 年撰写了一篇名为"航空系统"的论文，后来于 1873 年又对其进行了更新。怀斯很早就得到了北方军队的官员，包括地形工程师的支持。为了使侦查有效，怀斯还提出要开发一种便携式氢气发生炉，用于现场服务。然而，怀斯的提议是采用传统的木炭与蒸汽反应，类似于法国军队在 1793 年采用的制气方法。为了使得这一制气工具便于携带且机动，怀斯提出了制作两个相同的 18 英寸直径的反应器，就像干馏器一样，里面都装满木炭和铁屑，然后放置在加热锅炉隔层中，下面用木炭壁炉从外部加热。这套隔层和壁炉安装在军用马车的车架上。所需的蒸汽将从放置在第二辆马车上的另一个燃木蒸汽锅炉产生，产生的蒸汽通过分流管连接到两个反应器，分流管在每个分支上都有一个截止阀以调节蒸汽流量。为了制造气体，壁炉将反应器中的木炭和铁屑加热到白热状态。同时，蒸汽锅炉也开始升温，准备产生蒸汽。一切准备就绪后，打开一根蒸汽管线，让蒸汽进入其中一个反应器。蒸汽一旦与炽热的木炭接触，就会与炭发生反应放出同样含有氢气、一氧化碳和少量二氧化碳的水煤气。当反应器中的温度降低到水煤气反应变得微不足道时，蒸汽将切换到另一个已经预热到红热状态的反应器来继续制气。在怀斯的提议中，这样的交替重复操作，就可以产生连续的水煤气来填充气球。怀斯进一步估计他的造气系统应该每小时产生 5000 立方英尺的水煤气，可在 4 小时内将一个 20000 立方英尺的气球充满。

接到怀斯的建议后，美国地形工程师队要求费城的专家莫里斯与塔斯克公司和富兰克林研究所所长兼费城煤气厂董事会主席约翰·克雷松博士审查怀斯的提议（Haydon，2000）。然而，审查结果表明如果要在 4 小时内充满气球，需要更多的反应材料。调整后的成本上升了，而且太高，以至于地形工程师不得不谢绝了怀斯的提议。

从煤制气或气化的角度来看，怀斯提出的是一种原则上在高温下工作的水煤气制造工艺技术，虽然尚未在商业规模上得到证实，但是并非不可行。因此，从技术的角度而言，要达到预期的效果不是没有可能，只是风险会很高。很简单，因为整个工艺包括间歇式水煤气反应器在内的许多技术细节都有待开发。例如内置的铁屑是否会对增加制气有价值，采用高温技术的便携式系统是否可以实现其目的，还有复杂的高温反应系统的战地维护和实用性，等等。有趣的是，怀斯提议的核心原则，即先加热木炭，然后交替将蒸汽吹到白热状态的木炭上，已经反映在洛邑发明的水煤气炉中。或许，洛邑可能知道怀斯当时提议的高温系统的使用，但实际上他选择了一个不同的方式，采用硫酸的低温化学反应原理开发以及构建他的便携式氢气发生系统。由此也证明了洛邑"在很小的时候就展现了他在应用科学上的显著才能"（Haydon，2000）。洛邑解决问题的方法和他为实用而设计的思维逻辑建立在坚实的基础上，而这种坚实的基础只能通过自身的实践经验、丰富的知识和独特的创造力来获得。毕竟当时的化学和相关的工程学都尚未建立。为了展示他的新发明，洛邑做了许多必要的开发性工作，在位于诺里斯敦南部的洛邑制造公司投资建立了一个实验设施，以研究和改进他发明的水煤气工艺系统（Auge，1879）。

洛邑水煤气工艺代表了煤制气技术的又一次飞跃，它充分地体现了煤制气的灵活性和所生产煤气的高质量。直接生产的蓝色水煤气（BWG）可用于家庭取暖和烹饪，一旦用油雾化，这种雾化水煤气（CWG）就可以成为一种极好的照明气体。更重要的是，洛邑水煤气工艺相对而言可以很容易地生产大量的水煤气BWG 或 CWG 的方法是通过应用完全不同于传统的干馏法制造煤气的新化学方法，而且能够完全地转化原料煤。尽管洛邑的专利声称他的工艺可以使用不同的煤和生物质，但是无烟煤或焦炭等高质量的煤往往更适合该水煤气工艺。后来在大多数煤气厂的应用都证实了这种情况。总之，他的设计理念整合了由比绍夫和埃贝尔曼发明的煤气炉的设计，同时还利用了西门子兄弟发明的蓄热原理，有效地对水煤气炉和过热器进行内部加热，并随后回收和利用热量来产生蒸汽和预热鼓风空气。通过鼓风和运行（blast and run）循环这种独特而又简单的方式来运行，产生高质量的水煤气。洛邑水煤气工艺新颖且高效，可提供大量优质且低成本的水煤气和照明用煤气（BWG 和 CWG）。从工程角度看，洛邑设计的水煤气炉、过热器、洗涤器和冷凝器等设备一改传统的砖体材料结构，采用了圆筒形钢板内衬耐火材料的设计，最大限度地减少了热损失，这是现代煤气化工艺的早期形式。在接下来十多年的商业化过程中，洛邑进一步改进了水煤气工艺系统，使其成为一种紧凑型的有效的煤气化工艺技术，在全球范围内得到广泛的应用。1886 年，富兰克林研究所根据特别委员会进行的广泛调查和评估，本着表彰科学和艺术领域"……为人类福祉做出最大贡献"的发明或发现的精神，向洛邑1875 年的发明颁发了银质荣誉勋章（Institute S. C.，1886）。特别委员会的调查报告提供了有关洛邑制造公司的水煤气实验厂的一些有趣的细节和见解：

> "它（水煤气实验厂）包括一个水煤气厂，生产蓝色水煤气（BWG）用的一整套系统，容量为每小时 5000 立方英尺。在该公司的三个展厅中，非常有吸引力地展示了蓝色水煤气在家庭照明和供暖中的适用性。它的展示包括普通形式的开放式壁炉，适用于特殊白炽灯照明系统（洛邑发明）的各种形式的灯具，几种形式的组合加热、照明和通风设备等。"

洛邑的想法很简单，他想向观众和参观者展示他的蓝色水煤气技术，它是如何工作的以及如何将蓝色水煤气用于各种不同的使用目的。与传统的煤气一样，蓝色水煤气可以通过铺设在地下的管道方便地分配，并连接到展厅、住宅和商业建筑中用于照明、取暖、烹饪、烘烤甚至用作燃气发动机的燃料。当然，重要的是，水煤气实验厂将为他提供技术信息，以了解水煤气炉内部发生的化学现象和工艺系统，从而指导他改进、设计和运营未来的项目。当然，展厅也会帮助他做销售工作，这是一个有目的和周到的安排。很显然，洛邑知道客户的重要性以及吸引他们的方法，这可能源于他以前的热气球表演业务方面的经验。此外，水煤气实验厂还配备了演讲室和实验室（Auge，1879）。在开发技术的同时，洛邑还利用演讲室作为平台，通过介绍他的水煤气技术、相关的改进及其应用情况来娱乐、吸引国内外的观众和访客。洛邑做了他需要做的一切，那就是抓住一切机会，说服他的观众、参观者、客户和合作伙伴选择他的水煤气生产工艺技术，以打开这一新颖技术的市场。

洛邑的早期商业活动受益于北美廉价的石油，例如包括汽油和石脑油在内的轻油，这些轻油通常具有高挥发性并且很容易固定在蓝色水煤气中用来生产照明用的雾化水煤气。尽管蓝色水煤气也可用于照明，但必须使用特殊的灯具，像洛邑发明的那种专门设计的白炽灯照明设备，这需要传统煤气输送网络中的现有客户升级其照明以及相关的设备，无疑会产生额外的成本。此外，将水煤气分配到任何距离的管网基础设施将是另一个需要时间开发的业务。很显然，要在这样一个市场里直接销售蓝色水煤气，还有相当多的困难要克服。为了打破僵局，以便尽快地销售他的技术，洛邑采用当时市场上便宜的轻油或石脑油来雾化蓝色水煤气，这样可以容易地得到照明用煤气。如图 8-4 所示，采用进入水煤气炉以雾化蓝色水煤气而不使用裂化油气的方式作为生产照明用煤气的替代方法。这样，就可以很方便地生产一种与传统煤气相比具有竞争力的照明气体，后来实验证明了洛邑的成功，接下来则伴随着快速地被客户采用。实际上，这种雾化水煤气还可以通过更简单的过程使蓝色水煤气通过轻质油（例如汽油）浸渍来制备。在汽车发明之前，从原油生产煤油之后残留的轻油和石脑油价格低廉，价值不大。当蓝色水煤气鼓泡通过易挥发的轻质油时，汽油蒸气会与蓝色水煤气很容易地混合并"固定"在其中以用于照明。然而好景不长，随着 19 世纪 90 年代对原油需求增加和供应有限，石油市场发生了变化。当戴姆勒和迈巴赫在 1890 年发明了他们的第一辆汽油车之后，机动车市场开始了迅速地发展。轻油馏分也随之开始变得昂贵，很快就不适合用于制造雾化水煤气了。洛邑必须适应石油市场的这种转变，寻找新的方法降低生产雾化水煤气的成本。开始的时候，洛邑先利用石脑油，石脑油价格涨高后又利用廉价的重油来生产雾化水煤气。随着进料性质的变化，水煤气生产系统也就变得越来越复杂。

为了适应原油市场的变化而采用石脑油或者重油后，洛邑以及后继者不得不对以前的设计和工艺进行必要的改变，以解决利用石脑油或重油裂解所需要的苛刻条件，即高温和较长的停留时间。这样才能充分裂解石脑油或重油达到将其"固定"在蓝色水煤气里的目的。到 1890 年，洛邑的雾化水煤气（CWG）工艺流程已经发展成较为成熟的设计，水煤气炉后配置双过热器，一个用于石油裂化或气化，另一个用于使生成的雾化气体过热，以便使裂化的碳氢化合物永久"固定"到蓝色水煤气中以制造雾化水煤气，用于照明。洛邑水煤气工艺的运行循环操作也得到进一步的优化，更新为上吹-下吹-上吹（up-down-up）的操作方式，提高了制气效率。到此时，洛邑的雾化水煤气工艺已经被广泛地采用。图 8-5 所示的设计是当时市场上较为常用的设计之一，包括一台水煤气炉、一个油雾化器、一个过热器和两个余热锅炉。其中，一个余热锅炉用于预热鼓风，另一个用于产生所需的工艺蒸汽（Lowe System，1915）。

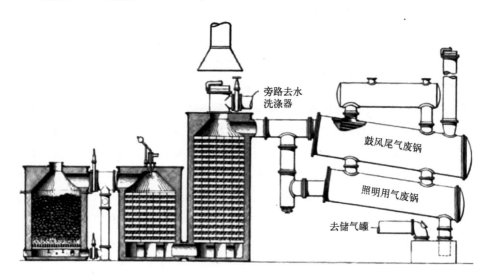

旁路去水洗涤器

鼓风尾气废锅

照明用气废锅

去储气罐

图 8-5　现代洛邑雾化水煤气（CWG）工艺

第三节　洛邑水煤气工艺的商业化

尽管洛邑的专利声称他发明的蓝色水煤气可用于加热和照明，但现实是他必须通过石油裂解来制造雾化水煤气。这样，他或他的客户可以很容易地将雾化水煤气混合到现有的煤气配送网络，否则要打入该市场的难度将会非常大。从 1874 年，洛邑在宾夕法尼亚州的凤凰城、康舍霍肯和哥伦比亚投资和建造雾化水煤气厂以销售照明气体。它们的运行良好，为后续的快速增长打下了坚实的基础。到 1879 年，已有 30 多个城镇采用洛邑雾化水煤气工艺生产照明气体，为大约 100 万人提供照明。采用洛邑雾化水煤气工艺的城镇延伸至宾夕法尼亚州的兰开斯特、哈里斯堡、斯克兰顿，马里兰州的巴尔的摩，印第安纳州的印第安纳波利斯，纽约州的罗切斯特、尤蒂卡，科霍斯和福特普莱恩，加拿大的金斯敦和多伦多等城市（Auge，1879）。比如，当洛邑雾化水煤气工艺于 1879 年 2 月在多伦多消费者煤气厂（Toronto Consumers' Gas Works）首次亮相的时候，两台雾化水煤气炉每天生产 75000 立方英尺雾化水煤气。多伦多消费者煤气厂于 1848 年根据多伦多当局制定的章程成立。为了应对来自新兴电力照明的竞争，多伦多消费者煤气厂在 1877—1888 年间对洛邑水煤气工艺进行了大量的尽职调查，还访问了加拿大和美国许多运行该工艺的煤气厂。由此得出的结论是，洛邑水煤气工艺是一项有利于其运营的可靠技术。于是，多伦多消费者煤气厂与洛邑制造公司签署了合同，购买雾化水煤气工艺技术特许权利来生产雾化水煤气，以提高其现有煤气厂的商业效率。在早期阶段，煤气厂只安装了两套洛邑雾化水煤气发生炉系统（气化炉、过热器、锅炉、洗涤器和冷凝器），使用来自干馏操作的焦炭作原料。在接下来的几年中又增加了多套装置。

随着洛邑雾化水煤气工艺被越来越多地采用，各种遵循相同原理的工艺，即通过蒸汽与碳反应释放出氢气和一氧化碳，也开始逐渐进入市场、参与竞争。到 1886 年，大约有 144 家煤气厂在生产雾化水煤气。这些工厂分布在美国的 32 个州、加拿大和古巴。在各州的煤气厂数量中，宾夕法尼亚州有 33 家，其次是纽约州有 25 家，新泽西州有 10 家，伊利诺伊州有 7 家，马萨诸塞州有 6 家。在运行的工厂中，采用洛邑雾化水煤气工艺的工厂占绝大多数，有 96 家，此外还有 26 家工厂采用的是格兰杰工艺（Granger process）。格兰杰工艺是在洛邑雾化水煤气工艺的基础上开发的许多技术之一。很明显，大部分煤气厂都集中在美国沿海的东北部各州，反映了该地区工业和经济高度发展的状况。

与英国市场不同，自 1859 年发现石油后，美国有方便可用的石油，这就是为什么雾化水煤气的制造在 19 世纪 80 年代末之前几乎是一种美国现象。不过，市场也接受并认同了雾化水煤气，认识到了其优越的质量和成本效益。随着对煤气的需求持续增长，越来越多的雾化水煤气工艺系统被应用到更多的煤气厂中，以取代传统的干馏工艺。

为了有效地满足不断增长的市场需求，洛邑从一开始就采用了技术许可商业模式。在这种模式下，被许可方（客户）同意向许可方（技术提供商）支付费用，以换取许可方专有技术的使用权来实现自身煤气业务或项目的目标。技术许可费用的构成有多种方式，可以是一次性付款，或基于实际运营过程中的生产情况定期付费，或者采用前两种方式的结合。作为回报，许可方根据许可方和被许可方商定的条件提供技术性能的保证。此外，许可方还可以提供与许可技术相关的其他产品或服务。洛邑向他的被许可方收取的特许权使用费是基于每生产一千立方英尺 BWG 或 CWG 水煤气的单价和生产的煤气总量，收费在双方商定的期限内有效。此外，洛邑还通过费城的史帝文斯公司（S. Stevens & Co.）、纽约的格兰杰（Granger & Co.）和皮尔森兄弟（Pierson Bros.）公司等代理营销他的水煤气或雾化水煤气工艺技术，来开发和建造洛邑水煤气工艺项目。通过这些代理商的活动，在美国各地建造了更多的洛邑水煤气厂。通过许可证中的技术返还条款，洛邑的确受益于代理商对设计所做的改进或从许多运营工厂获得的改进信息，从而可以不断地完善他的水煤气工艺技术。这种商业模式似乎对洛邑的技术许可业务很有效，因为煤制气系统已经变得很复杂，要开发和建造水煤气设施，除了水煤气生产之外，通常还需要额外专业领域的知识和能力。这些机构带来了他们在设备制造、材料选择、下游水气处理、工艺、公用设施要求和工厂平衡方面的专业知识，这对任何项目的成功都很重要。同时，这些代理机构也非常了解各自的市场和可用资源，这为洛邑水煤气工艺的销售做出了贡献。这样做的另一好处是，作为许可方的洛邑可以专注于煤制气技术和相关工艺，以保持其技术的敏锐和先进，满足不断变化的市场条件和需求。很快，洛邑水煤气工艺成为煤气市场的主导技术。当然任何事情都有它的两面性，洛邑的技术许可商业模式也存在潜在的弊端。一些代理商在获得更多经验后也对洛邑流程进行了许多设计变更和改进。还有的代理商申请了专利，最终形成了自己的品牌。例如格兰杰公司获得专利的格兰杰工艺就是其中一个例子。洛邑似乎深知这一弊端，大约在 1884 年，洛邑将他的水煤气工艺技术，包括 BWG 和 CWG 的专利权及相关业务卖给了联合改进公司（United Improvement Co.），这就是今天熟知的 UGI 公司的前身。然后，洛邑于 1887 年举家迁往加利福尼亚州的帕萨迪纳，在那里继续他对煤制气技术开发兴趣的同时，又开始在银行业，及以观光为目的的铁路、酒店和天文台等项目寻求投资的机会，促进当地的经济。其中洛邑投资建设的一条铁路被称为洛邑山观光铁路，保留至今，于 1993 年 1 月被收入国家历史名胜名录。遗憾的是，这些努力非但没有为洛邑赚到任何钱，反而耗尽了他所有的积蓄，让他直到在 80 岁去世的时候都一直处于贫困之中。

第四节　UGI 气化炉

UGI 成立于 1882 年，总部位于费城，是一家拥有和经营天然气与电力公用事业的控股公司。它是美国第一家公共燃气公用事业公司，涉及煤气制造、设备租赁和分销业务。UGI 还参与制造、销售和安装与洛邑水煤气工艺相关的设备

（UGI Corp History）。在收购洛邑水煤气技术一年后，UGI 开始整合当时市场上用于生产水煤气的相关工艺，包括格兰杰工艺。很快，UGI 利用水煤气技术逐步淘汰了其现有的煤制气干馏装置，同时增加额外的产能以满足日益增长的煤气需求，进而成为美国快速增长的煤气市场的主导者。1897 年，UGI 与费城签订合同，负责运营和管理费城煤气厂，这是该市自 1841 年以来控制的美国最大的煤气厂。借助技术、经验上的优势，UGI 继续改进设备制造、安装和生产过程中的水煤气工艺操作等。图 8-5 所示的是当时广泛使用的设计之一，用于水煤气的生产。UGI 对水煤气工艺的改进还包括更新的循环运行操作程序和改进的水煤气炉内的三层耐火材料设计等。值得注意的是，水煤气炉的耐磨内层、绝缘支撑中间层和保温膨胀外层的三层耐火材料设计后来一直被广泛地应用，包括在当今的许多气流床气化技术工艺中采用。只不过现今采用的耐火材料本身的质量以及生产过程已经有了相当大的改进，被开发用于更加苛刻的气化环境。在第一次世界大战后的 1919 年，水煤气工艺提供了美国市场制造的煤气总量的 60%，包括煤气、雾化水煤气、焦炉煤气和油气。这些气体通过配送系统送至终端客户用于照明、取暖和烹饪等。随后由于第二次世界大战末期能源短缺，水煤气工艺又达到了另一个运行高峰期。到 1950 年左右，水煤气工艺几乎完全替代了在美国生产煤气的干馏操作。例如，费城煤气厂供应了城市范围内 90% 的煤气，分配给其五十万客户使用。到 20 世纪 40 年代主要是雾化水煤气。随后，在让位于快速增长的天然气之前，水煤气工艺一直持续到 60 年代（Committee，1945）。

当美国用更多的雾化水煤气升级替代其传统的干馏煤气产能时，大西洋的另一边似乎并不急于采用洛邑水煤气工艺。直到 1889 年，GLCC 才考虑从 UGI 获得技术使用许可证，在其贝克顿煤气厂（当时欧洲最大的煤气厂）建设了每天生产 140000 立方英尺的洛邑水煤气装置。当时的英国没有更早地引进水煤气气化技术似乎有很多可能的原因。其中显而易见的原因很可能是英国的石油与美国市场不同，供应有限，而且依赖从美国等国家进口，价格高，这会显著影响雾化水煤气的成本。在 1887 年举行的土木工程师学会年会上，公认的煤气工程师 Corbet Woodall（后在 1906 年至 1916 年期间担任 GLCC 总负责人）就洛邑水煤气工艺的好处发表了这样的阐述：

"在煤气的制造中附带的优点（洛邑水煤气工艺相对于煤气制造干馏器）包括给定产量的工厂成本小、劳动强度小以及雇用人数的减少，工厂在启动后的三个小时内就可以达到满负荷操作运行。最后，原料焦炭的价格更优惠。"

　　显然，洛邑水煤气工艺与西门子兄弟的煤气发生炉工艺具有相同的优势。洛邑水煤气工艺的劳动强度小、占地面积小，并且能够大量生产水煤气，可以很容易地帮助煤气厂满足高峰时段的用气需求。当洛邑水煤气工艺应用于煤气厂时，利用来自干馏操作的大部分可用焦炭作原料是另一个优势。

　　为了协助贝克顿煤气厂建设的洛邑水煤气工艺的启动，UGI 派遣其总工程师亚瑟·格雷厄姆·格拉斯哥（Arthur Graham Glasgow，1865—1955）到现场监督调试、开车等活动。洛邑水煤气工艺于 1890 年投入生产，很快进入了商业运营。不久之后，洛邑水煤气工艺也迅速部署在当地的许多其他煤气厂，如温莎煤气厂和提普敦（Tipton）煤气厂等。由于在英国，当时传统的干馏工艺还是生产煤气的主流，生产的水煤气主要用于在高峰时段与煤气混合，在储气罐中富集煤气然后进入煤气管网。到 1897 年，这种水煤气工艺已经制造了 5000 万立方英尺的水煤气，约占英国国内公共照明和供暖用煤气总容量的 8%（Woodall，1897）。在美国和英国以外的地区对洛邑水煤气工艺的需求也是日益强劲。接下来，洛邑水煤气工艺很快推向了全球的许多国家和地区。

　　作为一家公用事业煤气公司，UGI 的市场重点可能仅限于其美国境内的客户。为了抓住海外机会，UGI 的总工程师格拉斯哥和同事亚历山大·克龙比·汉弗莱斯（Alexander Crombie Humphreys，1851—1927）二人于 1892 年合作成立了 Humphreys & Glasgow（H&G）公司，并在伦敦和纽约市设有办事处，来开发海外业务。格拉斯哥于 1885 年毕业于史蒂文斯理工学院，汉弗莱斯也在四年前从同一所学院毕业。虽然格拉斯哥和汉弗莱斯都在 1885 年加入了 UGI，但汉弗莱斯当时已经是一位经验丰富的煤气工程师，他以建筑总监的身份加入了 UGI，很快成为承包和采购部门的总监和总工程师。汉弗莱斯在洛邑水煤气工艺改进的设计方面发挥了关键作用。根据与 UGI 的分许可协议，二人可以在美国以外的市场开发、设计、制造和建立 UGI 水煤气厂。此时，格拉斯哥也成为一名经验丰富的水煤气技术工艺工程师。在他们分别于瑞典的哥本哈根和北爱尔兰的贝尔法斯特签署了早期 UGI 水煤气工艺项目合同后，其他地区的海外业务也迅速发展。在 1904 年的广告中，H&G 公司的名字以粗体字出现在广告页面上部，下一行是小字体的 UGI，H&G 在伦敦和纽约的办公地址与 UGI 在费城的办公地址位于下方并排。在广告页面中间，三个长长的粗体数字展现了他们在全球范围内开发水煤气工艺技术项目的总煤气量的商业成就（图 8-6）。

　　广告中的数字代表着水煤气工艺市场的显著增长。这种趋势在接下来的十年里也在持续，全球开发的水煤气产量的部署几乎翻了一番。到 1913 年第一次世界大战开始时，H&G 向 UGI 的雾化水煤气业务贡献了 480 多台水煤气设备。这些工厂几乎遍布欧洲、远东和亚太地区的每个角落，但是相比北美市场还是有

H&G伦敦	145680000	英尺³/天
美国 UGI Co.	376320000	英尺³/天
总计	522000000	英尺³/天

图 8-6 1904 年 H&G 的商业广告

点微不足道。1903 年至 1921 年，美国本土市场的雾化水煤气需求为水煤气工艺技术提供了更快的增长速度，平均是美国以外市场的 2.7 倍（图 8-7）。H&G 声称，就总体市场而言，1914 年 H&G 与 UGI 一起建造的雾化水煤气产能合计占全球总产能的 85％。

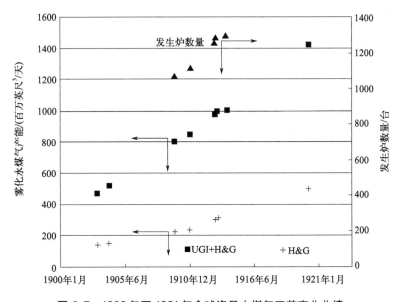

图 8-7 1903 年至 1921 年全球洛邑水煤气工艺商业业绩

H&G 在 1900 年初进入上海。公司 1909 年的商业业绩显示，在上海出售了三套水煤气设备，总煤气产量为 210 万立方英尺每天，这些设备很可能是上海煤气公司所有。因为在日本占领军于 1938 年在上海煤气公司煤气厂以北几英里处的吴淞区建造副产品焦炉厂之前，上海煤气公司是唯一的煤气运营商。自从使用水煤气工艺以来，在提高煤制气质量和满足日益增长的煤制气需求的同时，还帮助上海燃气公司降低了煤气的生产成本。但是，有关这段时间包括技术升级在内的煤制气信息很匮乏，是非常粗略和不一致的。将这些信息放在一起来做一个估算，希望能够重现一下当年煤制气的全部状况，尤其是围绕煤制气技术改造的情况。早在 1881 年，为了更好地与新兴的电力照明竞争，上海煤气公司就大幅削减了煤气价格，同时制定了一项计划来提高煤气质量并增加储存容量。更多的存储容量也有助于平衡煤气的成分波动。但是这项计划一直到大约 1900 年才真正开始实施。将 11 组 5 瓶干馏室中的两组更换为三组综合蓄热式卧式 5 瓶干馏室以后，生产的煤气总量提高到 19800 立方米每天。根据《上海市志》和其他消息来源，其余的旧干馏室可能在 1904 年左右被更换。假设新的 11 组 5 瓶干馏室具有类似的产能，增加的煤气容量将达到每天约 33300 立方米或每天略低于 120 万立方英尺。巧合的是，1905 年在西藏中路建造了一个新的储气罐来存储新增加的煤气产能。次年又建造了一个总计 58000 立方米（210 万立方英尺）的额外储存空间。很可能这额外的空间是为这段时间在原厂址尼城邦路（今西藏中路）建成的三台水煤气工艺装置准备的，生产总计 210 万立方英尺的雾化水煤气，远远高于现有的通过干馏工艺生产的煤气总量。如果这三套装置满负荷运行，在进入城市街道下的输配管之前，生产的雾化水煤气混入干馏操作产生的煤气中，以提高煤气的质量和总量。在这种情况下，新的储罐很可能能够处理来自干馏操作增加的煤气以及一些雾化水煤气的混合气。但是，为什么有关雾化水煤气生产的信息没有被记录？一种可能的解释是，雾化水煤气用于提高煤气质量的意义可能在翻译中被误解了。被混合到煤气中的雾化水煤气的中文翻译是"增热水煤气"，可能被误解为"添加的气体只是为了用以提高煤气的热值"。因此，不知不觉，雾化水煤气作为一种优质、低成本、易大量生产的照明煤气的价值可能被埋没在这"增热水煤气"当中，仅仅用来"增热"而不是当作煤气来理解。这也许是缺乏关于蓝色水煤气或雾化水煤气工艺过程的了解所导致的。当然，相关的记录和文件也可能是在随后的战争中丢失的。不过，这里的关键是，不论是蓝色水煤气还是雾化水煤气，都已经成为上海煤气供应的重要组成部分，以满足上海乃至全国快速发展的煤气工业。

上海燃气公司采用的煤制气工艺随着煤制气市场的发展而不断改善、进步。1910 年，在时隔三十年公司开始推广煤气入户的时候，煤制气价格定为 0.14 银圆每立方米。1912 年，煤气已扩展进入到金属冶炼、橡胶轮胎制造和家庭热水供应等领域，并以每年 11% 的速度快速增长。上海燃气公司似乎在其煤制气业务中一直使用进口煤炭。第一次世界大战爆发时，进口煤炭价格从每吨煤 5.5 银圆飙升了三倍半，大大增加了煤制气的成本。迫于成本上升的巨大压力，公司不得不两次提高煤气价格以维持业务。1920 年，立式干馏炉被引入上海，最终取代了原来的所有卧式干馏炉。正是在这段时间里，上海燃气公司掌握了多项煤制气技术，确定了立式干馏技术与水煤气技术混合使用制取煤气的最佳途径，为上海未来的杨树浦煤气厂的煤气制造发展提供了蓝图。

第五节　立式干馏炉、发生炉煤气和水煤气

　　1865 年美国内战的结束和 1871 年德意志帝国的统一开启了全球又一轮经济和社会发展时期。人口增长和工业活动的增加推动了城镇的进一步扩张，这反过来又需要更多的煤气，不仅用于照明，还越来越多地用于取暖、烹饪和新兴工业。从技术角度来说，直到 1900 年，仍在运行的干馏煤制气技术，与默多克一个世纪前发明的技术还是基本相同。尽管使用集成蓄热系统等燃气燃烧技术来改造、升级传统的干馏技术显著地降低了燃料消耗，也提高了煤制气过程的效率，但这并没有改变干馏操作的基本原理。无论是水平干馏器还是倾斜干馏器，它仍然是一项劳动密集型操作，需要定期装载煤和卸载生成的大量焦炭。为了满足日益增长的煤气需求，现有的煤气厂除了增加更多的干馏室外别无选择。问题是建设干馏室需要空间，而许多现有的煤气厂再没有可用空间。半个世纪前这些煤气厂原本建在城市的边缘，如今已成为城市的中心。这迫使许多煤气公司搬迁，或开发新的煤气技术以满足日益增长的煤气需求。例如 GLCC 于 1868 年将其彼得街煤气厂重新在贝克顿扩建。贝克顿有一个很大的空间，坐落在泰晤士河边，位于彼得街煤气厂以东约 11 英里处。在美国，费城煤气厂也不得不将其在市场街（Market Street）的煤气制造业务扩展到 Point Breeze 站点。上海煤气公司也不得不将其煤气厂于 1932 年迁至杨树浦，这是一个更大的场地，用于布置新设备以扩大煤气的生产规模。还有更多类似的煤气厂都经历了相似的过程。经过几轮改动之后，似乎任何进一步的改动都变得难以实现，更不用说扩容了。煤制气行业需要一种根本不同的技术，即占用更少的土地面积并以低成本从煤中生产更多的煤气。尽管许多工程师和化学家尝试了许多方法来提高煤气生产率，例如在干馏循环结束时将蒸汽注入热焦或让新产生的煤气通过热焦以裂解出更多的永久性气体，但这些努力基本上都是杯水车薪，从根本上改变不了煤制气的技术现状。这种困境一直持续到 20 世纪初发明了立式干馏技术。

　　连续式或间歇式立式干馏技术是 1900 年初为解决水平或倾斜干馏作业所面临的劳动强度大、分散性和气体质量差等挑战而开发的技术。不同于在水平干馏操作中所做的那样，在立式干馏作业中，干馏煤通过斗式输送机在干馏器顶部加入，这样借助重力煤就可以被加入干馏炉，生成的焦炭从底部出来，可以节省繁重的劳动。与集成蓄热式卧式干馏系统一样，立式干馏系统也使用煤气发生炉煤气加热干馏室的整个区域，煤在向下移动时被加热然后被干馏或碳化而释放煤气。如此收集的煤气将具有相对稳定的气体成分，因为所有煤颗粒在干馏室内向下移动时都经受相同的温度。更重要的是，这是一个连续操作生产煤气的工艺。

只不过这种设计的缺点是它没有改变每个干馏器的外部加热方式。因此，与任何其他干馏操作一样，炉内的煤炭被加热到所需的温度需要很长的时间，煤制气的灵活性还是相对较低，但这仍是一个先进的技术。W-D（Woodall-Duckham）设计和 G-W（Glover-West）设计是连续立式干馏技术的两个代表，自从进入市场用于煤制气并最终在第一次世界大战前后逐步淘汰水平干馏系统以来获得了广泛采用。同时，立式干馏技术一般与水煤气技术相互配合，相辅相成。水煤气工艺操作迅速，产气量和水煤气成分可以很容易地上下调整，来配合立式干馏工艺生产煤气以响应调峰时段的煤气需求。20 世纪 20 年代，这两种技术在上海找到了最佳组合，从而满足了日益增长和不断变化的市场对煤气的需求。上海燃气公司的做法很简单，在夏季，用生产蓝色水煤气作为立式干馏工艺生产的煤气的补充，以满足照明以外的更多需求。当照明气体需求增加时特别是在冬季或高峰时间，将油注入蓝色水煤气中以制造更多的雾化水煤气，然后将其混合到煤气中以维持所需的照明功率和煤气量。这里的用心是显而易见的，无论是轻油还是重油，在上海也都非常昂贵且不易获得，这就是在必要时才制造雾化水煤气的原因。这一经验随后被应用到杨树浦煤气厂的设计、建造和运营中。1934年 2 月 8 日，杨树浦煤气厂建成投产，日产煤气 11.3 万立方米（Gas Making Technology，2022）。

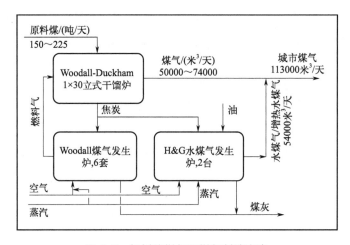

图 8-8　杨树浦煤气厂煤气制造方案

1931 年，上海煤气公司在黄浦江边的杨树浦买下一块地，与西藏中路 9876平方米的原厂用地相比，杨树浦用地面积更大，达到 22000 平方米，为公司提供了足够的扩展空间。新规划显然要求采用立式干馏技术、水煤气发生炉和煤气发生炉的一体化解决方案。这些技术将通过集成使其在优化煤气的生产以满足上海的煤气需求上协同合作、相互补充（图 8-8）。伦敦 W-D（Woodall-Duckham）

公司为其提供一套配备有 30 个干馏室的立式干馏设备和 6 套煤气发生炉。煤气发生炉使用的燃料是从立式干馏炉排出的部分焦炭，用来制造燃气，然后将燃气用于提供加热立式干馏炉运行所需的热量。H&G 提供了 2 套相同的雾化水煤气发生炉系统，根据实际需要，也利用立式干馏炉排出的焦炭做原料生产蓝色水煤气或雾化水煤气。这样做会使从立式干馏炉底部出来的焦炭内部消耗最大化，来生产所需的燃料气和水煤气。水煤气发生炉系统在正常运行期间最多可生产 54000 立方米的蓝色水煤气，其热值为 300Btu 每立方英尺。在冬季或需要高热值煤气的时间可以生产热值 400Btu 每立方英尺的雾化水煤气，作为煤气混合气来使用。W-D 立式干馏炉系统每天消耗 150～250 吨煤，提供 54000～74000 立方米的高热值煤气用于混合。取决于其操作条件，立式干馏炉制作的煤气可具有 450Btu 每立方英尺或更高的热值。正常情况下，全厂每天生产销售 113000 立方米的城市燃气。在特殊情况下，当优先考虑生产煤气的产量时，混合后供热煤气的热值可能低一些，否则应当优先保障供气的高热值，城市煤气的热值通常维持在 360～426Btu 每立方英尺之间。此外，整体工艺的另一协同原则是，销售的煤气尽可能多地直接混合蓝色水煤气，因为蓝色水煤气的制造成本更低，并且可以通过调低或调高操作来方便地调整其产气量。杨树浦煤气厂达到稳定运行后，原煤气厂一个月后停产。新厂生产的煤气连接至原址的储气罐，此外还有两个新安装的储气罐可额外容纳 76000 立方米或 265 万立方英尺的煤气。到 1935 年 11 月，尽管上海已将街道煤气灯完全更换为电灯，但城市煤气业务仍在继续增长，它的煤气配送管道已达到 210 英里。

上海燃气公司在杨树浦煤气厂取得的成功，离不开其多年来积累的大量煤制气及相关技术的实践经验。这种不同技术的综合应用，在当时同样具有开创性，是工艺工程中另一个最佳实践的典范。该集成解决方案显然在煤制气方面实现了飞跃，它吸收了当时所有可用的最佳技术，包括立式干馏炉、煤气发生炉和水煤气炉等，彻底摆脱了具有 140 年历史的间歇式、小规模、劳动密集型的干馏煤制气系统。该解决方案完美地满足了当地市场的煤气需求，充分利用先进的立式干馏系统大容量制造高热值煤气，同时尽可能地利用具有成本效益的蓝色水煤气。必要时再经过雾化处理蓝色水煤气以制取高热值的雾化水煤气。从技术上讲，上海燃气公司在杨树浦煤气厂实施的技术方案可能不是第一个，但肯定是早期独特的、创造性的、适合上海本地市场的出色综合性工程之一。此外，它也证实了现代实践中的一个经验法则或工程原理，即在涉及煤炭利用时，通常需要一个综合解决方案。在煤气化方面，人们往往都希望有一种简单的煤制气方法。到 1934 年煤制气已有 140 年历史，再加上后来 90 年的经验和教训表明，要取得煤制气项目的成功，相关技术的选择很重要。一方面，要先了解煤的性质，因为煤的性质非常广泛，含有各种各样的矿物氧化物形式和杂质；另一方面，要清楚需要生产的产品和市场上可采用的技术。以上海燃气公司为例，要制造 426Btu 每立方英尺的城市煤气，可能必须在与空气隔绝的情况下从煤中干馏生产高于 450Btu 每立方英尺的碳氢化合物气体，这在立式干馏炉中可以得到很好地实现。然后，立式干馏炉排出的焦炭作为煤气发生炉和水煤气发生炉的原料分别生产发生炉煤气和水煤气。发生炉煤气用于加热立式干馏炉，而水煤气或雾化水煤气则作为混合煤气灵活地使用，将其与高热值煤气混合可以制造低成本又能满足热值要求的城镇煤气。这是一项出色的技术集成，不仅是当时完美的解决方案，而且对未来也具有长久的启发性。

第九章
化肥和煤气制造

早在 1640 年赫尔蒙特的生长树实验之前，在农作物种植中使用人类和动物的粪便就已经开始在埃及、中国和印度等文明古国中实践了。然而，直到德国化学家伽斯特斯·冯·李比希出版《有机化学在农业和生理学中的应用》（*Die organische Chemie in ihrer Anwendung auf Agricultur und Physiologie*）一书之前，关于肥料的知识是有限的，其背后的化学作为系统性共享的知识更是无从谈起，根本不存在。李比希在他的书中首次提出了自然资源能量和营养物对农作物生长的作用和差异，他还进一步解释了氮在作物生长中的作用：

> "我们可以为植物提供碳酸气以及它可能需要的所有材料，也可以向它提供最丰富的腐殖质，但除非也给予它氮，否则它不会完全发育；会形成一种植物，但不会产生谷物，会产生糖和淀粉，但不会产生麸质。"

氮作为最关键的成分，对作物或植物在不同时间和部位的发育过程中有调节能量流动以及形成蛋白质的功能。李比希的工作意义重大，因为它从根本上确立了农业化肥"最少量法则"的基础，使李比希成为化肥工业之父，从而为现代农业铺平了道路。"最少量法则"的实践彻底改变了农业的操作方式，极大地提高了农耕生产力，自那以后化肥一直支撑着全球快速增长的人口需要。李比希的《有机化学在农业和生理学中的应用》一书很快被翻译成多种语言，如英文和法文。受李比希著作的启发，约翰·劳斯（John Lawes，1814—1900），英国企业家和农学家，在他的农田上进行了有关肥料制作的广泛实验。1842 年，劳斯申请了制造石灰过磷酸钙的专利，这是一种将动物的骨头和动物的角类溶解在硫酸中而形成的富含磷的肥料，又称超级磷肥。随后，他在位于伦敦西北约 30 英里的赫特福德郡的卢瑟慕斯德（Rothamsted）庄园建立了最早的工厂，生产用于销售的超级磷肥。1843 年，劳斯聘请了李比希在吉森大学的学生，化学家亨利·吉尔伯特（Henry Gilbert，1817—1901）来帮助他继续研究、发展超级磷肥业务（Brock，1993）。大约在同一时间，许多其他的小工厂、作坊也相继成立，从动物皮革和草皮中提取氮肥。化肥对农作物的重要性也变得广为人知。1840 年，南美洲一种重要的富含氮的天然资源作为农业肥料的价值突然被发现了。它是富含氮的鸟粪，在秘鲁海岸堆积了数千年，这种肥料滋养了古老的印加文明几个世纪。除了含有氮，这种鸟粪还含有对植物生长也很重要的磷和钾。这一发现使秘鲁立即成为世界主要的肥料供应国。英国及其他欧洲国家和美国等从秘鲁进口了大量的鸟粪以满足其不断增长的农业对肥料的需求。此外，这种鸟粪还是用于制造炸药的原料。到 19 世纪 50 年代早期，英国从秘鲁大约进口了 20 万吨的鸟粪，美国进口了约 76 万吨。为了保证这种重要的天然资源，美国还于

1856 年颁布了"鸟粪岛法案"。该法案旨在鼓励其公民到太平洋沿岸以及加勒比地区自由寻找开发未被认领的、拥有这种鸟粪的岛屿，为美国提供更多的资源。中途岛就是当时开发的众多岛屿之一。就秘鲁而言，自 1840 年以来的三十年间共开采了约 1200 万吨鸟粪（The Great Peruvian Guano Bonanza：Rise，Fall，and Legacy）。然而，这种快速挖掘和利用导致资源很快就枯竭了。

关于氮肥的其他来源，当时几乎没有其他的选择。尽管煤气厂的工程师和管理人员从煤气制造早期就已经意识到氨液的形成，形成的氨液位于焦油池中的煤焦油表面，通常含有百分之几的氨。但似乎很少有人知道将所含的氨与其作为肥料的潜在用途联系起来。相反，人们认为氨液是一种废物流，会散发出强烈的刺激性气味。当不再允许简单地将含有氨液的废物流排放到附近的河流或小溪中的时候，则需要对其进行相应的处理。到 1810 年，正如阿库姆在他的论文中指出的那样，在煤制气早期，一些工厂开始使用氨液来制造主要用于医药的碳酸铵或氨氯化物（氯化铵）等化学品。当时这样的化学品制造过程绝对是一项非常繁琐的操作，因此最终的化学品对于施肥来说太昂贵了（Accum，1819）。随着时间的推移，煤气业务对氨水及其加工有了更多的了解和经验，例如，使用英格兰东北部的纽卡斯尔产的黏结煤往往会产生具有浓烈气味的液体，这意味着它含有高浓度的氨，而不黏结的煤会产生气味较淡的液体。根据当时的煤制气操作经验，一车（chaldron）的纽卡斯尔黏结煤（5264 磅）产生约 180～220 磅的浓氨液。一加仑浓氨液需要 15～16 盎司相对密度为 1.84 的硫酸才能中和，而一加仑非黏结煤制成的淡氨液体需要 8～10 盎司的硫酸来中和。很明显，黏结煤比非黏结煤多释放出大约 50％的氨。硫酸铵的化学性质在当时已经为人所知，它也可以用作肥料。但是，硫酸作为最重要的化学品，价格太高，可能使用它来回收氨以制造硫酸铵肥料的可能性几乎没有。小克莱格在 1841 年提到了一个直接用氨水做肥料的例子。位于苏格兰的基里缪尔煤气厂的经理沃森先生尝试着将氨液直接洒在工厂附近的一块草地上，结果发现，跟被施用其他肥料的草地相比，新割的草坪的草在洒上氨液后长得更快（Samuel Clegg，1841）。总体而言，煤气厂生产的氨液直到几十年后才被开发当作肥料，无论是直接作为液体还是通过与硫酸反应作为硫酸铵。同样，GLCC 从 1820 年开始在彼得街和布里克巷的煤气厂通过建造副产品蒸馏的工艺设备来生产铵盐，例如硫酸铵，从而开始研究这种废液的利用。在接下来的几十年里，这种努力断断续续地持续着，包括氨液和硫酸铵在内的这些副产品一直作为廉价肥料出售给农民。这样的做法大约一直到 19 世纪 70 年代。GLCC 于 1879 年开始在其贝克顿煤气厂进行副产品加工（Townsend，2003）。在此过程中，将氨液加工成硫酸铵的技术的发展似乎也发生了不少转折，部分原因是从秘鲁进口的鸟粪和后来作为肥料的硝石供应充足，因其作为质量高的肥料和方便施用于土壤而更受到农民的青睐。

进入 19 世纪 80 年代，肥料需求变得更加强劲。随着氨水制硫酸铵工艺的改进及硫酸的价格也有所下降，生产的硫酸铵的质量也得到了提高。加上当时化肥市场行情的变化，使得硫酸铵的生产变得有吸引力。GLCC 的贝克顿煤气厂也开始发现其副产品（包括硫酸铵）的销售渐渐地成为整体运营的重要收入来源。许多其他煤气厂也纷纷效仿。很快，煤气厂成为仅次于进口硝石的第二大化肥来源。从化学角度来看，硫酸铵是一种更好的肥料，作为植物蛋白质发育所需的氮和硫的有效来源，不仅使用方便，而且很容易被植物吸收。这一举措使受当时硫酸供应竞争影响的情况得以改善。自 19 世纪 50 年代以来，英国生产硫酸的技术得到了显著改进，这得益于煤气厂采用氧化铁工艺回收硫化氢以生产硫酸。到 1890 年，除了进口硝石外，还有几种人造硫酸铵来源，其中三大主要来源是煤气厂、炼钢焦化厂和页岩裂解，其中煤气厂的产量最高。1896 年，这三个来源共为英国提供了 19.1 万吨硫酸铵，此后逐年缓慢增加，1901 年达到 22 万吨，其中煤气厂占人工总硫酸铵产量的 68％。硫酸铵销量也很不错，1901 年一吨硫酸铵的价格在 10～11 英镑之间，而且价格还在持续攀升（Co. R. W.，1903）。

对硫酸铵的强劲需求及其价格吸引了一个有好奇心的人，他就是路德维希·蒙德（Ludwig Mond，1839—1909）。蒙德在他职业生涯的早期就对肥料产生了兴趣。对氨的兴趣也让他从一个发现进入另一个发现，并最终将它们发展成几个产业帝国。

第一节　路德维希·蒙德

路德维希·蒙德出生于德国卡塞尔，是一位多产的化学家和实业家。他的好奇心和巧妙的创造力驱使他不断寻找可以转化为商机的新事物。在他的一生中，蒙德与其合作伙伴和助手们一起开发了多项技术和流程，这些技术和流程跨越了广泛的科学学科领域，并将其中一些技术转变为具有长期影响的重要企业。例如，彻底改变了当时传统苏打生产的索尔维工艺（Solvay process），联合生产化肥和燃气的蒙德气体工艺（Mond gas producer），金属羰基化合物的发现，镍回收精炼工艺的发展和工业化以及用于发电的氢燃料电池技术等。这些技术、工艺的发现和发展意义深远，并深深扎根于 19 世纪和 20 世纪之交的工业革命、经济和社会生活的结构中。本节将重点介绍与煤制气相关的氨碱工艺，同时简要介绍其他相关工艺。

1855 年，蒙德进入马尔堡大学，师从赫尔曼·科尔贝学习了一年左右的化学；后来他转到海德堡大学，在罗伯特·本生的指导下又花了三年的时间继续学习化学。当时，德国化学家本生发明了流行的本生灯，研究了高炉尾气及其能量损失，并取得了许多其他科学成果。科尔贝是德国化学家，1843 年在马尔堡大学攻读本生的研究生，后来成为有机化学的重要贡献者。这些学习无疑为蒙德提供了丰富的化学前沿知识和实验研究的定量方法，这对当时的化学工作至关重要。扎实的训练帮助蒙德度过了他的职业生涯。在没有获得博士学位的情况下，蒙德就离开了大学，并在接下来一段不长的时间里在几个不同的化学工厂里工作。蒙德最初是在德国美因茨附近一家生产铜绿的工厂担任化学家。很快他应用在大学学到的知识来帮助改进铜绿的制作过程，铜绿是一种由风化或氧化铜产生的绿色颜料。蒙德的下一份工作对其未来的事业产生了深远的影响，他开始在德国卡塞尔附近有名的林根库尔的勒布朗克纯碱厂工作。在那里他开始研究困扰传统纯碱制造过程的众多问题之一，即寻找从废黑灰硫化钙中回收硫的方法。在19 世纪，硫酸和纯碱是化学制造的两种重要产品，也往往代表着一个国家的工业实力。纯碱已成为肥皂制作、纺织工业、玻璃、造纸业及面包烘焙的热门产品。在 19 世纪 70 年代，英国就已成为纯碱生产的大国，生产了 200000 吨纯碱，超过了世界上其他所有地区的总产量。然而，勒布朗克工艺作为唯一可用于制造纯碱的工艺是非常浪费的。从煤、盐、石灰和硫黄组合的原料中，纯碱的产量很低，按重量计只有进料总量的 16％。这也是一个污染严重的过程，会排放氯化氢蒸气和黑灰（硫化钙）等物质，当时纯碱生产的工作环境之恶劣在现今是无法想象的。当时，硫酸也是关键化学品之一，在很长时间以来一直用于衡量一个国家的国力，类似于当时钢铁的生产。在勒布朗克工艺中，硫黄是制造硫酸所必需的一种中间化学品，价格昂贵且依赖进口。这引起了蒙德的兴趣，回收硫黄并将其循环利用显然具有明显的经济效益。他想找到一种方法来处理硫化钙废物，即黑灰。当时，经营勒布朗克纯碱工厂的所有业主们都有兴趣和动力尝试改进或创新工艺，以更好地改善工艺、降低生产成本。

1861 年，蒙德回到他叔叔居住的科隆，在科隆附近的埃伦费尔德找到了一份工作，从废皮革等有机废物中生产氨。在此期间，他继续研究从硫化钙中回收硫黄的工艺。很快，他的研究有了结果，同年蒙德将他的发明在法国申请了专利，次年又在英国申请了专利。蒙德知道要将他的发明付诸实施，最好的机会是在拥有世界上最多、最大的纯碱制造商的英国。1862 年他去了英国，并向约翰·哈钦森公司（John Hutchinson & Co）展示了他的硫黄回收发明，这是一家于 1847 年在兰开夏郡的威德尼斯成立的勒布朗克纯碱厂。根据在进一步试验中掌握的经验，蒙德在 1863 年又申请了一项改进的专利。然而，可能是感觉到自己缺乏关于勒布朗克工艺的实践知识，蒙德又到荷兰的乌得勒支从事勒布朗克纯碱项目的建设和管理工作。这段时间的工作是帮助蒙德更好地了解整个纯碱制造过程的好机会（Ludwig Mond）。1867 年，蒙德重新加入约翰·哈钦森公司，继续开发改进的硫黄回收工艺技术，改进后的硫黄回收工艺能够从先前倾倒的废黑灰中回收高达 50% 的硫。很快，蒙德的硫黄回收工艺以及另一个大约在同一时间发明的类似的沙夫纳硫黄回收工艺，被威德尼斯、纽卡斯尔和格拉斯哥等地的许多勒布朗克纯碱厂采用。蒙德发了一笔小财。与此同时，他还在寻找更好的技术和机会。

1872 年，他遇到了比利时化学家欧内斯特·索尔维（Ernest Solvay，1838—1922）。当时索尔维正在比利时的一家小工厂测试一种新的氨碱工艺，它是未来勒布朗克工艺的替代工艺，使用氨、石灰石和盐作为原料。这种氨碱工艺就是后来众所周知的索尔维（Solvay）工艺，它迅速取代了勒布朗克纯碱制造工艺。不过这是后话。这种氨碱工艺是基于法国物理学家 A. J. Fresnel 于 1811 年左右提出的一个老建议，即可以用盐水溶液（盐）、氨和二氧化碳制造苏打。后来在英格兰也看到了许多关于这种方法的专利申请，例如 Harrison Gray Dyer 和 John Hemming 在 1838 年申请的专利。还有，一些实业家，如纯碱制造的早期先驱之一詹姆斯·穆斯普拉特，也曾尝试在工业规模上使用铵盐替代品。遗憾的是，穆斯普拉特除了看到他的投资一点点地消失，并没有取得任何成果。

回想起来，氨碱工艺在当时的关键是缺乏促进盐类、氨和二氧化碳反应的合适工艺，这在当时还是不存在的，需要进一步发展。直到 19 世纪 60 年代，氨碱法工艺也没有取得任何实质性的进展。索尔维 1860 年初在比利时沙勒罗瓦的煤气厂工作时想到了这个发明，并开始对其做进一步的开发。索尔维进行了一些关键的设计改进，包括首次使用滴流塔通过用二氧化碳来浓缩氨溶液迫使它们接触而盐化，这一直是二氧化碳难溶的一个障碍。1865 年，索尔维和他的兄弟阿尔弗雷德·索尔维（Alfred Solvay）在比利时沙勒罗瓦附近最大的玻璃制造中心 Couillet 建造了一座小型工厂来示范改进的工艺（Donnan，1939）。

索尔维改进的工艺一定给蒙德留下了深刻的印象，蒙德认为它是一种有前途的清洁高效的替代品，可以替代浪费且危险但目前仍然必要的勒布朗克工艺。与此同时，蒙德也一定已经意识到，氨的供应对于索尔维工艺的成功将是一个重要的挑战。因为在第一次世界大战之前，氨只能从几种有限的自然资源中获得，例如动物和人类尿液或蒙德之前从事的蒸煮皮革等。此外，索尔维工艺本身的设备、工艺工程和放大等相关要素都需要进一步开发。然而，考虑到这一工艺潜在的好处和市场对苏打与纯碱不断增长的需求，蒙德还是决定购买索尔维工艺在英国的使用许可，他相信能够解决氨的供应问题。这一决定促使了他未来对蒙德气体等工艺的开发。

回到英国后，蒙德和他在约翰·哈钦森公司的同事约翰·布鲁纳（John

Brunner）合伙成立了布鲁纳-蒙德公司（Brunner Mond & Company），并筹集了必要的资金在诺斯威奇的温宁顿建厂，来开发索尔维工艺。很快，工厂于1873 年开始运行，这似乎是一个很好的开端。然而，为了实现预期可持续的商业运营目标，蒙德和他的合作伙伴又花了七年的时间来开发、改进和完善这一工艺系统。类似于"同类首创"技术的开发，蒙德针对索尔维方法的特点，及通过运行过程中发现的问题，对工艺、设备进行了必要的开发和改进。总之，索尔维工艺的商业化之路并不平坦，存在设备腐蚀和材料堆积堵塞了容器和管道系统等问题，需要经常进行故障排除，这已成为日常工作的例行公事。不过，正是在这样的过程中，蒙德展示了他的化学知识、工程技能和毅力。

到 1878 年，蒙德已经基本打通了索尔维工艺的主要部分，使工厂可以运行并生产纯碱进行销售。然后，他继续研究氨回收和补给的解决方案。到 1880 年，蒙德成功开发了一种使用乳石灰从氯化铵中回收氨的连续工艺。这一发展减少了氨的补充要求并使整个工艺站稳了脚跟，极大地改进了原始索尔维工艺的实用性（Donnan，1939）。1881 年，蒙德和他的合伙人上市了他们的纯碱业务，以筹集更多的资金，用来扩大他们在温宁顿的业务，同时继续努力改进索尔维工艺。为了保证补充氨的额外需求，蒙德大约于 1886 年在温宁顿工厂建立了一个焦炉，以回收副产品氨作为补给。这可能是在索尔维和他的姐夫弗洛里蒙德·塞梅特的帮助下进行的，后者在 19 世纪 60 年代初创立了布鲁塞尔煤气厂（Travis，2018）。此时，索尔维工艺已成为勒布朗克工艺的强大竞争对手。索尔维工艺在英国的纯碱年产量从 1878 年的 1 万吨增加到 1883 年的 5.8 万吨，增长了 4.8倍。尽管勒布朗克工艺仍然主导着纯碱市场，但其年产量增长的速度却有所放缓，同期仅增长了 21%（Lunge，1884）。就这样，进入 19 世纪 90 年代，布鲁纳-蒙德公司通过收购其他氨碱法工厂进入了加速扩张的时期。这些被收购的工厂或者由于技术问题而无法使氨碱法正常运作，或者其业绩不佳而面临财务上的压力。此外，他们还开发建设了新的工厂来部署索尔维工艺。到 20 世纪初，索尔维工艺几乎取代了勒布朗克工艺，布鲁纳-蒙德公司也成为世界上最大的纯碱生产商。

正是在这段时间里，蒙德和他的助手们尝试了一些人工制造或合成氨的方法。例如，通过煅烧碳酸钡和碳形成氰化钡，氰化钡在用蒸汽处理时释放氨；或者使用一定量的空气和蒸汽通过炽热的煤层等方式将空气中的氮气（空气-N）固定以形成氨，等等。然而，当对后一种方法进行了更多的实验后，他们发现不是空气-N，而是煤所含的氮（煤-N）在反应过程中释放出氨。这段经历促使蒙德更多地探索煤-N 作为氨的来源，并在后来的几年里最终开发了蒙德燃气工艺。与此同时，从煤炭的角度来看，蒙德也已经成为最早关注煤-N 及其应用的少数人之一。

第二节　意外的蒙德燃气炉

在某种程度上，蒙德燃气炉的发明实际上是一个意想不到的结果。源于最初蒙德努力寻找一种制造氨的实用方法，因为氨是维持索尔维纯碱生产工艺的催化剂。在能够自产氨之前，除了从现有的工艺生产回收一部分外，蒙德一直在从利物浦的煤气厂购买额外的氨来满足纯碱生产的正常运行（Wisniak，2006）。然而，不论是从煤气厂回收的，还是购买的氨都不便宜。从蒙德和他的助手们投入的资源和多年辛勤工作的角度来看，蒙德需要可靠且廉价的氨供应来源以确保稳健的增长和扩张似乎是理所当然的，因为到 1878 年，他的索尔维纯碱业务已经看起来很有起色。当蒙德和他的助手在 1879 年开始他们制造人造氨的实验时，西门子兄弟的煤气发生炉煤气已经广泛应用于炼钢和玻璃制造。同年，道森也将他的煤气发生炉煤气引入了由克罗斯利兄弟公司制造的 3 马力奥拓循环燃气发动机中。当蒙德意识到利用煤气化的煤-空气-蒸汽系统从煤-N 中提取氨是最有可能的选择的时候，他可能会认为他也需要某种煤气发生炉，比如同西门子兄弟的煤气炉或道森发生炉相似的气化技术，这样他就可以在联产燃料气的同时提取氨。与此同时，他还认为他的这一打算也许会带来创新的成分，因为煤气发生炉内的化学内涵还没有被完全理解，特别是蒸汽在煤-空气-蒸汽系统中的作用。这一推测反映在他于 1883 年 8 月提交的专利中（英国专利 BP3923）。

> "发明人发现，在煤气发生炉中燃烧煤时，通常认为低温而不是高温最有利于从煤中所含的氮气中形成氨。如果燃料在蒸汽存在下，在低于（氨）分解温度下燃烧，则煤中几乎所有的氮都以氨的形式获得。为实现这一点，将有限的空气——载有大量喷水或蒸汽的空气引入炉中。由此产生的气体富含氢气，具有更高的热能，焦油物质也更丰富，数量更多……新颖之处在于通过装载含有过多蒸汽或水的空气，即限制的空气供应量来实现低温燃烧，燃烧温度不会超过暗红热。"

在随后十年的广泛试验中，蒙德和他的助手们对许多煤在煤-空气-蒸汽系统中、尽可能低的温度下进行了许多试验。蒸汽速率比当时其他任何煤气制造技术都要高得多。在这个过程中，蒙德和他的助手们最终明白了一个事实，即他们正在研究或他们需要从煤中提取氨的发生炉至少类似于西门子兄弟的煤气发生炉，并且同其他的煤气发生炉也没有什么实质上的差异，同样是创造在一种空气（氧气）缺乏的氧化或气化环境中，煤中的氮可以选择性地形成氨。如果与其他的发生炉技术存在不同，那就是他们还需要进一步微调原料、操作条件（如蒸汽量）和相应的操作参数（如气化温度）等因素，以最大限度地提高煤中氨的产量和回收率。在实验调查期间，蒙德于 1889 年 7 月 10 日在化学工业协会年会的主旨讲话中表示，他和他的助手们"建造了各种设计的煤气发生炉和吸收装置，并进行了多年的实验"（Mond, 1889）。

蒙德通过过去的经验熟知：氨或硫酸铵作为肥料的价值和强烈需求使得利用煤炭制造氨的路线有经济意义。蒙德在他早期的职业生涯中曾在几家工厂做过类似的工作，例如通过在干馏装置中干馏草皮和其他动物组织（皮、骨头、角和蹄等）等天然资源来制造氨。有趣的是，这些被用于制造超级磷肥的天然材料含有很高的氮含量，例如，草皮中含量超过 3%，动物组织为 8%～10% 或更高，这远远高于煤炭中的氮含量。然而，与煤炭不同的是，这些天然材料中的任何一种都会受到供应的限制，生产的肥料量都很有限。从务实的角度来看，考虑到当时市场有大量的煤炭，又非常容易获取，从煤炭中提取氨似乎是唯一可行的选择。蒙德在他 1889 年的演讲中进一步描绘了一幅宏伟的蓝图。比如，如果 1889 年左右英国将消耗的 1.5 亿吨煤炭中的 10% 以煤气化及配套的硫酸铵吸收的形式来回收氨，那么可以生产的硫酸铵的量相当于欧洲每年进口的硝石总量，约 65 万吨。从大局看这确实很诱人。问题是这样做是否有意义？如果是，又如何让它发挥作用，这竟成为蒙德余生研究的主题。

随着 19 世纪末英国工业活动持续地强劲发展，煤炭生产似乎没有上限。然而，从氨回收的角度来看，一个明显的挑战是任何煤中所含的氮（煤-N）都非常低。以煤的干基重量计通常介于 0.3% 和 2% 之间，远低于用于制造超级磷肥的任何天然材料。因此，除非利用大量的煤炭以回收数量可观的硫酸铵用于销售，否则这在经济上是不可能的。蒙德清楚地知道，他成功的机会很大程度上取决于能否从煤中的少量煤-N 中最大限度地回收氨来生产硫酸铵，因为在这种情况下回收氨的生产系统对发生炉煤气的投资影响会很小。另外的有利条件是，1889 年左右，硫酸铵的价格仍然很高，每吨超过 12 英镑，而煤炭价格具体取决于煤炭的质量和位置，仅仅为每吨 6～22 先令。蒙德需要做的是选择一种合适的煤以尽可能多地回收氨，这很关键。在 19 世纪 80 年代的大部分时间里，蒙德和他的助手测试了许多从兰开夏郡、斯塔福德郡和诺丁汉郡地区开采的煤炭。最后，蒙德选择了在诺丁汉郡开采的碎烟煤，如图 9-1 所示，其中干基煤-N 含量为 1.4%，收到的煤的水分含量为 7.3%。它与温宁顿纯碱厂使用的燃煤相同。当然，采用当地煤炭还可以避免包括运输在内与物流相关的不必要的成本，从而有助于项目的经济性。碎烟煤的收货价在每吨约 6～7 先令。

选好煤后，算出每吨烟煤中能提取多少氨就变得很容易了。面对如此低的煤-N

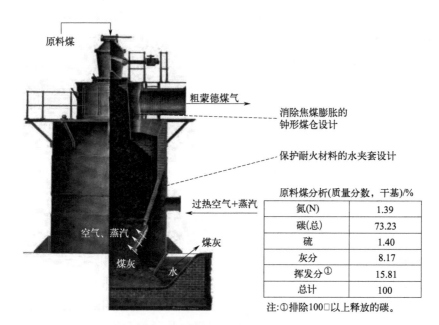

原料煤

粗蒙德煤气

消除焦煤膨胀的
钟形煤仓设计

保护耐火材料的水夹套设计

过热空气+蒸汽

空气、蒸汽

煤灰

煤灰   水

原料煤分析(质量分数，干基)/%	
氮(N)	1.39
碳(总)	73.23
硫	1.40
灰分	8.17
挥发分①	15.81
总计	100

注：①排除100□以上释放的碳。

图 9-1　蒙德燃气发生炉和使用的煤

含量，即使按吨位计算，回收的氨也可能是一个微不足道的数字。以干基为基础，假设煤中的煤-N 100％转化为氨，一吨烟煤将产出 17 千克氨（NH$_3$）。假设氨 100％被硫酸回收，没有氨损失，这会转化为 66 千克的硫酸铵。然而，实际上，包括现在在内的任何发生炉技术都不可能将煤-N 100％地转化为氨。蒙德早年的实验研究仅实现了 50％的煤-N 转化率。在后来的几年里，蒙德将煤气发生炉的运行条件改善，优化后转化率提高到了 70％（Rambush，1923；Mond，1889）。随着氨转化率的提高，考虑到氨回收塔的硫酸损失很小，蒙德燃气发生炉能够从一吨烟煤中生产高达 50 千克的硫酸铵。在这种改进的操作条件下，蒙德不得不使用 2.5 倍煤气化进料量的大量蒸汽和少量的空气流，以将煤层温度保持在白炽温度范围的低端，通常在 900～1200℃之间。换一种说法，制造一吨硫酸铵至少需要 20 吨烟煤，不包括用作生产蒸汽的额外燃料煤。

　　为了在经济上有意义，显然必须进行大规模操作才能有足够多的氨用于生产硫酸铵，平衡用于氨生产和随后用硫酸回收氨的昂贵设备是合理的。因此，大型蒙德燃气发生炉似乎是必要的。蒙德必须开发的这种生产经营规模也将会是前所未有的。当时用于生产煤气的发生炉，无论是西门子兄弟的发生炉、道森发生炉，还是其他任何气化技术的设计和制造规模都是非常小的。通常每天消耗几吨煤炭。实际上，大多数发生炉的经营规模要小得多，每天消耗不到一吨的煤。要制造一吨硫酸铵，蒙德必须设计一个更大的发生炉来处理 20 吨当地的烟煤。按之前所提到的，硫酸铵相对于煤的价格具有相当的吸引力，一吨硫酸铵的销售收入足以支付 20 吨煤的采购成本。剩下的问题是，蒙德不得不继续开发一个尚无先例的大型煤气发生炉，最终他建造了蒙德燃气炉。

大型蒙德燃气发生炉是制取硫酸铵工艺系统的重要组成部分，另外还需要一套设备来用硫酸反应吸收氨。实际上，蒙德早期采用的煤气发生炉与西门子兄弟设计的类似，也是砖体结构。早期蒙德燃气炉的设计目标是每天处理不超过 10 吨的当地碎烟煤（Allen，1908）。在 1889 年的演讲中，蒙德提供了他在实验调查中采用的发生炉的一些细节：

> "我更喜欢采用的发生炉的设计是长方形的，因此可以将其中的几台排成一排。它们宽 6 英尺，长 12 英尺。引入空气以及排除灰烬在发生炉的两个小侧面进行，发生炉炉体的下部逐渐向中间收缩变窄，并在底部被足够深度的水封封闭，以承受压力，空气被压迫进入，相当于约 4 英寸的水。灰烬从水下排出，发生炉根本没有炉排或炉条。空气通过与鼓风机连接的管道在水位上方进入。发生炉的这些小侧面搁置在铸铁板上，内衬砖砌到一定高度，这种砖砌由空气入口上方的水平铸铁板承载。通过这种方式，形成一个三角形的腔室，其一侧被灰烬封闭，因此空气分布在发生炉的整个宽度上。"

显然，蒙德燃气炉的无炉排设计是不同于西门子兄弟或道森等其他发生炉的显著特征之一。这可能是因为这是允许蒙德建造大型发生炉的唯一方法。否则，炉排会做得很大，而过大的炉排会带来两个问题，一是当时的情况可能无法满足对材料的要求，二是在操作上比如处理排灰也将变得很困难。为了进行必要的研究，蒙德和他的助手在温宁顿纯碱厂建立了大型实验系统，这样生产的大量煤气会很方便地用于纯碱生产运行。这套实验系统包括发生炉设备、氨回收设备和必要的附属设备等。经过多年的大量实验，到 1889 年，蒙德和他的助手们发现，最大限度地提高氨产量的气化操作也会产生富含氢气的燃气，此种燃气热值高于西门子兄弟的发生炉煤气或道森发生炉煤气，其适用于燃气发动机、锅炉和冶炼等应用。此外，受到市场对硫酸铵副产品的强劲需求的鼓舞，蒙德相信他能以比其他任何发生炉低得多的成本生产燃料气，尤其是大规模条件下。蒙德确信自己的思路是正确的，便开始了开发、改进和完善与氨回收相结合的蒙德燃气发生炉系统的研究。

公平地说，围绕蒙德燃气炉系统的商业和技术开发挑战是前所未有的，也不亚于蒙德刚刚开发索尔维苏打工艺所经历的种种挑战。这或许可以解释这样一个事实，即在蒙德燃气发生炉站稳脚跟之前，他改变了主意，于 1886 年在温宁顿碱厂建造了一座焦炉厂，以生产纯碱业务急需的氨。有了这样一个缓冲，在开发煤气发生炉技术的众多挑战中，首当其冲的是与当地碎烟煤相关的操作难题。与西门子兄弟和道森分别使用的褐煤和无烟煤不同，当地的烟煤是黏结煤。这意味着当加热到一定温度时，煤会经历一个中间相过程，即固体变成液体的状态，然后随着温度的继续升高而凝固成一个大块。当然，这种黏结的情况根据黏结指数的不同而有所差异。在生产环境中，大块往往会在炉内形成架桥现象，从而阻止煤层向下移动，还会阻碍上行气体在床层内的均匀分布。如果架桥的大块破裂或开裂，随后形成的裂缝或通道将缩短未反应的空气和蒸汽的通道，造成气体短路，这不仅中断了连续操作，而且碳与空气/蒸汽之间接触不良会导致生产的气体质量下降。另外，氧气留在易燃气体中也很危险。这是发生炉设计必须解决的一个重要问题。同时，煤气中含有的高挥发分会放出大量焦油、油类和煤气，需要净化后才能被当作燃料气消耗。这就是为什么道森一直避免使用无烟煤或焦炭以外的其他煤种，以尽量减少焦油和油类可能对后续工艺系统造成的影响。通过选择无烟煤等合适的原料，道森能够使燃料气的生产系统可靠且简单，同时提供优质燃气。不利的一面是，由于无烟煤或焦炭的成本高，因此这种发生炉煤气的成本会很高。虽然像烟煤这样的煤适合用于制造煤气的干馏操作，但它会给像发生炉这样的连续操作系统带来困难。蒙德当时不得不应对一系列问题和挑战，但他似乎正在取得进展。在解决了与原料相关的这些困难之后，蒙德转而处理由大量未分解的蒸汽从生产装置中带走的热损失。蒸汽的产生是高耗能的，蒙德燃气发生炉使用的大量蒸汽中，约有三分之二的蒸汽只是经过发生炉，只有三分之一参与气化反应，释放出氢气、一氧化碳和少量二氧化碳。在过去的十年中，蒙德和他的助手们解决了众多的技术问题，并成功地设计了带有氨回收功能的蒙德气体发生炉系统。该系统运行良好，并以极具竞争力的成本提供了优质的燃气。通过十多年来所有的设计变更、改进和经验教训，蒙德于 1892 年升级了温宁顿的煤制气设施，将蒙德燃气炉系统的新设计与氨回收集成到第一个商业规模项目中。新设施从蒙德发生炉煤气中回收氨以生产硫酸铵用于销售，同时将燃气输送到整个温宁顿碱厂的锅炉和燃气发动机用作燃料。该设施最终发展成为一个超大型企业，到 1897 年包括大约 8 套蒙德燃气发生炉系统，每天处理 160 吨烟煤并输送 2400 万立方英尺的蒙德燃气（Humphrey，1897）。图 9-2 是集成蒙德发生炉煤气工艺的简要示意图。

温宁顿纯碱厂集成的蒙德燃气工艺是一个系统。它包括蒙德燃气发生炉、过热器、水系净化、氨回收塔、煤气冷却塔和空气饱和器等装置。在正常运行期间，蒙德燃气发生炉从顶部通过密封料斗接收煤，蒸汽和空气通过过热器进一步加热到过热的条件，然后再通过发生炉底部的气体分布器进入发生炉。过热器是

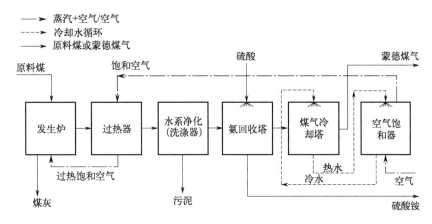

图 9-2　蒙德发生炉煤气工艺示意图

一种由锻铁制成的管/壳式热交换器。热的蒙德发生炉煤气离开发生炉流向过热器并释放大部分热量以过热来自工艺下游的空气饱和器中的饱和空气。将饱和空气过热到足够高的温度有助于减少对发生炉的空气需求量，同时保持所需的反应条件，即尽可能高的蒸汽浓度和所需的低温，这样有利于氨的形成。冷却后的蒙德发生炉煤气随后进入洗涤器中进一步冷却并洗掉携带的灰尘、细粉和其他液体或固体残留物，然后蒙德发生炉煤气进入氨回收塔底部。氨回收塔是一个填充耐火砖填料以增加接触表面积的圆柱形容器。蒙德气体从塔底进入塔内，然后上升通过从塔顶喷下的稀硫酸喷雾滴，两相进行充分的接触，蒙德气体中携带的氨与硫酸结合形成硫酸铵，硫酸铵与未反应的硫酸溶液在塔底一起被排放到另一个罐中。大部分溶液循环回塔顶以回收额外的氨，同时将一部分物流抽出进行蒸发、结晶和分离操作，以生产硫酸铵供销售。此时，从氨回收塔塔顶离开的蒙德气体几乎不含氨，再流入煤气冷却塔底部，冷却塔内充满了木屑。蒙德气体通过木屑提供的通道上行与顶部喷下的冷水直接接触被冷却，然后进入储气罐储存或供最终用户使用。从煤气冷却塔底部排出的热水进入空气饱和器顶部，将其热量和部分水分直接传递给上升的空气，然后循环回煤气冷却塔重新使用。预热的饱和空气流向过热器，被过热后进入发生炉。过热器在早期的示范期间不存在，是改造后新增加的一台装置，它很好地解决了潜在和敏感的热量损失问题。这些热量被大量未反应的蒸汽带出发生炉，用于预热进入的空气和蒸汽过热，从而将回收的热量送回发生炉。此外，煤气冷却塔和空气饱和器之间的冷却水回路也是一种非常有效的设计，通过直接接触冷却蒙德气体，同时在煤气冷却塔中冷凝的水蒸气，在空气饱和器中直接用于加热和饱和进入的空气。这是一个非常有效的热传递过程。

　　新的蒙德燃气发生炉于 1893 年 9 月在温宁顿纯碱厂首次投入使用。不同于以前的砖体结构，新的煤气发生炉炉体采用圆柱形设计，外壳由锻铁制成（图9-1）。发生炉设计的日处理量为20吨烟煤，是之前设计的两倍多。煤气化反应在水蒸气用量是煤进料量的2.5倍和较低的温度条件下进行。在正常操作条件下，每吨煤释放出约15万立方英尺的清洁蒙德燃气，一台蒙德发生炉在正常操作工况下每天可生产300万立方英尺的蒙德燃气。这是煤气发生炉设计规模的一次巨大的飞跃，其规模甚至比洛邑水煤气炉还大得多，后者已经在全球范围内广泛部署，例如在GLCC的贝克顿煤气厂。到1895年，该地又增加了7套相同规模的蒙德发生炉，煤气的总产量达到2400万立方英尺每天，绝大部分供纯碱厂使用（Humphrey，1897）。这是一套集煤气化、热再生和氨回收为一体的硫酸铵生产系统。

新的蒙德燃气发生炉具有一些独特且较为成熟的设计特点，既不同于以前所有其他发生炉的设计，还解决了早期调查中出现的一些问题，例如处理结块的松弛、热利用和许多与操作规模相关的问题等。新的蒙德燃气发生炉是双壁圆柱形外壳，内壁衬有耐火砖以防止炉壁受到高温影响。在大约炉壁中间位置往下，炉壁开始向发生炉内部逐渐收缩，形成倒锥形，以减小空间。因为气化反应的进行会不断减少剩余煤的总体积，然后以灰分结束，当然包括一些未反应的碳。内壁的下端通过环形结构连接到一系列倾斜的炉条上，形成一个炉排，炉条的下端再连接到一个较小的环上，以保持炉排的适当倾斜度。发生炉底部的小环提供了一个开放空间，煤灰可以从中直接掉落，开放式排灰是蒙德发生炉早期设计的一个特征，在新的设计中得以保留。通过倾斜的炉排，过热蒸汽和空气从双层壁之间的夹套或环形空间被吹入发生炉。这样的设计可以帮助炉的内壁降温从而延长其寿命。总体而言，蒙德发生炉内的低反应温度和高蒸汽浓度会最大限度地减少煤灰的熔融，使熔渣生成的可能性降到了最低，这对于发生炉和水煤气炉的运行都是有好处的。产生的蒙德燃气上升到煤斗周围煤层上方的空间，加热钟形料斗内的煤，然后流向发生炉的出口。料斗内的煤由此受热膨胀，放出含氨的煤气和一些焦油等易挥发物。煤气被迫向下流入热煤层，煤气中的焦油在煤层中被进一步破坏、热解，永久固定于蒙德燃气中。这种钟形煤斗的设计解决了由于烟煤黏结性引起的结块松弛的膨胀行为，最大限度地降低了其在发生炉床内架桥的趋势，从而保持煤或焦炭与空气和蒸汽之间的在煤层内有良好的接触。在正常运行条件下，蒙德燃气发生炉能够提供质量稳定的大量蒙德燃气。相对于西门子兄弟或道森发生炉生产的燃料气，蒙德燃气具有高氢气含量和低一氧化碳的特点（表7-1）。总体而言，蒙德发生炉又是一个气化效率较高的反应系统。

蒙德燃气发生炉在温宁顿纯碱厂建立的规模是前所未有的。到1894年，道森煤气发生炉等已被广泛部署用来驱动高达120马力的燃气发动机。但超过

120 马力时，与燃煤蒸汽发动机相比几乎没有竞争力。在 120 马力的规模下，道森发生炉的设计容量为每天处理约 1.3 吨无烟煤，与蒙德燃气发生炉每天处理的 20 吨相比确实是一个微不足道的数字。尽管如此，道森发生炉在小规模应用上还是表现不错的。因为它占用的空间小得多，需要的劳动力少，而且易于维护和操作。此外，它还在热备用期间使用更少的煤炭，并可以迅速恢复至正常运行。所以，道森发生炉仍然普遍受到小商店和作坊业主的青睐，他们更看重的是便利而不是煤气的价格。然而，在大规模操作的情况下，这些好处往往会消失，为了与蒸汽机竞争，燃料气体的成本变得很重要。煤的成本是燃料气成本的主要来源，尤其是无烟煤，其售价通常是劣质煤（例如蒙德在其运营中使用的烟煤）的 3~4 倍。尽管蒙德在其一体化蒙德燃气工艺方面取得了进展，但它仍是一个复杂的系统，包括氨回收和热回收等必要的设备，而且建造、运营和维护的成本要高得多。另外一个很可能的风险是，一旦工厂建成，如果燃料气的价格没有足够的竞争力，大量的蒙德燃气反而可能会成为一种负担。那么问题就变得显而易见了，蒙德是否能够克服蒙德燃气的价格障碍，从而通过与蒸汽机竞争来销售大量的蒙德发生炉燃气。从某种意义上讲，这样的挑战肯定不小。一方面他必须以足够低的价格交付大量燃气，另一方面又要确保足够多的客户购买、消化产生的大量蒙德燃气。考虑到当时分散的市场状况，这似乎是一项艰巨的任务。

此外，燃气发动机制造商是否愿意制造大于 120 马力的燃气发动机，他们知道发生炉燃气虽然比煤气便宜，但与蒸汽机相比根本没有竞争力。尽管大型工厂的规模有助于降低蒙德燃气的单位成本，但确保足够的承购客户来吸收消化如此大量的蒙德燃气是另一回事。然而，根据汉弗莱的说法，1895 年在温宁顿纯碱厂安装的集成蒙德燃气工艺被证明是有前途的，并且能够对后来的大规模工业化应用产生积极的效果。

他就是后来发明了汉弗莱泵的赫伯特·汉弗莱，但那是大约十年后的事了。汉弗莱在 1890 年左右加入布鲁纳-蒙德公司，协助蒙德评估集成蒙德燃气工艺的性能以及蒙德燃气在锅炉、燃气发动机中的应用及其经济性。他为蒙德燃气发生炉工艺的商业化做出了不小的贡献，无论是集成的还是非集成的。汉弗莱对温宁顿纯碱厂的集成蒙德燃气工艺进行了一系列实验调查。在 1897 年 3 月 16 日化学工业协会年会上的演讲中，汉弗莱详细介绍了集成的蒙德燃气工艺在温宁顿纯碱厂的配置以及他在实验调查中的发现（Humphrey, 1897）。

新的集成蒙德燃气工艺厂约有 8 台蒙德发生炉，每台的额定产量为每天或 24 小时处理 20 吨烟煤。在满负荷运转的情况下，该工厂每天消耗 160 多吨烟煤，生产 2400 万立方英尺的蒙德燃气。在工艺方面，每台发生炉都配有一个专用的过热器和一个洗涤器，形成一套设备。然后将每 4 套煤气发生炉设备与一套氨回收塔、煤气冷却塔和空气饱和器集成在一起，成为一捆。这样整个集成的系统由两捆设备组成。在正常运行期间，4 套蒙德发生炉即一捆设备生产的蒙德燃气被输送到下游的一套氨回收装置中回收氨。据汉弗莱介绍，当时仍有一台旧的砖体结构的发生炉也处于工作状态，并在必要时投入运行。实验调查运行在1895 年夏天实施，汉弗莱进行了三种负荷工况的运行，每天 62 吨、84 吨和 98吨不同的煤进料量，分别对应低于、等于和高于一捆设备的正常产能，即四套发生炉运行的情况。这是测试发生炉或气化系统弹性的一种典型方法。优化蒸汽和空气的条件以有利于氨的形成。在针对每种情况各自进行的三天运行中，蒙德发生炉很好地处理了碎烟煤的利用，由此产生的蒙德燃气质量始终如一，很稳定。正如预期的那样，三种不同的情况中，低于正常产能的情况得到了最佳的运行结果，因为发生炉内的气化反应有更多的时间，进行得更彻底。汉弗莱还发现氨回收塔中硫酸对氨的吸收是一个限制因素。平均生产每吨硫酸铵实际需要消耗 23吨烟煤作为发生炉的原料，另外还需要 5.5 吨燃料煤来产生所需的蒸汽，总计用煤 28.5 吨。汉弗莱利用获得的信息，根据 1896 年的价格估算了生产蒙德燃气的成本，碎烟煤的购入价为每吨 6 先令 2 便士，硫酸铵的销售价为每吨 7 英镑 4 先令 6 便士。虽然后者与 1889 年相比已大幅下降，但是硫酸铵的销售额仍占工厂总运营成本的 57%，运营成本包括材料（煤、硫酸和润滑油等）费、工资、运营和维修以及公用事业费用。这样，生产 1000 立方英尺蒙德燃气的成本为 0.35便士，与当时的道森燃气或管网煤气相比只是一小部分。此外，汉弗莱进一步比较了不回收氨即非集成系统的成本和使用道森燃气的成本。如果不回收氨气生产硫酸铵用于销售，蒙德燃气的成本将比集成回收氨气高 44%，但仍然只有道森燃气的 20%，这是基于道森燃气使用的无烟煤价格为每吨至少 21 先令。在克服工艺操作难题后，蒙德发生炉工艺凭借规模化效益和低廉的烟煤成本，显著降低了燃气生产成本，为其走向市场奠定了坚实的基础。

汉弗莱的示范工作肯定、证实了蒙德的信念，即他的新设计能够克服低质煤可能带来的困难以及大规模操作和对优质燃气的要求所面临的障碍。同时回收氨制造的硫酸铵确实是一种非常有价值的副产品，这有助于进一步抵消蒙德燃气的成本。受到预期结果的鼓舞，汉弗莱又继续进行实验来测试蒙德燃气在不同设备上的应用，如燃煤锅炉、钢铁熔炉、燃气发动机和蒸发加热等。事实证明，温宁顿纯碱厂是开发蒙德发生炉技术以及相关工艺系统的一个非常有价值的平台，因为该厂使用的锅炉需要燃烧大量煤炭来产生蒸汽，从而为许多各种各样的发动机提供动力，并为工艺蒸发提供过程加热，这些设备可以很容易地切换到使用蒙德燃气作为气体燃料。更重要的是，将燃煤炉改为燃气的还有助于显著地降低人工和纯碱厂设备运营及有关的维修费用。为工厂节省的燃料倒是微不足道，因为工厂是全天候的运转模式，因此燃煤的浪费不那么令人担忧。还发现蒙德燃气也是一种适合炼钢和炼铁的燃料。最后，汉弗莱将注意力转向燃气发动机，这些发动机为整个纯碱厂提供了大量的机械动力。

早在1894年7月，汉弗莱就使用蒙德燃气驱动一台25马力的奥托四冲程燃气发动机运行了2个小时。燃气发动机由克罗斯利兄弟公司制造，公司于1879年为道森提供了第一台燃气发动机。使用蒙德燃气实现的热效率为23.8％。有趣的是，这台燃气发动机还带动了一台20千瓦的发电机，产生100伏的直流电。开始的时候，产生的电力由电阻丝消耗。然后在1896年4月，汉弗莱又使用蒙德燃气和同一台燃气发动机来驱动一台30千瓦的发电机发电，为白炽灯和弧光灯供电，用于纯碱厂照明。当然，产生的也是直流电。与使用煤气相比，节省的费用是显著的。因此，纯碱厂又安装了一台新的150马力的克罗斯利兄弟公司的奥托燃气发动机和一台75千瓦的西门子发电机，用于发电以供整个工厂照明。这台燃气发动机为双缸，背对背型，转速为160转/分钟。这成为当时英格兰首次使用的与发电机集成的大型燃气发动机发电系统。受到这样成功的和可行的低成本蒙德气体的鼓舞，燃气发动机制造商开始加紧努力制造500马力、1000马力甚至更大的大型发动机用于燃气市场，蒙德气体由此打破了道森燃气在大型蒸汽机市场竞争中面临的相当长时间的瓶颈。从当时的发电角度看，这个市场似乎是无限的。这从汉弗莱的以下陈述中也可以感受到他当时的兴奋或期待（Humphrey，1897）。

> "伦敦的大气将摆脱使伦敦如此令人反感的烟雾，因为工厂主将获得电力供应，其成本甚至连美国尼亚加拉大瀑布电力公司都无法达到。此外，随着燃气生产系统的普及，英国在含氮化合物或化肥方面的支出每年约为200万英镑，（很快）将改为向国外市场出售剩余的硫酸铵而产生年收入。"

然而有点令人不解的是，蒙德似乎并不急于将大型的蒙德燃气技术投入工业化。直到1901年蒙德在英国斯塔福德郡（Staffordshire）成立蒙德燃气公司时，似乎才对开发这一市场迈出了实质性的一步，投资建设大型的集成蒙德燃气工艺，或用于联产硫酸铵，或用于集成燃气发动机以发电。

这时的蒙德已经将注意力转移到他认为对开发和利用蒙德燃气更重要的一个新领域，一个有无限成长空间的市场。

第三节　蒙德燃气、燃料电池和镍

爱迪生于 1879 年发明的白炽灯基本上终结了煤气照明时代。就像六十年前煤气代替蜡烛和油灯时发生的那样，白炽灯的方便和清洁很早就吸引了很多公众用户。煤气公司被迫削减煤气价格来留住客户，以便在市场中生存。上海煤气公司在 1881 年为降低煤气价格所做的努力就是众多例子之一。但事实是，到 1880 年，用于发电技术的组件已经存在了几十年：诸如提供廉价燃料气的煤气发生炉，成熟的燃气发动机，通过直接耦合或皮带成功驱动的发电机以及相应开发的可迫使电子在导线内沿单一方向流动产生直流电以点亮弧光灯的电路系统，等等。现实很可能是不仅每种技术都已准备就绪，而且还有多种技术可供选择。从技术上来说，电力照明的条件已经基本具备。但是当时电力市场的主要问题之一似乎是高昂的电力成本阻碍了照明用电的普及，而煤气或发生炉煤气的价格无疑是造成高电力成本的主要原因之一。另一个问题是弧光灯的用途还有相当的局限性，新发明的白炽灯泡的可靠性还有待进一步改善。然而，这种电力照明取代煤气照明的趋势已经很明显，剩下的只是时间问题。蒙德将这种趋势视为一个没有上限的机会。他相信，他即将付诸实施的想法会成为一种奇妙的技术，可以产生廉价的电力，以帮助打开电力照明的局面，同时还会帮助可能遇到麻烦的大量蒙德燃气开辟一个巨大的潜在市场。

一、蒙德燃气和燃料电池

19 世纪 80 年代初期，蒙德和他的助手们发现他们的发生炉在形成氨的优化反应条件下也会产生富含氢气的发生炉燃气，比道森燃气高约 40％。这似乎引起了蒙德的注意。他从书中找到了威廉・罗伯特・格罗夫（William Robert Grove，1811—1896）四十多年前的一个发明。这个发明被称为格罗夫电池（Grove cell）或气体伏打电池，能将氢气直接转化为电能。尽管格罗夫和其他许多人都尝试过这个想法，但并没有奏效。从不同的角度来看，蒙德认为，如果这个想法得到证实，使用于发电变成现实，会让蒙德燃气产生巨大而无可比拟的需求。1884 年，蒙德聘请德国化学家卡尔・兰格（Carl Langer）加入了他在伦敦新开设的实验室，协助他开发研究采用氢气发电的任务。

威廉・罗伯特・格罗夫是一位英国发明家，后来成为一名专利律师，对涉及科学的主题充满热情。在他早期的职业生涯中，格罗夫改进了伏打电堆，通过使用铂和锌作为电极并使用硫酸作为电解质来产生强大的电流。格罗夫将许多这样改进的电池卖给了当时需要强大电源的新兴电报业务运营商。他还在 1840 年发明了白炽灯泡，并用它照亮了当地的一家剧院，比后来发明和完善白炽灯泡的英国物理学家约瑟夫·斯旺（Joseph Swan，1828—1914）和托马斯·爱迪生早了三十八年。受到两位英国科学家威廉·尼克尔森（William Nicholson）和安东尼·卡利斯尔（Anthony Carlisle）开展的工作的启发，他们用电将水分解为氢气和氧气，格罗夫相信将氢气和氧气重新组合成水的逆向反应也会产生电能。1839年，格罗夫在实验中展示了他的发明，他将两个铂电极分别插入两个充满氢气和氧气的试管中。然后，他将试管倒置，分别放入两个装有硫酸溶液的容器中，使铂电极的下部位于溶液中，而上部则仍然暴露在氢气和氧气的试管中，这样就形成了一个单元电池。通过将几个单元电池排列并将它们串联起来，格罗夫就制成了一个电池。当将电池的两端连接到检流计时，他观察到有电流流动，但只是瞬间的。尽管格罗夫在后来的几年里对不同的气体和电解质进行了更多的实验，也对这一系统有了进一步的了解，但他的电池还是无法产生可持续的电流。有趣的是，格罗夫在1854年还做出了一个大胆的推测，即将同样的原理应用到煤的燃烧上直接提取电能的设想。这在20世纪初确实掀起了一些研究热潮（Voltaic gaseous battery；Howard，1945）。

> "我经常想，如果我们不是使用锌和酸（这些是制造出来的）以及相对昂贵的材料来发电，而是通过普通煤、木材、脂肪或其他原材料的燃烧而产生电力，我们应该能够拥有很好的电力商业应用前景。"

从现实角度而言，格罗夫提出的建议几乎没有意义。除非人们可以分离出参与氧化还原反应的成分，例如碳与氧的反应，其中电子转移将在反应成分之间发生。后来，尽管格罗夫通过进一步的实验意识到氢和电极之间通过电极（铂）表面形成的一层薄薄的电解质相互作用的重要性，但他未能改进他的设计。虽然他的路径在原则上是正确的，但当电极表面被淹没，即浸入硫酸溶液中时，氢气或氧气无法在电极表面"游离"。几十年后，蒙德和朗格在困扰格罗夫气体电池的水浸问题上取得了飞跃性进展。

1889年，蒙德在结束他关于从煤中形成氨的主旨演讲时，简要介绍了另外两项发明，这些发明是他在开发蒙德燃气炉时的额外发现。

> "在结束我的主题之前，如果您允许的话，我将用几句话向您介绍这项研究的另外两项发明。有一天，当我看着一个锅炉下燃烧的发生炉煤气美丽的、几乎无色的火焰时，我突然想到，一种富含氢气的气体可能会得到更好的应用，而且有可能直接将其通过气体电池转化为电能。"

为了熟悉格罗夫的气体电池以及其工作原理，蒙德和朗格首先重现了格罗夫当年所做的实验。在了解、熟悉了格罗夫的气体电池系统，并掌握了过去的经验后，他们就开始在 1885 年至 1889 年期间通过尝试不同的材料、电解质和设计来构建新的气体电池以解决水浸问题。这导致他们构建了第一个干气电池或燃料电池（Mond，1888；Wisniak，2006）。尽管一些历史学家和化学家倾向于认为蒙德和朗格首先使用了"燃料电池"一词，但也有人指出，是美国物理学家威廉·怀特·雅克（William White Jaques，1855—1932）首先创造了燃料电池一词。然而，毫无疑问的是由蒙德和朗格开发的燃料电池在很大程度上是至今仍在开发的燃料电池原型。以下介绍干气电池或燃料电池的构造及其工作原理。

为了避免水浸现象的发生，蒙德和朗格采用多孔非导电材料作为隔膜来吸收电解质，即稀硫酸。隔膜由石膏、陶瓷或碳板等材料制成，然后在两面覆盖一层薄薄的铂箔。箔上穿有无数小孔，并涂有铂黑，为电解液提供通道使铂和铂黑表面相通。附着的铂黑隔膜被固定在彼此绝缘的铅和锑框架中形成两极，将电流传导到电池的两极，从而形成单元电池。当这些单元电池用不导电材料的框架绝缘彼此相邻堆叠时，每侧都会形成一个腔室，氢气进入一侧的腔室，而空气或氧气进入另一侧的腔室。蒙德和朗格用 7 个单元电池组建了第一个燃料电池，它的总有效表面积为 0.5 平方米，含有 9.5 克铂金。一旦连接到电阻或负载，燃料电池的一个腔室供应氢气、另一个腔室供应空气的时候，瞬间产生了 2 安培的 5 伏电流。基于蒙德和朗格的估计，这些电量代表从吸收的氢气中获得的总能量为近 50%，即电池效率。在这一过程中，空气侧形成的水蒸气被过量的空气带走，以避免铂黑被水浸。就这样，世界上第一个工作的燃料电池就诞生了。

有趣的是在接下来的试验中，蒙德和朗格引入了煤气，即蒙德燃气，以取代燃料电池中的氢气。结果是，蒙德燃气的作用与氢气相同。

蒙德和朗格似乎对蒙德燃气产生的结果与氢几乎相同这一事实并不感到惊讶。他们可能希望蒙德燃气中的一氧化碳能够像氢气一样被氧化成碳酸气。实际上几十年后也有人提出使用一氧化碳作为燃料电池气体，因为一氧化碳和氧气的反应也是一个氧化还原反应。如果氢气和一氧化碳能够在同一个燃料电池中工作，那就太好了。蒙德气体除了含有约 25% 的氢气外，还含有超过 10% 的一氧化碳（表 7-1）。可是，出乎意料的是，燃料电池产生的电流也很快就消失了。又经过了一段时间的试验后，蒙德和朗格发现，燃料侧的铂黑表面覆盖有碳颗粒，碳颗粒使铂黑中毒而失去了对氢气的吸附力。他们猜测，燃气中的碳氧化物和碳氢化合物如沼气和乙烷等在铂黑上裂解、积碳而使其中毒，失去了对气体的吸附能力。因此，有必要从蒙德气体中将一氧化碳和碳氢化合物除去，这就是蒙德在演讲中提到的第二项发明。

关于在现代工业中广泛应用的气体分离工艺和技术，在 19 世纪 80 年代是不存在的。蒙德和朗格不得不求助于其他可用的方法来去除这些气体，虽然这在价值方面是一种浪费。很快，蒙德和朗格发现，让蒙德气体与蒸汽一起通过某些金属或其氧化物是去除一氧化碳和碳氢化合物的一种有效方法。这一发现似乎可以解释一氧化碳在铂黑上裂解成碳酸气和碳及其他的碳氢化合物裂解成氢和碳的现象。这意味着处理后的蒙德气体会变得适用于燃料电池。蒙德燃气仍然是大量氢气的方便来源，那么接下来的问题是如何将它与其他气体分离。经过筛选后，他们最终选择了镍和钴，通过低于蒙德气体在发生炉出口处的温度，即 350～450℃，镍和钴获得了最佳结果，在蒸汽的存在下几乎可以完全破坏这些有害的成分。此外，离开发生炉的蒙德燃气含有大量的蒸汽，因此不需要额外的蒸汽，这是一个很完美的巧合。为了执行这样的方案，蒙德和朗格将多孔材料（例如浸有镍或钴的浮石）放入一个干馏容器中，在启动时从外部加热。一旦炽热的蒙德燃气流过干馏器时，反应就会产生足够的热量以维持自身必要的温度。从反应器中出来的经过处理的蒙德燃气将不含一氧化碳和碳氢化合物，其氢含量由 25％提高到 36％～40％，适用于燃料电池发电。实验室规模的成功让蒙德充满信心，"我们毫不怀疑它会在未来大规模取得完全成功……以非常小的成本"。显然，当时以煤气为燃料的燃料电池发电的成本会比由蒸汽机或燃气发动机驱动的发电机发电成本低得多。燃料电池技术的工业化应用很快会对蒙德燃气工艺产生巨大的需求。不幸的是，由于纯碱业务等其他更紧迫的问题，正在进行的燃料电池开发工作被推迟了。

二、一氧化碳和镍

早在 1886 年，蒙德就为温宁顿纯碱厂建造了焦炉，为其苏打业务提供作为催化剂的氨气，这在改善索尔维苏打业务方面是一个重要的里程碑。然而，要从整体上击败勒布朗克苏打工艺，蒙德意识到他还需要从废物流中回收氯，即氯化钙，这是目前工艺中部分回收氨后留下的废物。尽管快速增长的索尔维苏打业务及其低的产品成本在市场上给勒布朗克业务增长带来了强大的阻力，但勒布朗克工艺还有一个索尔维工艺不具备的优势，那就是勒布朗克工艺还生产美白粉，即次氯酸钙。这是一种氯气与熟石灰反应的产品，可作为漂白粉提供给需求旺盛的纺织和造纸行业，并具有垄断地位。蒙德决定不再等待，并优先改造、升级了他一直使用的氨回收工艺。在现有的氨回收工艺里，氯化铵与熟石灰反应后留下的氯化物以氯化钙的形式作为废物留下。在调查研究了可能获得更好结果的方法之后，蒙德这次选择了一种全新的方法，从索尔维塔中的氯化铵开始，这个新的工艺过程中将会同时回收氨和氯。在改造升级工艺中，蒙德和朗格首先将残留的铵盐溶液冷却，使氯化铵结晶而从母液中分离。将分离的固体氯化铵在容器中加热至约 350℃，使氯化铵分解成氨气和氯化氢蒸气，然后氨气和氯化氢蒸气进入另一个装有氧化镍颗粒的容器，该容器的温度保持在 400℃ 左右。在那里氯化氢被金属氧化物首先选择性地吸收，形成氯化镍，而氨气则通过，循环回索尔维工艺中使用。一旦氧化镍饱和或耗尽，氨气和氯化氢蒸气流将切换为热空气流，这时床层已经被加热至 500℃，热空气中的氧气通过以下反应将氯化物氧化释放为氯气：$2NiCl_2 + O_2 \Longrightarrow 2NiO + 2Cl_2$。还原的氧化镍循环使用。如果需要氯化氢，可选择用蒸气代替热空气，从而产生氯化氢。这是一个非常灵活的工艺过程，已被证明在实验室中运作良好。蒙德和朗格于 1886 年将这一发明申请了专利（Mond, 1886）。然而，当搬到温宁顿现场进行大规模测试时，发生了意想不到的意外。

深知氯化铵分解产生的氯化氢具有很强的腐蚀性，蒙德不得不在测试容器内部使用了耐腐蚀陶瓷材料等，并在氨和氯化氢蒸气排放通过的管路中使用镍阀以防腐。在现场测试装置的实际操作中，需要在吸收氯化氢和引入热空气或蒸汽以回收氯气之间进行吹扫，来将系统内残余的氨和氯化氢蒸气从管线和反应器中吹扫出去。然而，经过一段时间的测试后，蒙德和朗格发现阀门开始泄漏。经过检查，他们发现镍阀门的球床材料被分解了，阀门内部和镍阀球体都覆盖有炭黑。除了伦敦实验室使用的吹扫气体是瓶装氮气外，他们操作系统的方式没有其他变化。但在现场测试装置中，唯一的变化是吹扫气采用了现场石灰石操作产生的废气。当时这一废气被认为是碳酸气，并且应该像实验室采用的氮气一样起保护作用。经过仔细分析，在吹扫废气中发现了少量的一氧化碳。这使他们二人回想起了之前在燃料电池研究中使用铂和铂黑的经验以及后来采用镍和钴来回收浓缩氢气的实验现象。蒙德意识到一氧化碳是一种非常有活性的气体，它对某些金属及其氧化物具有很强的亲和力。蒙德随即指示朗格进一步了解这种独特的一氧化碳气体及其对金属的行为。一氧化碳是蒙德燃气的主要成分之一。

回到伦敦的实验室，朗格架起仪器，开始研究镍与一氧化碳的反应。他连接好仪器，将细镍粉放入玻璃管中，然后将一氧化碳通过玻璃管，加热到不同温度，观察镍粉的变化。同时，为了避免一氧化碳的排放，又将一盏本生灯连接在玻璃管的末端，这样剩余的一氧化碳都会被火焰烧成碳酸气，就像工厂里的火炬一样，以防一氧化碳中毒。在每次运行中，镍粉于一定温度下在一氧化碳气氛中处理一段时间，冷却至室温，然后分析得到的镍粉。有一次，朗格在冷却过程中无意观察到本生灯周围的一些奇特现象。当玻璃管冷却到大约 150℃ 时，本生灯的火焰开始发光，亮度增加，然后一旦温度进一步下降到 100℃ 以下的时候，火焰就会变成黄绿色。经过一番思考后，朗格使一氧化碳气体继续流动，加热了玻璃管。突然间，本生灯的玻璃上涂上了一层明亮的金属镜面。同时，灯失去了光亮。镀层被发现是镍！镍必须与一氧化碳形成一种化合物，然后在火焰加热时分解释放出镍，朗格的大脑在飞速运转。对该化合物进一步分离和检查发现该化合物呈液态，在 43℃ 沸腾并在 23℃ 开始冻结。镍与一氧化碳结合形成 $Ni(CO)_4$，这是一种全新的化合物，称为氧化镍或四羰基镍。蒙德和朗格于 1890 年在《化学学会杂志》上发表了他们的发现。很快，铁的两个羰基化合物 $Fe(CO)_5$ 和九羰基铁 $Fe_2(CO)_9$ 也被发现了。这一发现很重要，因为羰基代表了一个特殊的有机金属羰基家族，已被用于现代炼油和石化工业。在继续对羰基金属化合物进行实验工作的同时，二人也在考虑如何将这一发现付诸实践。如果一氧化碳可以用来从其他金属如钴、铁和铜等中分离镍，那么很可能开发出一种全新的工艺来制造高质量的镍。而且这样做的成本将会很低，因为一氧化碳在低的温度下对镍具有非常强的亲和力。这将是一个巨大有潜力的技术。镍是地球上最常见的第五大元素，是一种有光泽的银白色金属。它坚硬、有韧性及好的延展性，并且可以进行高度抛光。这是一种非常有价值的商品，可以使钢铁变得特殊。

蒙德立即投入了行动。

处理镍矿石的冶金工艺在 19 世纪 80 年代已经基本建立。然而，高纯度的镍并不容易制造，这在 19 世纪 80 年代中期左右一直是大量研究和发明的课题（Abel，1884；Readman，1883）。随着更多资源投入伦敦的实验室，蒙德于 1892年让朗格负责在伯明翰西部的斯梅斯威克（Smethwick）的威金镍厂建造和管理一个试验工厂，用来开发在实验室规模上已经展示的工艺的可能性。就这样，经过几年的故障排除和系统工作，著名的蒙德镍工艺诞生了。它能够制造纯度高达99.9％的镍。图 9-3 是它的工作原理以及一氧化碳（蒙德煤气或洛邑水煤气的主要成分）如何从其他杂质中提炼镍的过程。蒙德的聪明才智、好奇心和以实用为导向的思维方式使这新奇的过程成为现实。

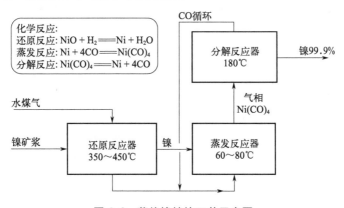

图 9-3　蒙德镍精炼工艺示意图

蒙德镍精炼过程分三个步骤进行，即镍矿石在矿区经过一系列工艺预处理后，变成富镍矿的浆料。这是一种将镍矿经还原、蒸发和分解后含有钴、铁和铜等的浓缩镍氧化物。在开发的精炼工艺中，富镍矿的浆料被引入加热到350℃和450℃之间的还原反应器中，在此处富镍矿的浆料与洛邑水煤气相遇，并主要被其中的氢气还原为镍。显然，这里蒙德使用了洛邑水煤气而不是蒙德燃气来还原镍，因为水煤气含有更高浓度的氢气和一氧化碳，且氮气含量也最低。然后将还原后的镍冷却至不超过80℃，同时在密闭环境下被转移到下一个室，即蒸发反应器。其中剩余水煤气中的一氧化碳选择性地与镍反应生成四羰基镍蒸气，以气相形式被带到最终的分解反应器，在加热到180℃的环境下进行还原反应。还原后的镍在镍球上不断地生长，得到纯度高达99.9%的金属镍产品，同时释放的一氧化碳被送回蒸发反应器重新使用。一氧化碳相对于镍所具有的独特而强大的化学亲和力和高选择性使该过程简单且消耗的能量很少。

受到这一成果的鼓舞，蒙德从1899年开始购买位于加拿大安大略省萨德伯里附近的镍矿，并建造矿石加工设施和相关基础设施，如铁路和水力发电站，从而涉足采矿业务。蒙德的计划是在矿场建设粗加工厂来加工镍矿石，并将加工后的镍富矿浆料运回英国进行精炼。1900年，蒙德成立了蒙德镍公司（Mond Nickel Company）以管理和运营镍精炼业务，同时还在加拿大获得了开展业务所需的许可。回到英国后，蒙德还在英国的冶金中心南威尔士斯旺西附近的克利德赫（Clydach）建立了蒙德镍厂，用于精炼镍富矿浆料以制造优质的金属镍。蒙德镍厂于1902年投产。到1910年，该企业取得了长足的进步，生产了3000吨纯度为99.9%的镍。到1939年，蒙德工艺生产的镍占全球消耗量的三分之一。1909年蒙德去世后，蒙德镍公司于1928年与美国国际镍业公司（INCO）合并。1932年，INCO在美国注册了"Inconel"商标，这是一种镍和铬混合的特种合金，是以前由位于英国赫里福德的蒙德镍公司的子公司亨利威金公司（Henry Wiggin & Co.）发明的一种新型材料。Inconel镍合金是一种超级合金，由于其在高温和高压下具有抗腐蚀和抗氧化的卓越性能，因此极大地扩展了钢的功能。早期对铬镍铁合金的需求主要来自喷气发动机的发展。20世纪50年代以后，航天航空、汽车、电力、化工、石化等领域的工业扩张促使人们迫切需要更好的材料，从而使Inconel高温合金材料的开发取得了重大进展。一些高温镍合金材料已广泛应用于现代气化设施，例如在高纯氧气的情况下使用Inconel625，而其他材料则在温度和压力等极端条件下的腐蚀和侵蚀环境中使用。材料的进步使得煤气化向高温高压的发展变得可靠，在某种程度上也推动了煤气化整体技术的进一步发展。

第四节　蒙德燃气、工业燃气和电力

对于蒙德来说，19世纪90年代是成长和发展的非凡十年。在此期间，他将他的索尔维纯碱业务工厂转变为行业帝国。与此同时，他将羰基镍的发现也转化为另一项有形的重磅技术，并在接下来的十年中建立了另一个工业帝国，彻底改变了镍的制造和精炼。

1887年左右，蒙德在他的索尔维纯碱工艺中实施了新的氯回收工艺，尽管当时并不完美，但蒙德的索尔维纯碱工艺基本上结束了勒布朗克工艺所享有的垄断地位。从此，索尔维纯碱工艺及其竞争产品纯碱和漂白粉的简单环保工艺迫使勒布朗克关联企业（主要是家族企业）于1890年合并成立联合碱业公司（United Alkali Co.），以便维持生计。布鲁纳-蒙德公司又通过建造新工厂和收购竞争对手的现有业务进入了爆炸式扩张。到1900年，布鲁纳-蒙德公司已经占据主导地位，制造了全球90％的纯碱产品，业务遍及许多国家和地区。1900年，布鲁纳-蒙德公司在上海设立了总公司，当时被称作卜内门公司。该公司在中国广州、天津、重庆和青岛等城市设有分公司，经销纯碱及其衍生产品，如当时流行的肥皂等。1922年，公司迁入自己设计建设的大楼，这个大楼至今仍屹立在上海市四川路133号，是上海众多标志性建筑之一。1920年，布鲁纳-蒙德公司又开始探索合成氨技术，并在英国比灵厄姆（Billingham）开发了一个合成氨项目。与以往作为煤干馏或蒙德发生炉副产品的方法不同，该项目采用了一种新的合成技术，即第一次世界大战前德国巴斯夫公司开发的哈伯-博世工艺。1926年，布鲁纳-蒙德公司，与其他三个公司合并，即联合碱业公司、阿克苏诺贝尔炸药公司和英国染料公司，成立了帝国化学工业公司（ICI）。ICI继续探索合成氨和液体燃料的合成技术。在这样做的过程中，ICI继续关注煤气化和一般气化以制造必要的合成气，并且至今仍保持相关性。

燃料电池的发展似乎没有达到蒙德的预期，蒙德燃气用于发电可能开辟无限的燃气市场。也许这项计划被许多其他的优先事项耽搁了。也许，蒙德在19世纪90年代初期已经意识到燃料的发展过程中必须解决的挑战越来越多，因此不得不投入更多的资源来实现。诸如蒙德气体净化、电极材料、小型燃料电池的放大和放大相关的困难等技术挑战将对开发可行的燃料电池产品带来很高的不确定性；或者，即便技术开发成功，也有可能市场将无法吸收、承担由此带来的高成本。就今天而言，回顾过去，蒙德和朗格开发的燃料电池框架和原型已成为许多研究人员和发明家努力推进可行且具有经济意义的燃料电池技术的原则或指南。直到今天，除了一些对经济性不太敏感的独特案例以外，它的开发仍然具有挑战性，且仍然在开发当中。比如，其中一个案例是美国宇航局为 20 世纪 60 年代发射的阿波罗太空任务成功部署了机载氢气燃料电池。在部署中，燃料电池技术除了为航天器提供电力外，还将燃料电池运行中排放的水用作宇航员在太空中的饮用水。在地球上的其他任何燃料电池项目上，产生的水则不会带来任何额外价值。还有，过去的十几年中，在当今世界面临的温室气体和气候变化问题的激烈争论推动下，汽车制造商也开始向全球街头提供氢燃料电池汽车、卡车和公共汽车等交通工具。诸如丰田汽车制造的 Milai、现代的 NEXO 等都是燃料电池技术发展应用不断取得进展的几个例子。尽管许多公司一直在创新自己的燃料电池技术，但这些技术在某种程度上反映了蒙德和朗格一个多世纪前开发的原型和原理。

为了使公司的运行更加有效，蒙德将他的努力又转回到蒙德燃气的传统应用，例如燃气发动机、熔炉/锅炉加热和不同的冶金用途等。此外，他在温宁顿纯碱厂开发了一个集成可回收氨的蒙德燃气厂，并指导汉弗莱进一步示范这些工业上的应用。

一、早期的工业气体管网

1901 年，在成立蒙德镍公司一年后，蒙德在英格兰东北部的蒂斯河畔斯托克顿（Stockton-On-Tees）成立了蒙德动力燃气公司（Mond Power Gas Corporation），拥有和管理所有与蒙德燃气工艺技术相关的知识产权、工程服务和设备制造，以便开发和建设集成的蒙德燃气厂。同年，蒙德还根据 1901 年议会法案授予的许可成立了南斯塔福德郡煤气公司（South Staffordshire Gas Co.），类似于温莎 91 年前从议会获得的特许证。当时，GLCC 的成立是为了制造煤气并将其分配给住宅和商业客户，以供伦敦的照明使用。然而，这一次，南斯塔福德郡煤气公司的目标是制造蒙德燃气并将其通过工业燃气管网分配给邻近的工业用户，用于照明以外的用途。这是标志着工业用燃气公用事业的第一个商业例子。根据议会法案的规定，南斯塔福德郡煤气公司的目的是"在南斯塔福德郡和东伍斯特郡地区制造、供应、销售和分销被商业董事会批准的通常被称为蒙德燃气的发生炉煤气和蒙德燃气开发项目以及其他获准用于动力或其他动力、加热或其他可以供应此类气体的发生炉煤气（排除此类气体不得供应或用于照明），且制造、销售和经营硫酸铵和上述气体的其他副产品或残余产品，并通常执行本法的权力和目的"（Keen，1901）。该法案明确规定，禁止该公司直接或间接供应其蒙德燃气或其他气体，用于照明。如果发生此类违规行为，则承担后续责任。这是有史以来第一次也是最大规模地将蒙德燃气或其他发生炉煤气应用于工业网络的实例。

根据该法案，工业燃气网络覆盖约 123 平方英里的管辖范围，从伯明翰北部边界到西北方向的伍尔弗汉普顿（Wolverhapmton），从北部的佩尔索尔到南部的斯托布里奇，居住着约 640000 名居民和有 2200 多家大大小小的商家、作坊和工厂。该地区还有从采煤、陶瓷制造到石灰石生产的大型业务，这些业务通常需要大量电力来驱动发动机和燃气用于动力、加热以及取暖。此类电力的总需求估计相当于 300000 马力的蒙德燃气，每天需要的煤炭消耗量约为 3000 吨。然而，公司可以出售的蒙德燃气的价格是由该法案规定的。如果蒙德燃气在 13 周内销售的数量不少于 400 万立方英尺，则向其客户收取的费用不得超过 3 便士每千立方英尺；否则，收费不得超过 4 便士每千立方英尺。如此巨大的潜在需求为蒙德提供了发展蒙德燃气业务的重大机遇。

蒙德能交付吗？回答是肯定的。蒙德不仅以分阶段的方式成功完成了这项史无前例的工程，而且还以远低于该法案规定的价格，2 便士每千立方英尺的蒙德燃气，交付了蒙德燃气。

蒙德为他的燃气厂选址在所管辖领土的中心蒂普顿（Tipton），该地点交通便利，毗邻斯托尔谷（Stour Valley）铁路线和迪克森（Dixon）运河支线，其西边不远处是 1882 年投产的蒂普顿煤气厂。该煤气厂给其周围的客户提供煤气。在第一阶段，蒙德部署了 8 台新设计的圆柱体发生炉（图 9-1），每台发生炉每天处理 20 吨当地煤炭。这些煤炭利用驳船通过运河运送到现场。该工厂的建设始于 1902 年，于 1905 年完工。这座新蒙德燃气厂的设计和布局似乎基本上沿用了温宁顿工厂的设计和布局。项目一期气化煤 160 吨每天，若 8 台蒙德生产装置全部投产，同时联产硫酸铵外销。毫无疑问，在汉弗莱和其他人进行的整个测试和示范过程中获得的所有确认的相关技术、工程和操作方面的广泛实践经验都必须被纳入新的工厂，以最大限度地减少执行这个当时在英国部署生产燃气的最大工业项目的潜在风险。但值得注意的是，位于温宁顿纯碱厂的蒙德燃气大部分被现场索尔维纯碱业务的运作消耗，只有一小部分被输送给外部终端用户。例如其中一家客户是位于 0.25 英里以外的诺维奇电力供应公司（Northwich Electric Supply Co.）。在这种情况下，蒙德燃气通过一根 12 英寸管道输送到场外的该公司用于发电。而位于蒂普顿的新蒙德燃气厂基本上充当生产蒙德燃气的中心站。除了少量用于现场辅助外，大部分蒙德燃气最终通过覆盖 123 平方英里领土的管道网络输送给工业用户。这种在中央生产燃气并通过管道网络向广泛的工业用户分配燃气的商业方式在当时绝对是首例。蒙德一定已经意识到这一点及与此相关的挑战。此外，蒙德燃气或一般的发生炉煤气，是一种比密度为 0.86 磅每立方英尺"更重"的气体，因为它的氮气含量高，比传统煤气的 0.42 磅每立方英尺高得多。几十年来，煤气已通过行之有效的实践广泛分布。因为输送的气体不同，重新设计蒙德燃气的管道网络是必要的，并且至少需要新的组件。这里简单介绍一下早期的工业蒙德燃气管网。

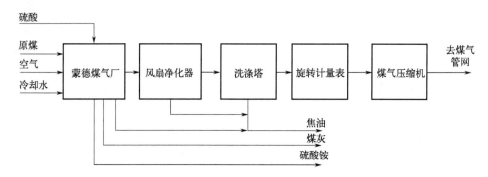

图 9-4　工业蒙德燃气中心站示意图

　　与温宁顿燃气厂的运营类似，蒂普顿新工厂占地 40 英亩，也选择了当地的碎烟煤。一旦运到现场，煤炭将直接卸载到煤仓，然后自动输送并分配到位于两捆发生炉各自上方的储料仓，其中每捆有 4 个发生炉。每个储料仓可容纳 40 吨碎烟煤。驱动传送带的电动机额定功率为 5 马力。两捆发生炉彼此平行安置，每个发生炉都配备了专用的过热器和机械水洗器。过热器和洗涤器放置在两捆发生炉之间的空间中。在洗涤器的下游，每捆发生炉共享一条与氨回收集成的设备生产线，包括一个硫酸塔、一个冷却塔和一个空气饱和器。简而言之，氨回收一体化的蒙德制气段及其运行与温宁顿基地开发的布局也类似，如图 9-4 所示，为集成的蒙德燃气厂。接下来在进入燃气总管之前准备和压缩蒙德燃气的额外工艺和设备是蒂普顿新工厂特有的新尝试。蒙德燃气在离开蒙德燃气厂后，通过 2 台由 45 马力电机驱动的大型离心风机和洗涤器进行额外的清理，以在进入旋转计量表之前去除残留的焦油。最后，经过计量的清洁蒙德燃气由 3 台 450 马力的压缩机压缩至 10 磅每平方英寸，然后送入燃气总管。每台压缩机每天能够处理 2400 百万立方英尺的蒙德燃气。正常运行情况下，两台压缩机运行，一台备用，煤气表也是如此。

　　在当今的实践中，在高达 2000 磅每平方英寸的压力下运行的天然气管道已经普遍被运用。但是，1900 年的情况并非如此。设计为 10 磅每平方英寸的蒙德燃气管道是同类工程的首例，而且也从未有过类似的经验。当时已有的煤气基础设施通常设计为略微正压，即几英寸的水压，约 0.14 磅每平方英寸的表压（约 0.01 巴）。为了处理这种"重"的发生炉煤气的"高压"输送，与传统煤气系统使用的铸铁材料不同，煤气总管采用钢材建造，并在内部涂上一层沥青，再用帆布进行强化。沥青可以由焦油制成。中央站使用直径 36 英寸的燃气总管，在配管网末端减小到 21 英寸。最初的计划是煤气总管从蒂普顿煤气厂的大门向北延伸到 Toll End，然后在 Ocker Hill 分成两条支线，一条支线向西北方向经比尔斯顿到达伍尔弗汉普顿，另一条向东北方向经过温斯伯里到达沃尔索尔（Walsall）。分配末端的输送气体压力应保持在 5 磅每平方英寸表压以上，然后采用阀门降低到适合每个最终用户需要的不同压力。到大约 1907 年至 1908 年间，已铺设了 13 英里的煤气总管和支线。到 1920 年初，这个数字已经延伸到 37.5 英里，连接了 161 个工厂，包括冶金和供暖操作以及驱动燃气发动机等。

从经营业绩来看，工业煤气管网中心站在 1919 年消耗了约 29500 吨煤，生产了 44 亿立方英尺的蒙德燃气。每吨煤的产气率约为 150000 立方英尺，并副产了 1280 吨硫酸铵，占发生炉消耗煤炭重量的 4.3%。大约 89% 的蒙德燃气卖给了不同的工业终端用户。在第一次世界大战之前，蒙德以远低于 1901 年议会法案规定的价格出售他的燃气，每千立方英尺的燃气 1.5～2.75 便士供燃气发动机使用、1.5～2 便士供加热用。但在战争期间，由于煤炭、材料、劳动力等价格大幅上涨，蒙德也不得已提高了价格。1919 年，用于发动机使用的蒙德燃气收取 8.8～10 便士每千立方英尺，8.8～9.3 便士每千立方英尺用于加热。从南斯塔福德郡煤气公司燃气中心的运营角度来看，这要得益于副产品销售带来的收入。1919 年因为硫酸铵的价格仍然很高，是盈利的一年，副产品硫酸铵的销售额占总销售额的约 12%。表 9-1 是 1919 年运营的销售额与开支额的对比。

表 9-1　蒙德硫酸铵回收燃气厂的营业利润率

销售项目	费用/英镑	开支项目	费用/英镑
蒙德燃气	130609	生产成本(原料煤,工资、O&M 及材料)	119370
计量器租赁	1020	煤气配送成本(工资、O&M、材料和实验室工作)	9026
副产品	19115	租赁开支、税以及保险开支	3122
其他	176	管理成本(工资、一般开支)	3545
总计	150920		135063
净盈利	15857		

注：来自文献（Dowson，1920）。

不过，谈论这种操作的经济性似乎太有些粗略了。尽管如此，考虑到 1919 年年底的 548030 英镑的总资本支出和运作的时间，每年仍有正的净利润，这说明了不错的运营表现。然而，蒙德燃气作为一种通过管道网络辐射分布的工业气体，也许很难仅仅通过其财务上的成功来衡量。更恰当地说，从技术的角度来看，衡量成功的标准应该是蒙德几十年来坚定不移地致力于将燃气发生炉推进到如此大规模的成功操作。这一规模远远超出了当时所取得的发生炉的规模，例如西门子兄弟或道森发生炉。同时，探索廉价的烟煤资源，以大幅度的低价提供优质的气体燃料，从而吸引了更多的工业用户。当然，氨或硫酸铵在当时市场的独特地位和价值有时会以多种方式影响这项事业。正如道森明确指出的那样，"已故的博士蒙德和他的同事们在证明什么是可以实现的方面做了有价值的先驱工作，其他人无疑会从他们所获得的经验中获益（Dowson，1920）。"这使气化技术在跨越到 20 世纪后发挥了更多的作用。

二、发生炉煤气与黑烟囱

自从西门子兄弟和道森将发生炉煤气引入工业部门用于供热和驱动气体发动机后，传统煤气行业面临的困难越来越大。一方面，来自白炽灯泡的竞争迫使煤气向照明以外的其他领域扩张；另一方面，为了维持生计，煤气业务面临降低煤气制造成本以保持竞争力的压力。在第一次世界大战之前，煤气每千立方英尺的售价超过 2 先令，但蒙德燃气公司能够将其蒙德燃气价格降至每千立方英尺 1.5 便士。由于煤气的热值通常是蒙德燃气的 4～5 倍，与每千立方英尺煤气热值相当的蒙德燃气的价格为 6～7.5 便士，仍远远低于煤气的价格。所以，低成本的蒙德燃气在工业领域产生了巨大的需求，用于各种用途，包括驱动燃气发动机、点燃锅炉、加热炉、烹饪等等。这对传统煤气市场的影响无疑是雪上加霜。

在这个时候，整个英国社会面临着另一个困境，即工业革命使煤炭在从家庭烹饪和取暖到工业过程中被广泛使用。在这一过程中，大量的煤炭释放出大量的"caloric"，用于产生蒸汽或者用产生的蒸汽再去驱动发动机以提供机械动力或发电等。燃烧后的烟气通过各地数以百计高高耸立的烟囱，不停地喷出黑烟，尘土飞扬，油腻的烟雾令人窒息。燃煤造成的空气污染特别在当时长期粗放的工业活动密集的城镇已经成为公害。与 14 世纪初爱德华一世国王统治期间相比，19 世纪末的污染达到了一个全新的程度，引起了越来越多的公众抗议和投诉，例如在工业活动集中的伯明翰、曼彻斯特、格拉斯哥、利兹等地。这时，停止、禁止甚至减少煤炭的使用已经变得不可能，煤炭已经成为公众生活的一部分。因为除了煤炭之外，根本没有其他实际可用的能源来支持工业机器的启动和运行。为了缓和公众的紧张情绪，地方当局和工业企业也在积极地寻找直接燃煤的替代方案。在这样的环境下，成熟的煤制气业务似乎有明显的机会扩展到工业领域，以取代直接燃煤作为有效、快速地解决那些排放黑烟的烟囱的解决方案。可问题是，煤气成本高昂，行业所有者也无力消化。煤气行业开始积极研究技术和商业方法，以改善其煤气的竞争性。例如，伯明翰市于 1875 年左右将温莎街上的温莎街煤气厂等 5 家煤气厂合并为伯明翰公司，启动了一项改造其运营的计划，建造新的煤气储罐以减少煤气泄漏，并采用蓄热式干馏、水煤气工艺和立式干馏等新技术改善煤制气工艺，等等。这些都有助于改善煤制气操作，同时降低煤制气成本。

还有，为了促进从燃煤转向燃气，伯明翰的煤气部门还设立了激励措施，鼓励公众和工业业主使用更多的煤气或改用煤气，特别是将蒸汽机升级为燃气机或改造燃煤锅炉为燃气锅炉。煤气部门还免费向任何考虑这种转换的人和工厂提供专家咨询。众所周知，气体燃料比煤更适合锅炉燃烧。但问题是，工业业主要想实现急需的煤气转换，就必须以可接受的价格交付。当便宜的气体燃料变得容易获得时，工业用户自然会欢迎这样的改变，用清洁、廉价和低磨损的气体燃料替换那些肮脏、费力和维护强度大的燃煤锅炉。毕竟，盈利是企业的命脉。因此，这样的困境一直持续了一段时间，直到蒙德燃气和其他类似的发生炉煤气的到来。

受集成蒙德气体工艺示范的鼓舞，发动机制造商，诸如克罗斯利兄弟（Crossley & Bro.）、柯克利尔（Cockerill）、西屋（Westinghouse）、纽伦堡（Nurnberg）、科尔庭（Koerting）和扑来米尔（Premier）等开始开发和提供专为气体燃料应用设计的大型发动机。蒙德动力燃气公司也开始开发蒙德燃气厂及销售相关设备给那些希望再采用大型燃气发动机运行的企业主。截至 1908 年，全世界大约有 39 台大型燃气发动机在运行或在建，其中有 9 台 500 马力、10 台 650 马力、4 台 750 马力和 6 台处于高级开发阶段的 2500 马力的燃气发动机，这比道森早期取得的小型燃气发动机成就有了显著的进步（参见图 7-3）。就这样，燃气发动机向蒸汽发动机主导了一个多世纪的市场又迈出了一大步（Allen，1908；Co.，R. W.，1903）。

此外，蒙德燃气还被用来取代煤炭以点燃锅炉发生蒸汽驱动燃气轮机用于发电。例如，在曼彻斯特，当地法院介入解决因特拉福德公园附近的两家公司排放黑烟引起的公众纠纷。特拉福德电力和照明供应公司（Trafford Power and Light Supply Co.）以及 W. T. 格楼瓦公司（W. T. Glover and Co.）最终都采用了没有氨回收的蒙德燃气工艺来改造、点燃他们的锅炉。特拉福德电力和照明供应公司在此之前一直在运行两台相当于 1000 马力的巴布科克-威尔科克斯型燃煤锅炉来产生用于发电的蒸汽。其代表于 1902 年 1 月向法庭承诺，安装中的蒙德发生炉将很快更换这 2 台蒸汽锅炉中的燃煤，"两周后，蒙德煤气将用于燃烧，并且不再有黑烟"（Co.，R. W. 1903）。

蒙德动力燃气公司亦将其发生炉出售至海外。1908 年前在香港太古船坞，该船坞是香港主要的造船厂之一，还能够进行当时世界上最大的船舶维修。蒙德气体用于驱动燃气发动机和其他各种加热用途。船坞由香港约翰太古父子有限公司（John Swire and Sons，Hong Kong，Ltd.）于 1902 年至 1907 年间开发，安装了四台靠柯利尔型的燃气发动机，其中两台各为 1100 马力，另外两台各 500 马力，用于驱动 2250 千瓦的发电机发电。这是当时香港最大的发电设施。电力用于驱动船坞上大型机器和工具，并用于照亮商店和干船坞（Middleton Smith，

1915)。在日本，也有两家公司于 1915 年已经安装部署了蒙德燃气发生炉。一家在东京的大森煤气厂，另一家公司与福冈县伊田的三井矿山株式会社合作，生产的燃气用于厂内动力驱动。大森煤气厂是东京燃气在 19 世纪 80 年代后期开发的早期煤气厂之一，采用的是副产焦油炼焦技术，副产煤气用作照明气体使用（Nakai，1915）。

随着蒙德燃气发生炉得到认可，并被大规模地工业化应用，蒸汽机开始受到来自清洁高效燃气机动力竞争的压力，从而拉开了 20 世纪燃气机时代的序幕。

三、早期的联合循环发电

当蒙德开始着手解决制氨的问题时，发电技术也在迅速发展。在 1879 年展示了他的白炽灯泡后，美国发明家和实业家托马斯·爱迪生开始在纽约市珍珠街建造第一个完整的中央发电站，并于 1882 年 9 月向方圆一英里内的 1400 盏白炽灯供电。这个完整的中央电站包括燃煤锅炉、涡轮机、发电机、电压调节装置、配电盘、铺设在地下的铜线导线，以及用于在目的地安装白炽灯的固定装置。6 台发电机每台重 27 吨，设计发电量为 100 千瓦。假如这样的系统采用燃气锅炉，带动一台 100 千瓦的发电机需要一台约 167 马力的燃气发动机来提供所需的驱动力，这需要用一台每天处理约 1.8 吨煤的煤气发生炉来提供燃气。显然，爱迪生并没有采用燃气发动机的技术路线。对于发电站特别是集中式电站，大规模运行是未来的趋势。之后，爱迪生又改进了他发明的白炽灯泡，并采用三相交流发电机。1889 年 4 月 24 日，通过合并爱迪生的三个制造公司和爱迪生电灯公司拥有的所有知识产权，在纽约成立了爱迪生通用电气公司。该公司加快了美国及其他地区开发和建造更多配备蒸汽机的中央发电站的步伐。

前面已经讨论过，内燃机比燃煤蒸汽机的效率高得多。虽然当时的市场已经广泛认可煤气和后来的道森燃气等气体燃料的价值，而且煤气已经通过城市、城镇和乡村的煤气管道网络被广泛使用，但是它们的高价格使它们无法与超过约 120 马力规模的蒸汽机竞争。对于道森燃气，进行更大规模的操作还需要额外的工艺开发。因此，到 1900 年左右采用的大多数燃气发动机都是小于 120 马力的小型发动机。例如，伯明翰公司于 1875 年通过合并温莎街煤气厂、伯明翰煤气灯公司和南斯塔福德煤气灯公司成立，在 1897 年左右通过其 618 英里长的网络向 1600 台燃气发动机供应煤气。1901 年，煤气发动机的数量增加到 2408 台。在 2408 台发动机中，有 1300 台发动机低于 6 马力，1000 台发动机在 8~14 马力之间，只有 100 台发动机大于 30 马力。此外，像附近的西布罗姆维奇（West Bromwich）、沃尔索尔、斯梅斯威克和伍尔弗汉普顿等城镇的情况也类似，这就是位于南斯塔福德郡的蒙德燃气公司涵盖的范围（Keen，1901）。这些小型燃气发动机有的被用来提供机械动力，有的则与发电机耦合以发电用于照明。这些小型燃气发动机给小商店或工厂带来了很多好处。因为与传统煤气或道森燃气的成本相比，小商店和工厂的业主更倾向于占地面积小、操作方便、省力、清洁等好处。随着煤气市场从传统的照明用途转向燃气发动机、工业供暖、住宅取暖和烹饪，英国所有城镇的煤气日常使用模式也发生了变化。此前在伯明翰，煤气的需求往往在日落和日出之间达到顶峰。现在，白天早上 6 点到下午 6 点的煤气需求已经和晚上 6 点到早上 6 点一样，基本是全天候（Londoner，1912）。

　　值得注意的是，当时的发电机产生的是直流电，在开始使用小型蒸汽或燃气发动机驱动发电机时，直流电工作良好，所产生的电力大都在现场或附近约两英里范围内消耗。然而，超出这个范围，直流电就会成为一个问题。根据 19 世纪 40 年代发现的焦耳定律，电线承载电流流动导致电力损耗，更不用说对经济的负面影响了。随着越来越多的中心电站被开发用于发电和配电，就像爱迪生在纽约所做的那样，产生交流电的交流发电机在 1890 年左右派上了用场。到 1900 年，许多燃煤蒸汽发电厂已经开发了 1～10 兆瓦的中央电站。中央电站和配电网络的发展标志着城市和城镇煤气照明时代的终结。与大约 80 年前煤气开始照明时威斯敏斯特桥、城市和城镇的情景一样，电力照明的时代开始了。然而，蒸汽机发电系统的缺点是效率低，一些系统的实际效率低至 4%（图 9-5）。因此，电力并不便宜。因为以这样的性能产生 1 千瓦时的电力需要 6 磅煤。如果仔细观察一下发电的蒸汽机系统，1900 年前后的技术还处于初级阶段。燃煤炉、锅炉、低蒸汽压力（约 180psi）、饱和蒸汽或略微过热的蒸汽条件、汽缸式蒸汽机与几十年前基本相同。蒸汽机到电力的效率通常低于 7%，因为在煤到蒸汽环节中煤热值的不到 60% 转变成蒸汽。尽管当时许多教授预测，在理想情况下或理论上，该系统在 180psi 的蒸汽压力下应该能够达到每 3.28 磅煤发 1 千瓦时的电，或者如果连续运行 24 小时则为 3.03 磅，分别对应于 5.3% 和 8.0% 的发电效率。由于在非高峰时段蒸汽锅炉没有需求或需求很少，一些电站不得不闲置其发电设备系统。在闲置期间燃煤锅炉不得不热待命，这样的操作方式造成了额外的煤炭浪费。当时似乎没有更好的方法来处理和应对电力需求变化。锅炉的热备用可以使其在电力需求恢复时快速重启。否则，锅炉从冷态重新启动就需要更长的时间，这会影响电力的及时供给。此外，燃煤锅炉系统还需要 14211Btu 每磅的优质煤，成本为 12 先令每吨，而蒙德燃气发生炉使用的碎烟煤运送到工厂的成本仅为 7 先令每吨。蒸汽锅炉必须使用优质煤的另一个重要原因是减少烟囱黑烟的排放。

　　目前，虽然不清楚蒙德是否在 19 世纪 90 年代进一步尝试用商业规模的燃料电池发电的调查，但他确实回到了传统方法，通过采用燃气发动机和发电机来利用蒙德燃气发电。蒙德似乎很有信心，认为燃气发动机的发电效率应该远远高于蒸汽机发电。1894 年在小型发电机上取得成功后，汉弗莱的燃气发动机与西门子发电机结合的演示成为当时最大的燃气发电装置，在 100 伏电压下产生 75 千瓦时的电力。从本质上讲，这个示范的理念可以被视为最早的燃气发动机和发电机集成的煤气化发电，是集成的煤气化联合循环（IGCC）的早期版本。在经过了一个多世纪的发展后，IGCC 联合循环发电技术至今仍处于开发和商业化阶段。汉弗莱展示了与燃气发动机相结合的煤气化发电系统具有 16.5% 的整体热效率。燃气到发电环节的热效率则稳定在 19.7%，几乎是蒸汽发电环节的 3 倍，代表着动力系统技术的重大进步。毫无疑问，如果蒙德燃气工艺能够提供所需的大量质量稳定且廉价的燃气，企业将渴望利用这种更清洁、更高效的发电替代方案（图 9-5）（Co. R. W.，1903）。

项目	原煤到蒸汽/燃料气的效率/%	蒸汽/燃料气到电能的效率/%	总效率/%
煤燃烧	59.0	6.8	4.0
煤气化	84.0	19.7	16.5

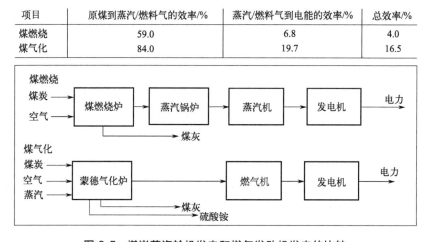

图 9-5　煤炭蒸汽轮机发电和燃气发动机发电的比较

汉弗莱于 19 世纪 90 年代在温宁顿工厂奠定的基础被证明是有效和及时的。它展示了蒙德燃气工艺在如此工业规模下的运行和性能，这对于加快人们认可和接受蒙德燃气工艺作为一种可行的发电替代方案发挥了重要作用。演示还展示了各种其他应用，例如，作为主要驱动力的燃气发动机，用于产生蒸汽的加热锅炉，用于炼铁和炼钢的冶金炉等。此外，蒙德燃气发生炉使用低质量和廉价的碎烟煤作为原料，帮助向工业企业提供廉价的燃气。当然，在这样的追求和努力中，汉弗莱也已经精通发生炉燃气工艺和煤气化原理，这可能帮助他在后来发明开发了汉弗莱水泵。从 19 世纪 90 年代后期开始，蒙德燃气工艺被工厂、城镇视为一种强大的工具，用于改造升级技术和提高商业运营的底线，以及消除那些一直困扰公共环境污染的烟囱。以下是使用蒙德燃气发电的几个例子。

在温宁顿纯碱厂西南两英里处有一个居住着 20000 名居民的哈特福德村。该村计划建一个发电厂，村委会通过诺维奇电力供应公司的最初计划是建立水力发电站发电。但 1897 年改变了计划，在温宁顿纯碱厂附近建立了一个中央发电站，通过一根 12 英寸的管道引入蒙德燃气来驱动发动机发电。建成的中央发电站拥有 3 台燃气发电机组，每台 60 千瓦、480 伏，总容量为 180 千瓦。在非高峰时段，通常在午夜到清晨之间，该站使用 200 安时的电池供电，还有两台小型发电机备用。这样的组合在当时不乏是一个非常独特、超前和复杂的系统，在今天的环境中似乎仍然相关。直流输电线路将近两英里，连接中央发电站及周围的住宅、村庄和街道。哈特福德声称这是英格兰第一个采用电灯照明的村庄。最有趣的是，它的电价仅是 1902 年在英格兰建立的所有其他公共电力供应公司的一小部分。这当然得益于从温宁顿纯碱厂购买到的 2 便士每千立方英尺的廉价燃气。

其实，类似于今天的 IGCC 技术发电，对于使用燃气发动机带动发电机发电的联合设计，许多因素会影响整体能量效率。例如，燃气发动机与发电机耦合的方式以及发生炉或系统是满载还是部分负载运行等。就当时的技术而言，燃气发动机也可以直接或间接地与发电机耦合，这两种不同的方式会对整体效率产生很大的影响。直接耦合的效率通常比间接耦合高 12%，因为使用皮带将驱动力传递给发电机的方式会造成额外的机械摩擦损失。蒙德在他的下一个项目中示范了这种影响。1904 年 10 月，蒙德动力燃气公司为布莱尔公司（Blair and Co.）在蒂斯河畔斯托克顿（Stockton-On-Tees）的工程安装了蒙德燃气发生炉，以生产燃气来驱动 4 台新的扑来米尔燃气发动机和来自另外两家不同制造商的发电机。发动机以直接和间接两种方式与发电机耦合，产生直流电供现场使用。

第 1 组：250 马力燃气发动机直接与 140 千瓦的 Scott & Mountain 发电机耦合。

第 2 组：250 马力燃气发动机直接与 140 千瓦的 Westinghouse 发电机耦合。

第 3 组：驱动 140 千瓦的 Scott & Mountain 发电机与 250 马力燃气发动机耦合。

第 4 组：与第 3 组相同。

这四台机组的总容量为 560 千瓦。由于现场已有 60 马力的燃气发动机，蒙德燃气发生炉似乎设计生产足够的蒙德燃气以提供总计 1060 马力的驱动力。这可以通过让一台蒙德发生炉每天气化 10～11 吨的煤或使用两台 5～5.5 吨煤的发生炉来生产所需的燃气供给燃气发动机。虽然后一种情况可能会贵一些，但如果气化炉常常需要降低负荷操作时会提供更大的灵活性，总体效率也会高一些。施工完成后，蒙德动力燃气公司聘请第三方进行了持续 6 小时的性能测试，1904 年 12 月分别对第 1 组和第 2 组进行了两次测试，并于次年 4 月对所有 4 组进行了两次测试。测试由曼彻斯特维多利亚大学燃料和冶金学讲师威廉博士来执行。他在 1905 年 5 月 31 日给蒙德动力燃气公司的报告中总结道："……由于燃气成分的均匀性，该工厂没有任何不足之处。在所有方面，它的工作都非常令人满意"（Allen，1908）。然而，从技术角度来看，有趣的是燃气发动机和发电机循环满负荷的两次测试结果，一次在 12 月的第 1 组和第 2 组，另一次在 4 月的第 3 组和第 4 组，显示出的整体效率分别为 16.7％和 14.0％。很明显，间接耦合装置会造成很高的机械损耗。当然，虽然前者使用优质煤（奥克兰公园煤）进行测试，而后者使用烟煤进行测试，不同的煤种会有影响，但导致效率差异的主要原因应该大多源于耦合方法，因为蒙德发生炉对煤质的敏感度比较小。

在接下来的半个世纪里，人们对与煤气化相结合的发电断断续续地进行过多次尝试。在 20 世纪 80 年代以某种类似的方式再次出现，就在当时的发电市场上通过开发第二代发电技术与由燃煤蒸汽轮机主导的发电技术的竞争中。在美国和欧洲等许多国家政府的支持下，20 世纪 90 年代实施了几个集成煤气化联合循环发电（IGCC）项目。事实证明这是一段漫长的旅程，直到今天仍在继续。

蒙德燃气的成功表现，让其深入市场，对工业革命的进程产生了深入而又长久的影响。与此同时，蒙德动力燃气公司也继续通过扩大其原料组合范围来提高工程和技术能力，包括褐煤、泥炭、木屑和锯末等。越来越多的蒙德燃气在发电站、钢铁厂、铸造厂、冶炼厂、玻璃厂、化工厂和煤气厂等得到了较为广泛的应用。为了提高产能，蒙德将其发生炉的生产能力提高到每天处理 30 吨煤，甚至更多。后来，南斯塔福德郡蒙德气体公司位于蒂普顿的煤气厂扩建，增加了 4 台蒙德燃气发生炉，显著提高了蒙德燃气的产能。随后也加快在全世界推广部署蒙德燃气发生炉。1918 年的一则广告（图 9-6）称蒙德燃气发生炉每年气化 2750 万吨煤，假设每台发生炉处理 20 吨煤，相当于有 376 台蒙德发生炉（Grace's Guide to British Industrial History）。

随着更多使用蒙德燃气发生炉工厂的建成，无论有没有氨回收，蒙德动力燃气公司也在扩大。1914 年，其员工增加到 1000 人。尼尔斯·爱德华·兰布什（Neils Edward Rambush）博士在公司及其附属公司工作了 40 年后，于 1951 年成为董事长。1958 年，该公司与 H&G 公司和约翰-汤姆森（John-Thompson）公司成立了一家合资企业，从事核工业中与工艺和处理相关的业务。1960 年，蒙德动力燃气公司与戴维-联合（Davy-United）公司合并为戴维-阿什贸（Davy-Ashmore）公司，目前是戴维-强生（Davy Johnson）公司的一部分。

此外，从煤气化的角度来看，值得注意的是，图 9-1 中呈现的关于烟煤的信息似乎代表了关于煤更多细节的最早公开数据（Humphrey，1897）。除了挥发分（VM）的定义有偏差外，它似乎可以被视为今天元素分析的早期形式。汉弗莱将挥发性物质定义为"在高于 100℃ 的温度以上被驱散的重量（不包括碳），通过差异法计算"。由于不了解其实际分析程序，它似乎接近热解挥发分减去碳的

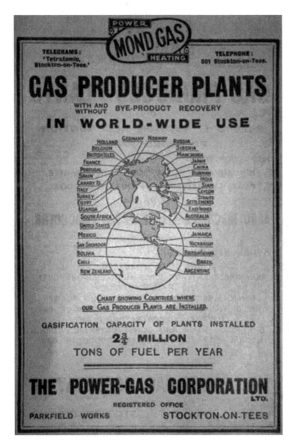

蒙德煤气

燃气发生炉厂

遍布全球

安装气化总量
275万
吨（煤）/年

动力燃气公司

图 9-6　蒙德动力燃气公司 1918 年的全球业绩

总和，应该主要是代表氢和氧。如今的元素分析通常以碳、氢、硫、氮和氧（差异法）的形式出现。另外，1879 年至 1895 年间，蒙德和他的助手们也是最早定量分析煤中的氮含量并研究其在气化环境中行为的先驱。当然，1879 年之前，在与大气隔离的情况下进行加热，煤中含有的氮部分以氨的形式释放出，已成为众所周知的事实。现有的 1600 多家煤气厂中有许多实际上在回收氨或硫酸铵作为其运营的副产品。但蒙德和他的助手们所做的，通过定量分析煤-N 和影响其转化为氨的因素，确实是开创性的探讨，推进了对煤以及煤气化的基本工作。然后，直到美国在 20 世纪 70 年代颁布清洁空气法以解决燃煤设施的氮氧化物排放问题之前，煤中的氮很少再受到关注。

　　回顾过去，蒙德白手起家，通过建立一个又一个工业帝国取得了如此显著的成就。首先，他在 20 年内开发了索尔维苏打法并垄断了该行业而后独占鳌头；其次，他利用大约 15 年的时间又统治了优质镍精炼技术与行业；最后，蒙德用他几乎一生的职业生涯开发的燃气技术开启了工业燃气的大规模应用，使得煤气化技术更深入地渗透到工业革命的几乎每一个角落，成为工业革命深入进行的不可或缺的强有力工具。更有启发意义的是，每一项开发都是从零开始，或者只是一个想法。他将这些想法转化为工业产品的方法是进行广泛而深入的市场调查、实验室探索和试验，以开发必要的特定知识和工程技术诀窍，然后再进一步通过工业规模的示范形成无形的知识技术产品。为了完善技术及相关的工艺，他在实验室和工业示范之间来回往复穿梭以及不断进行优化。在工业部署之前提炼知识和专有技术的示范被证明是创新和技术开发的必要有效模式。正如蒙德在1889年化学工业协会的演讲中所提出的"对自然现象的稳步、有条理的调查是工业进步之父"，列举了研发对于工业技术发展、建立的重要性。从那时起，许多公司和企业就一直遵循这种模式从事技术、工艺的研究和开发。它也成为科学特别是化学和工业流程开发之间相互作用的转折点，化学家和工程师开始将已经建立的现有知识应用于工业流程的开发和创新。在此之前，工程师和发明家一直在推动技术创新，而化学家只是试图发展一种知识或理论来解释已经发生的工业现象。

就这样，应用化学应运而生。

第十章
化学和工业合成

到 1900 年，从发电、机械动力、锅炉加热、大大小小的窑炉和玻璃熔炉，到炼铁，几乎所有的角落都可以看到煤气发生炉的影子以及生产的煤气的利用。煤气化技术，不论是煤气发生炉还是水煤气炉，都得到了飞速的发展。从工程技术的执行能力角度来看，欧洲和美国大约有 150 家公司参与了生产煤气发生炉设施相关的设备制造和项目建设。中央发电站模式的实践以及钢铁工业对大型燃气发动机的需求为大型煤气发生炉的开发创造了紧迫性。德国先进的大型钢铁工业的急剧增长延续了其势头，这种势头导致对大型燃气发动机产生了巨大的需求，例如为钢厂 2000 马力或更大的大型鼓风机提供主要驱动力。

美国的情况也类似，但在应用的技术方面有所不同。洛邑水煤气技术继续主导煤气市场。当洛邑的主要专利在 1892 年左右到期而失去保护时，更多的公司、承包商和制造商开始参与营销和开发水煤气项目。这些公司包括位于俄亥俄州克利夫兰的燃气机械公司（Gas Machinery Co.）、巴尔的摩的巴特利特-黑瓦德公司（Bartlett-Hayward Co.）、新泽西州特伦顿的燃气工程公司（Gas Engineering Co.）、印第安纳州韦恩堡的西部燃气建设公司（Western Gas Construction Co.）、匹兹堡的科帕斯公司（Koppers Co.）以及英国的西燃气改进公司（West Gas Improvement Co.），等等。它们开始渗透到英国、欧洲大陆和世界其他地区的市场。在美国，雾化水煤气市场于 1926 年左右达到顶峰，占美国市场所有人造燃料气体的 58%（Morgan，1945）。与此同时，水煤气工艺也已经发展成多种形式，以适应不同业主和不同煤种对技术的要求。煤气发生炉也是如此，1921年美国约有 11000 台商用气化炉每天消耗超过 40000 吨煤炭。然而，在接下来的十年中，天然气和石油炼制产品的出现导致美国的煤气化技术应用迅速下滑。到1948 年，大约仅有 2000 台气化炉仍在使用中（Corp T. S.，1980）。

步入 1910 年，德国在化学尤其是合成化学领域的进步，在随后的几十年里造成了几次重大的根本性变化，这些变化对人类社会的发展具有重要且深远的意义。首先是巴斯夫公司于 1913 年投入运营的人造或合成氨技术的商业化，其次是 1923 年另一个从合成气（主要是氢气和一氧化碳）合成生产甲醇的工业化工厂，最后是从 20 年代中期开发的煤炭液化技术及其产业化，开辟了煤制气的新时代。这样的产业发展似乎打开了一个对煤制气或煤气化有无限需求的市场，无论是煤气发生炉还是水煤气炉，前者提供过程加热的燃气，后者作为生产氢气和一氧化碳原料合成气进入合成化学系统。然而，为了满足这些需求，煤气化技术及其工艺必须克服一些由此而产生的新挑战，这些挑战不仅取决于煤气化工艺技术自身的一些基本发展，还取决于包括气体分离和转化在内的一些下游技术。因为每个单独的合成过程都对作为原料的合成气有自己的一套独特要求。另外，这些过程的发展必然反过来会澄清一些与此相关的化学基本问题，如物质是什么、物质的化学形式以及如何在化学过程中相互作用，等等。

由此，分子理论又重新出现了。

第一节 分子理论

自从西门子兄弟于 1861 年将煤气发生炉投入商业使用以来，工程师和化学家们一直在寻找方法解释煤气发生炉内部发生的化学现象以及影响发生炉整体性能的各种因素。当道森试图建立他的紧凑型发生炉系统以提供用于燃气发动机的清洁燃气，以及当蒙德将其职业生涯的大部分时间用来开发加工低质烟煤以生产清洁和廉价的燃气用于大规模的工业化时，他们二人没有对发生炉内部的化学现象采用过去常见的机械化学的方式来解释，而是着眼于从宏观的角度来解决有关煤气化运行的工艺工程以及系统操作问题。为了更好地设计发生炉并使其更有效地运行，从根本上了解气体化学结构的需求变得显而易见，否则就不可能进一步剖析发生炉内部发生的化学现象。在某种程度上，这样的现状无形中限制了工程师和化学家通过改变工程设计和气化炉的操作条件来改善其运行结果。另外，由于缺乏对这样一个化学过程本质的理解，当时的工程师和化学家们在涉及气体是什么以及发生炉内部发生的化学现象的基本原理时，一直是很模糊和笼统的。一个简单的例子，像氧气、氢气和氮气等单元素气体被概括表达为 O、H 和 N，被认为是以单原子的形式存在。可问题是，道尔顿定义的原子并不一定决定物质或物质的性质，这实际上取决于反应原子的组合方式等。此外，道尔顿的原子理论也无法提供控制这些原子如何结合以及周围的条件如何影响这种结合的基本原则。在煤气化生产环境中，当碳与氧气反应（结合）时，为什么它们总是形成氧化碳或碳酸气，不会有其他的随机组合？而且气化的反应条件又是如何影响氧化碳或碳酸气的生成？当考虑水蒸气的汽化条件时，氢气的生成又使问题变得更加复杂。渐渐地，化学家们开始意识到道尔顿的原子理论所面临的挑战多于困境。

从化学的角度来看，道尔顿提出的原子重量的概念对化学的发展有着重要的贡献。这也许影响了他的实验方法，道尔顿采用的重力法侧重于原子的重量，从而错过了观察了解研究对象的某些不同侧面的信息。而他的法国同行如盖-吕萨克采用的体积法则是侧重于测量气体的体积来阐述物质及其之间的相互作用，这促成了他最重要的理论之一的建立，即气体结合体积定律。吕萨克发现，当氢气和氧气结合生成水时，两者的气体总是遵循 2 比 1 的体积比。另外，氯化氢与氨的化合反应总是等体积地形成氯化铵。基于这些观察，1811 年，意大利物理学家阿莫迪欧·阿伏伽德罗（Amedeo Avogadro, 1776—1856）提出了分子的概念，即分子而不是原子是构成物质的最小粒子，分子而不是原子决定了物质和物质的性质。阿伏伽德罗认为，在相同温度和压力条件下，等体积的气体必须包含相同数量的分子。基于这一事实，即一体积的氢气和一体积的氯气反应会产生两个体积的氯化氢。阿伏伽德罗进一步推断，一体积的氢气或一体积的氯气中的分子数必须是一体积氯化氢中分子数的两倍。那么，基于这样的逻辑就自然得出，原来的氢气和氯气中一定各有两个粒子，它们不是不可分割的原子，因为每个氯化氢粒子都含有氢和氯。这与当时道尔顿原子理论的"常识"大相径庭。按照阿伏伽德罗的分子理论，化学家们可以勉强地解释发生炉内部发生的化学现象。也就是说，碳与氧反应时的不同组合会产生两种完全不同的分子，一氧化碳或碳酸气，前者是可燃的，而后者非但不可燃烧，且能窒息火焰。当碳与常常用作灭火剂的水反应时，会产生含氢气和一氧化碳的可燃气体。阿伏伽德罗的分子理论使工程师和化学家们在解释发生在煤气发生炉和水煤气发生炉内部的化学反应或反应现象时可以走上正确的思维轨道。不幸的是，阿伏伽德罗的分子概念被忽视了大约半个世纪。虽然许多历史学家倾向于认为，这是由于阿伏伽德罗提出的分子理论自身并没有提供一个理论来支持他的推论，例如以后的化学键合理论的建立等。在这样的状况下，涉及煤气化的各种气体，如作为氧化剂的氧气，生成的氢气，还有惰性气体氮气等究竟是双原子化合物还是单原子化合物，虽然也没有定论，但是根据文献的记录常常是当作单原子化合物来处理。从供需角度而言，主要的理由之一应该是当时对分子理论的需求还不是那么强烈。正因如此，19世纪上半叶电化学的快速发展似乎成为另一个重要的原因。除了道尔顿的权威的存在，瑞典化学家和医生琼斯·雅各布·贝泽柳斯（Jöns Jacob Berzelius，1779—1848）是建立电化学的最有影响力的人之一，不乏也有难免之责。

贝泽柳斯也是拉瓦锡新化学框架的坚定支持者之一，因其对道尔顿的原子理论和化学符号等的贡献以及对电化学理论的发展等而成为现代化学的主要奠基人之一。自1800年伏打发明了伏打电堆（电池）以来，伏打电池很快成为不同领域科学的有力工具。除了在电磁场中的应用外，当汉弗莱·戴维（Humphrey Davy）大约在1803年使用伏打电池通过电解的方式将钾元素和钠元素从它们各自的熔盐中分离出来的时候，贝泽柳斯在1803年至1844年期间也广泛采用电解的方法来研究范围广泛的无机物质。他的出版物如1819年的 *Essai sur la théorie des proportions chimiques et sur l'influence chimique de l'électricité*（《化学比例理论和电的化学作用》）和1826年的 *Lärbok i kemien*（《化学教科书》）已被广泛阅读。如此广泛的研究使贝泽柳斯通过制定构成现代化学一部分的电化二元论原理来概括他的发现。根据该原理，无论是天然存在的还是人工制造的任何物质，都是由两种电性相反的不同成分组成的。例如，水、氯化钠、碳酸钠和硫化钙分别由带正电的阳离子 H^+、Na^+、Na^+、Ca^{2+} 和带负电的阴离子 O^{2-}、

Cl^-、CO_3^{2-} 和 S^{2-} 构成。基于这一原理，贝泽柳斯进一步提出了酸碱理论，比最初由拉瓦锡提出的更进一步。贝泽柳斯还将电化二元论原理扩展为只有电化性相反的元素或原子才能结合形成化合物，或反过来说，任何两个带相同电荷的元素或原子不可能结合形成化合物。在当时，这一学派似乎也非常合乎逻辑，同时也基本符合牛顿机械化学对电的理解和认识及对凝聚力和排斥力的后续影响。然而，对于那些在煤气化领域工作的工程师和化学家来说，这是有问题的。因为通过煤气发生炉或水煤气发生炉制造煤气或水煤气所涉及的许多气体，如上面提到的氧气、氢气和氮气，只存在于单一原子或元素的环境中，如 O、H 和 N。根据电化二元论则根本不可能也不应该具有双原子结构。实际上，在 19 世纪的大部分时间里，包括威廉爵士、道森和蒙德等人在内的大多数与发生炉煤气和水煤气相关的出版物和著作都将这些气体（氧气、氢气和氮气）描述为单原子元素的形式。此外，碳酸气和一氧化碳也分别表示为 C_2O 和 CO，在许多情况下更是简单地省略了任何形式的表达公式以防止混淆。这种混乱一直持续到有机化学的出现，有机化学开始对原子理论的合法性和电化二元论或离子理论的合法性提出更多严重的问题和挑战。

从大约 19 世纪 20 年代开始，快速发展的煤气厂产生的副产品煤焦油已成为研究和调查的目标，旨在寻找处理或利用它的方法。这些发展促进了有机化学的形成，因为与在植物中发现的其他有机化合物相比，从煤焦油中发现的有机化合物往往更浓缩、更复杂和更具特色。自从贝泽柳斯的学生，德国化学家弗雷德里希·维勒（Friedrich Wohler，1800—1882）于 1928 年初与贝泽柳斯分享了他人工合成尿素的兴奋以来，化学家们已经从煤焦油中鉴定出许多有机化合物，例如苯、甲苯、二甲苯、萘等。到 1850 年，又发现了蒽、苯胺、喹诺酮、吡啶和苯酚等。化学家们发现，这些化合物或物质与无机化合物完全不同。虽然这些化合物有不同的来源：煤焦油、生物体和植物，但它们通常只由两种主要元素组成，即碳和氢。不论是道尔顿的原子理论还是贝泽柳斯的电化二元论都很难解释这些化合物的存在。这种现状又持续了多年，大多是因为当时这些化合物的商业价值还没有开发出来，因此可能没有产生针对这些新的化合物的基本理解所需的紧迫性。当英国化学家和企业家威廉·帕金（William Perkin，1838—1907）在 1856 年无意中发现合成了一种极有价值的紫红色染料的时候，煤焦油一夜之间变成了黑色黄金，从而建立了最有价值的有机化学工业——染料。毫无疑问，这样的商业发展除了吸引科学界的注意力，自然也会带来一些紧迫感。1858 年，意大利化学家斯坦尼斯劳·坎尼札罗（Stanislao Cannizzaro，1826—1910）在 *Nuovo Cimento*（新试）上发表了一篇题为 "Sunto di un corso di filosofia chimica"（化学哲学课程概要）的论文，后被转载为小册子（From Alchemy to Chemistry，

2000）。在这本小册子中，坎尼札罗基本上介绍了他对阿伏伽德罗关于原子、分子及其重量测定的分子理论的解释。然后坎尼札罗又在 1860 年 9 月 3 日至 5 日于卡尔斯鲁尔举行的化学会议上发行了这本小册子。他认为这有助于澄清关于道尔顿的原子理论和贝泽柳斯的电化二元论原理的一些混淆。回想起来，卡尔斯鲁尔会议具有历史意义，不仅因为它是有史以来第一次国际化学会议，还因为会议的重点旨在解决当时的化学家以及物理学家多年以来一直在努力解决的原子、分子和元素周期表结构等的紧迫问题。会议上，坎尼札罗的演讲和分发的小册子从长远来看似乎引起了反响。面对煤制气和煤焦油的许多问题，阿伏伽德罗的分子理论比道尔顿的原子理论或贝泽柳斯的电化二元论原理更有实际意义。从那时起，分子理论开始发挥越来越大的作用，并不断完善，最终得以建立。当荷兰物理化学家雅各布斯·范托夫（Jacobus H. van't Hoff，1852—1911）在 1873 年左右也发表了另一本关于碳和氢之间的价键键合理论的小册子时，分子理论似乎又获得了一直在寻求的理论上的支持，为进一步的建立打下了坚实的基础。本质上，阿伏伽德罗的分子理论，而不是贝泽柳斯的电化二元论，应该适用于有机化合物和气体以及他们的体系，包括煤气化中涉及的那些。氧气、氢气和氮气等气体本质上是双原子分子，以 O_2、H_2 和 N_2 的形式存在。类似地，一氧化碳应表示为 CO，碳酸气应表示为 CO_2。化学键合的本质以及结构理论在接下来的半个世纪中得到了进一步的发展，比如美国化学家吉尔伯特·路易斯对共价键理论的贡献以及美国化学家莱纳斯·鲍林创立的量子化学。而且相关分子结构的争论和研究还在持续，寻找支持这一理论的实验证据似乎在今天还在进行当中。一个明显的例子是有关分子理论的实验研究领域迄今为止已经产生了至少十三位诺贝尔奖获得者。毫无疑问，分子理论仍在探索之中。不过，从煤气化的角度而言，分子理论的实际采用至少为解释煤气化反应提供了一个简单、合理、一致的理论基础，为煤气化技术的进一步发展铺平了道路，更清楚地描绘出煤气发生炉、水煤气发生炉或一般的气化炉内部发生的化学现象。

1870 年，威廉姆·克鲁克斯（William Crookes）和恩斯特·洛里格（Ernst Roehrig）在他们的《冶金学实用论文》一书中开始将氧化碳和碳酸气分别表示为 CO 和 CO_2，但将水仍然表示为 HO，将双原子分子表示为 X（O 和 N）（Crookers，1870）。之后，1882 年英国皇家化学研究所和 1884 年美国化学会（ACS）对化学命名法的标准化无疑使气化反应的数学模型和化学计量变得更加统一、容易。大约在同一时间，热力学的发展促进了低温液化和蒸馏技术，即低温气体分离技术的建立。低温技术使分离高纯度的气体成为可能，这为化学家和物理学家深入研究每种气体（如 O_2、H_2、N_2 等）的物理和物理化学性质提供了有利前提条件，有助于分子理论的建立以及标准理化数据的建立。总之，这些新的理论包括分子理论的消化、吸收还是需要一些时间。

1905 年，美国工程师塞缪尔·怀尔（Samuel Wyer）在他的著作《煤气和煤气发生炉论文》里，总结了有关气体的基本定律、它们的定义和确定可用气体的物理和物理化学性质。以下是几个例子。

> "§14. 焦耳气体定律：当允许理想气体在不做外功，或者不吸收或放出热量的情况下膨胀时，不会发生温度变化。
>
> §15. 盖-吕萨克法则：在相同温度和压力下，等体积的所有气体含有相同数量的分子。
>
> §16. 道尔顿定律：相互之间没有化学反应的气体混合物施加的压力等于每种气体单独产生的压力之和，前提是它在给定温度下单独占据容器。
>
> ⋯⋯
>
> §31. 原子和分子：原子是元素中能进行化合的最小粒子。原子结合形成分子。"

相比之下，焦耳定律的以下定义应该更相关，这可以在大多数现代词典中找到。"①恒定直流电的发热率与电路的电阻和电流的平方成正比的原理；②给定质量的理想气体的内能仅随其温度变化的原理。"很显然，原则②控制理想气体在不做外功的情况下膨胀，即绝热膨胀，在此期间理想气体的温度会下降，这构成了低温技术的基础。虽然分子理论似乎已被接受，但是对物质的理解例如原子是不是最小的粒子等问题还要等到 20 世纪初才为人所知，电子和质子才是组成物质的最小粒子。在描述发生在发生炉或水煤气发生炉内部的反应时，怀尔仍然习惯于以下表述。

$$C+2O = CO_2$$
$$CO_2+C = 2CO$$
$$H_2O+C = 2H+CO$$

显然，怀尔要么没有关注分子理论的发展，要么没有感受到应用它的价值，或者仍然不相信双原子分子存在的事实。氧和氢分子的双原子性质也许需要更长的时间才能被接受。

不过，这种现状即将改变。一年后的 1906 年，一位活跃在煤气发生炉业务中的企业家将最新的分子理论投入使用。

第二节 煤气化的基础

在 20 世纪初，包括煤气发生炉在内的大多数煤气制造技术的开发大都依赖于来自经验和实践的专有知识。例如，由蒙德和他的助手们通过在实验室和现场规模设施中进行的实验研究获得的数据、经验法则和特定知识用于设计、建造和运营煤气发生炉。不过，道森是一个非常有好奇心的人。除了经营他的煤气发生炉业务外，道森还花费了相当多的时间和资源来研究煤气发生炉内部发生的化学现象以及相关的基础理论。1906 年 9 月，道森在他的《发生炉气体》一书的开始就提出了对了解煤气化理论的需求（Dowson，1907）。

> "生产燃气现已在实际工作中占有公认的地位，我相信在不久的将来，它的应用将大大扩展。因此，最好从理论和实践上考虑其生产和应用。仅仅凭经验法则是不充分的。我相信，我的工作（本书）可能是对这一主题进行更完整和详尽处理的先驱。关于燃气发动机的理论和实践有很多书籍，但据我所知，还没有关于生产气体的完整著作。"

除了销售煤气发生炉生产设备和服务的日常业务外，道森投入了相当的资源来调查煤气生产环境中煤炭与空气/蒸汽之间发生的化学反应。由于在焦炭或无烟煤方面拥有丰富的经验，道森能够将气体发生炉内部发生的化学现象简化为碳、氧气和蒸汽之间的化学反应。然后，通过应用当时建立的两个科学原理，道森能够根据一组假设的参数估算出发生炉煤气的温度和成分，并将发生炉内的化学反应进行数学模型化。他应用的第一个原理是围绕煤气发生炉运营的质量平衡，即物料的进、出相等，这也是拉瓦锡在一个多世纪前建立并采用的。然后，他还将输入等于输出的热量平衡原理应用于煤气发生炉系统，这是焦耳在 60 多年前证明的热力学第一定律。到 1900 年，由于低温技术可以分离纯气体，物理学家和物理化学家已经建立了关于大多数单独气体的充分物理化学数据。与此同时，正如道森指出的那样，气体反应在燃气发动机环境中的基础和实践方面都得到了广泛的研究，这也提供了所需的相关信息，例如气体之间的燃烧热等。此外，有关歧化反应（Boudouard Reaction）即一氧化碳分解为二氧化碳和碳，在 1901 年左右被发现并得到了广泛研究。随着分子理论的发展，道森利用这些理论、信息以及数据对煤气发生炉进行了详细的定量分析。通过采用上面提到的基本原理，道森用数学的方式定量地描绘了煤气发生炉内部发生的化学现象，这是当时对煤气化定量分析的最早尝试。

煤制气的过程是一个热物理化学过程。煤在一定的热量或温度条件下，受到氧气、蒸汽或二氧化碳等氧化剂的作用而分解或解离。通过将煤气发生炉简化为碳-氧-蒸汽系统，表 5-1 中所示的反应区将变为燃烧和气化两个区域，而不是三个或四个，因为不会涉及挥发性物质和水分。从建模开始，道森又做了进一步简化，当作只是一个碳-氧系统，使得模型变得更加简单。表 10-1 是道森用数学方法描述这一简化的发生炉内部发生的化学现象。

表 10-1 煤气发生炉内部的主要化学反应

化学反应	焓/(千卡/千摩尔)	注
(1)$C + O_2 \longrightarrow CO_2$	− 97600	燃烧
(2)$C + CO_2 \longrightarrow 2CO$	+ 38800	气化
(3)$2C + O_2 \longrightarrow 2CO$	− 58800	反应(1)+(2)
(4)$C + H_2O \Longleftrightarrow CO + H_2$	+ 28800	水煤气反应
(5)$C + 2H_2O \Longleftrightarrow CO_2 + 2H_2$	+ 18800	水煤气反应
(6)$CO + H_2O \Longleftrightarrow CO_2 + H_2$	− 10000	水煤气变换
(7)$C + 2H_2 \Longleftrightarrow CH_4$	+ 92380	(Rambush, 1923)

从炉排下方吹入的氧气与在炉排上的燃烧区中的碳遵循反应（1），迅速反应耗尽形成二氧化碳，燃烧区通常是非常薄的一层，反应为上部的气化区提供热量。然后，二氧化碳向上移动到气化区并遵循反应（2），被碳完全还原之后生成一氧化碳。为了解决当时关于二氧化碳是否是燃烧区中形成的唯一产物的争论，道森还认为反应（3）也会发生。同时，反应（3）也代表反应（1）与反应（2）的加和，或在煤气发生炉中发生的碳和氧之间的总反应模型。定量而言，2 千摩尔的碳与 1 千摩尔的氧反应释放出 2 千摩尔的一氧化碳，其质量是平衡的。注意，这里 1 千摩尔等于 1 千克某气体的质量除以该气体的摩尔质量。实际上，这只是高温气化反应条件下一个合理的近似值。道森应用了热力学第一定律，指出反应（1）释放 97600 千卡的热量，其中 38800 千卡被反应（2）吸收，最终有 58800 千卡的热量释放到煤气发生炉内部的环境中，用来加热生成的煤气以及残留的碳或灰，还有少部分损失到环境中。根据燃烧反应（1），2 千摩尔碳储存的总能量为（2×97600）千卡。因此，保留在发生炉煤气中的能量，即 2 千摩尔一氧化碳，将为（2×97600 千卡−58800 千卡），这导致冷气效率（2×97600 千卡−58800 千卡）/（2×97600 千卡）＝70%。在发生炉内释放的热量中，通常有 22% 成为发生炉煤气中的显热，约 8% 通过辐射和传导散失到发生炉的周围环境。这时，为了预测煤气发生炉的温度可以达到多高，道森将实际工况的空气重新纳入发生炉的工况以替代氧气，现在反应（3）变为如下：

模型 1：$2C + O_2 + 3.76N_2 \longrightarrow 2CO + 3.76N_2$

考虑到空气中含有 21% 的氧气，其余为氮气，每 1 千摩尔氧气对应 3.76 千摩尔氮气。由于空气中的氮气不会影响化学反应，假设一氧化碳和氮气的热容量相同 [0.245 千卡/(千克·℃)]，可用的显热则可以将发生炉煤气升温至

1080℃。在模型假设下，产生的煤气应该含有 34.7％的一氧化碳和 62.7％的氮气，其热值为 1060 千卡/米^3 或 118Btu/英尺^3。道森的工作已成为对煤气发生炉性能的最早理论估计。

接下来，道森又将蒸汽引入碳和空气反应系统。在煤气发生炉内部的高温下，蒸汽会与炉内的热碳反应，通过反应（4）形成一氧化碳和氢气，通常称为水煤气，这是一个主要的反应。同时，生成二氧化碳和氢气的反应（5）也在一定程度上发生，这取决于气化反应条件。另外，水煤气变换反应（6）也进一步调节上述两个反应。由于反应（4）和反应（5）的吸热特性，将蒸汽引入煤气发生炉有助于缓和、减少和消除煤气发生炉内气化温度的潜在波动，这是蒸汽在发生炉或气化炉内发挥的重要作用之一。反应（4）是一个重要的反应，它应该始终最大化地发生，因为它可以提高发生炉的冷煤气效率，改善煤气的成分。碳与水（实际是蒸汽）反应会释放出一氧化碳和氢气，也就是通过热来分解水制氢气和一氧化碳，这也是洛邑水煤气工艺运行循环过程的主要化学反应。这就解释了威廉爵士观察到的有效燃气的量一旦通过更高温度的蓄热室就增加了 12.5％，当然蓄热系统内的化学反应并非如此简单。然而，气相反应（6）是一个放热的平衡反应，在低温下有利于向一氧化碳到二氧化碳的方向移动。这解释了当采用较低的温度以及高蒸汽浓度的气化条件时，蒙德气体中的一氧化碳浓度相对较低，而氢气的浓度较高的原因。当然，在蒙德燃气发生炉的气化条件下，高的氢气分压也会有助于氨的生成。

为了预测碳-空气-蒸汽模型反应系统的气体成分（表 10-2），道森做了进一步的假设，例如发生炉周围没有热量损失，并且反应（3）释放的热量将用于反应（4）以分解蒸汽。他估计反应（4）中每千摩尔的碳会分解约 0.74 千摩尔的蒸汽。就这样，模型 1 变为如下：

模型 2：$3.48C + O_2 + 1.48H_2O + 3.76N_2 \longrightarrow 3.48CO + 1.48H_2 + 3.76N_2$

表 10-2 道森模拟的气体成分

煤气成分	模型 1		模型 2	
	千摩尔	体积分数/%	千摩尔	体积分数/%
CO	2	34.7	3.48	39.9
N$_2$	3.76	65.3	3.76	43.1
H$_2$	—		1.48	17.0
总计	5.76	100	8.72	100

毫无疑问，模型 2 是燃气生产环境中碳-空气-蒸汽系统的过度简化。实际上热量不是如此简单地平衡的，更多的碳会燃烧成二氧化碳来提供反应系统所需的热量。因此，需要更多的鼓风。这就是为什么典型的发生炉煤气都含有一定量的

二氧化碳和比模型 2 估计的更多的氮气。然而，道森在某些实际假设下的开创性建模工作的意义在于，这种理论分析将为煤气发生炉的工程设计和运营提供一些针对性的技术指导，以进一步优化生产所需的产品。例如，如果一氧化碳是所需的产品，则在设计和操作发生炉时应考虑尽可能高的操作温度和生成气体在炉内较短的停留时间，因为高温的气化条件会有利于反应（2）和反应（4）的进行，反应（6）在较短的停留时间下更不利于向平衡移动。如果需要氢气，情况则相反，需要较高的蒸汽条件。当然，发生炉煤气的最终成分是众多反应相互作用的结果。在此过程中，动力学同样是一个重要因素；不过，这将是未来研究的领域。总体而言，道森选择碳作为模型材料，得以简化煤气发生炉环境中的复杂反应。他从热力学角度剖析各主要反应的特性及影响因素，从而为发生炉内部的化学现象提供了一个简化而清晰的描述。这是借助于已经建立的分子理论来实现的，正是反应元素之间的化学键合，在化学反应过程中通过断裂分解或结合而导致不同的化学反应释放或吸收能量，从而在一定的气化环境条件下众多反应的综合结果使气化炉内的复杂化学反应得以持续进行。

在以煤为原料的实际环境中，煤气发生炉中涉及的反应会变得非常复杂，这不仅是因为煤中大量挥发性物质的存在，而且还因为原料煤通常含有少量杂质，例如氮、硫、氯化物和灰分（无机盐或氧化物）。关于在发生炉或气化炉内的缺氧或还原环境中杂质的表现行为，煤中的大部分煤 N 通常会转化为气态氮（N_2）、一部分氨（NH_3）和微量的氰化氢（HCN）。煤中的大多数硫转变成硫化氢（H_2S），少量形成羰基硫（COS）。氯化物则主要转化为氯化氢（HCl）。通常，燃料中硫、氮和氯化物的含量非常少，以至于它们对主要合成气成分 H_2 和 CO 的影响可以忽略不计。但是，这些微量元素形成化合物对煤气化工程设计特别是现代煤化工项目却有着重要的影响。在工程设计和气化操作过程中，对这些杂原子化合物的每一种都应该有周到的考虑。蒙德动力燃气公司的总工程师兰布什博士在他 1923 年出版的《现代煤气发生炉》一书中更加关注煤炭从整体角度对煤气发生炉的运营、性能和设计的影响，包括煤中的水分、挥发性物质和灰分含量。他还根据自己和其他人在 20 世纪初期进行的大量实验中获得的大量信息来充实他的讨论。有趣的是，兰布什博士对煤气化系统的讨论还指出了解煤灰的含量、成分及其熔渣或结渣趋势在发生炉设计和运营中的重要性。并提供了一种通常在 1100～1700℃ 之间分析煤灰从变形到熔化过程的测量方法，这在现代已被标准化和广泛地使用。此外，兰布什博士还解释了煤灰的共熔性质以及通过添加不同的助熔剂来改变其熔融行为的方法，以缓解气化炉的温度操作条件从而帮助气化炉操作和运行。从理论的角度来看，兰布什博士还提出了氢与热碳在煤气发生炉环境中生成甲烷的反应的存在，即反应（7），类似于其他几个吸热反应，这也是一个强烈的吸热反应。后来鲁奇公司（Lurgi AG）在开发其加压鲁奇气化炉时探索利用了这一生成甲烷的反应，通过改变气化炉的设计条件，例如气化压力等来最大限度地提高甲烷的形成，从而生产高热值的城市煤气。

总之，分子理论的建立提供了一个符合实际的理论基础，同时也是有效的工具和途径，使得剖析和分析每个单独的气相和气-固反应成为可能，可以更仔细地观察、解释煤气发生炉或水煤气发生炉内部发生的反应、化学现象及其本质。这种分析被证明是有益的，可作为煤气发生炉或水煤气发生炉的操作及其改进的指南。继道森在理论建模方面的开创性工作之后，人们后来做了许多的努力和尝试来试图采用数学方式表达和预测煤气发生炉或水煤气发生炉的性能。Gumz 博士在他 1950 年出版的《煤气发生炉和高炉-理论和计算方法》一书中指出"一个过程只有在可以被计算的情况下才算完全掌握"。进一步运用了后来建立的分子动力学理论，Gumz 博士对煤气发生炉和高炉内部的传热及化学反应过程做了进一步的数学模拟。总的来说，煤炭气化是一个非常复杂的化学物理过程，至今它仍然是一门科学技术，其工业化实践仍然需要大量的第一手资料和经验。虽然今天距离分子理论的建立至少已经有 150 年的历史，但是要从分子层面掌握这样一个微观世界的旅程仍然很长。

第三节　水煤气与工业合成

在蒙德于 1880 年左右尝试"固定"空气-N 以制造氨之后，从空气中制造氨的梦想似乎仍然很强烈。随着分子理论的建立，化学家们将注意力转向了氮气与氢气、氢气与一氧化碳，甚至氢气与煤等之间的反应，他们相信只要创造合适的环境条件，这些反应就会发生，也许一些极端的条件足以破坏将两个原子结合在一起的能量，例如 $N\equiv N$、$H=H$ 和 $O=O$。随着热力学和物理化学的建立，当时出现的一个化学分支使催化化学成为可能。同时，煤气、水煤气、发生炉煤气等规模化工业生产的建立，使氢气和一氧化碳的大规模供应成为可能，这些都为新的可能性的探索奠定了基础。此外，对肥料的持续需求和对新兴汽车燃料的需求也使催化合成主题更具吸引力。而这一次，德国成为这一发展的焦点，这主要归功于其长期致力于实验科学的教学研究以及工业界与学术界的紧密合作，促使其建立了有机化学，使德国成为染料生产的世界垄断者，而制造染料的原料是煤制气过程副产的焦油。

虽然威廉·帕金（William Perkin）在 19 世纪 50 年代首先开发了紫红色染料，但是帕金的导师，德国化学家奥古斯特·霍夫曼（August Hofmann，1818—1892）在煤焦油方面开创的大量系统性工作促进了人工染料合成工业的建立，让德国淘了第一桶金，也使其化学技术的发展达到了一个完全不同的水平，遥遥领先于其他国家。到 1878 年，德国已经占有全球苯胺销售额的 63%，苯胺是制造染料例如茜素染料的关键原料（Page，1879）。随着更多染料的发现与发明，德国很快在接下来的世纪之交成为全球染料供应的主要来源。当然，取得这样的成功也要归功于当时煤气厂和快速发展的钢铁工业，它们副产大量容易获得的煤焦油。炼钢需要大量的焦炭，炼钢用焦炭是不同于煤制气焦炭的冶金焦炭，但是其副产的煤焦油和焦炉煤气（COG）与煤制气工艺大同小异，也是有待开发的副产品。进入 20 世纪，经历了第一次世界大战后，汽车和飞机的规模利用与部署让许多人相信机械化代表的是一个光明的未来。德国的许多公司开始将目光投向煤焦油和 COG 之外的下一个增长机会，即液体燃料。原油资源的缺乏使丰富的当地煤炭成为德国合成工业原料的自然选择，这是一个完全不同的领域，需要全新但具有挑战性的条件才能使其成为现实。其中，用氢气固定空气-N 制氨，开启了合成工业的新征程。即使在现代，在缺乏原油、天然气等便利资源的地区和国家仍然得到广泛实践。

一、氨的合成

德国化学家弗里茨·哈伯（Fritz Haber，1868—1934）于 1886 年至 1891 年间在海德堡大学师从本生，在柏林大学师从霍夫曼，在夏洛滕堡技术学校师从利伯曼。然后在工业界和学术界徘徊了一段时间之后，哈伯被吸引到涉及气体和碳氢化合物的化学燃烧领域，成为卡尔斯鲁尔大学化学技术主席汉斯·邦特（Hans Bunte，1848—1925）教授的助手。哈伯似乎从一开始就将目光投向了具有工业应用价值的研究课题。在众多著作和发明中，哈伯研究了蒸汽机、涡轮机和电动机的能效以及如何通过减少这些系统中的能量损失来提高效率的方法。他还考察了本生灯，发现本生灯的火焰有内焰和外焰之分，前者是一个发光的水煤气平衡领域，而后者则是一个水煤气的燃烧领域，这就是本生灯的设计使得煤气的燃烧变得更加充分，以及本生灯比早期的煤气照明使用的阿甘灯效率更高的原因。1902 年，哈伯在参观了美国尼亚加拉瀑布建造的基于氰胺的加工厂之后，似乎对固定空气-N 来制造氨产生了兴趣，那里的水力发电使电力足够便宜（Encyclopedia，2019）。与蒙德及其同事 20 年前所做的尝试不同，哈伯意识到用氢气固定空气-N 需要极端的温度和压力才能在催化剂的催化下分解 N≡N 和 H—H 的化学键合，这是氨形成的关键途径。1906 年，哈伯被任命为物理化学和电化学教授以及卡尔斯鲁尔成立的研究所所长，此后开始了他的研究工作，并很快在实验室规模上取得了重大突破。1908 年，巴斯夫公司意识到哈伯研究工作的前景，对哈伯在制造人造氨技术方面的实验室工作产生了兴趣，并购买了技术使用权、共同开发工业规模生产氨所需的工艺和催化剂。联合开发的工作是在巴斯夫的化学家卡尔·博世（Carl Bosch，1874—1940）的带领下进行的。大约五年后的1913年9月9日，位于巴斯夫路德维希港综合设施以北约3公里的奥帕（Oppau），世界上第一家工业合成氨工厂以每天约30吨的速度开始生产氨产品。氢气与氮气的反应是借助碱金属促进的铁催化剂进行的，并在150～200标准大气压和500℃条件下进行。哈伯-博世工艺诞生了，这是化学合成领域的重要里程碑。它最终在前所未有的压力下用氢气固定了空气-N，成功地生产了肥料。当年蒙德的发生炉内的反应是在常压下运行的。众所周知，博世和他的同事阿尔温·米塔什（Alwin Mittasch，1876—1945），一位从事催化剂开发的德国化学家，在催化剂技术开发和随后的商业化方面发挥了举足轻重的作用。博世后来于1919年成为公司执行董事会主席，并于1925年成为当时成立的法本集团（IG Farben）的主席。

在奥帕工业化生产获得成功后，合成氨业务在世界范围内很快成为一种全球现象，并快速增长。以氮为基础的合成氨年产量从1914年的约4000吨增加到1920年的100000吨，1930年增加到约900000吨。到第二次世界大战结束的1945年，全球大约有125家合成氨工厂投入运营，年产能超过450万吨合成氨（以氮计算）（Encyclopedia，2019）。

事实上，巴斯夫公司对合成氨生产的兴趣可以追溯到更早的时候。当博世于1899年加入公司的时候，被指派研究通过金属氰化物和氮化物来固定空气-N的方法生产氨。到1907年，这一研究实验已经发展成中试规模。然而，当见证了哈伯合成技术路线的潜力后，公司改变了方向。其实，当时巴斯夫公司的兴趣不仅仅局限于氨。作为一家从成立之初就以煤焦油为原料制造染料的公司，巴斯夫在煤炭方面也有它战略地位的考虑，这从该公司于1907年收购位于德国马尔的一块煤矿资产就可以看出（根据巴斯夫网站）。在通过固定空气-N成功制造合成氨的基础上，巴斯夫进一步开发其他的技术和必要的催化剂，例如1923年将合成气（一氧化碳和氢气的混合物）转化为甲醇，这是一种在与氨合成类似的压力下运行的合成技术。在接下来的一次尝试中采用更高的操作压力通过加氢打断煤中的=C=化学键，将煤炭转化为液体燃料。这样的操作压力高达700巴，此即早期的煤炭直接加氢液化技术，由德国化学家弗雷德里希·贝尔吉乌斯（Friedrich Bergius，1884—1949）首创。贝尔吉乌斯曾于1909年在卡尔斯鲁尔大学协助过哈伯和博世开发高压合成氨的工艺，因此他对高压工艺系统很熟悉，这促使贝尔吉乌斯研究采用高压和高温的反应条件将氢气加回到煤或煤焦油中以制造液态油。从此拉开了合成煤化工的序幕。

二、氢气和煤的加氢液化

自从黑尔斯在1726年展示了他用各种材料干馏出易燃气体的实验以及默多

克在 1806 年将其用于商业照明以来，关于煤气制造或炼焦过程以及产生的煤气、焦油、轻油和半焦或焦炭的信息已经有了相当的一些积累。众所周知，煤或碳氢化合物在受到加热时会释放出煤气、焦油和轻油，而煤或碳氢化合物本身会变成半焦或焦炭。通过对各个组分的元素分析不难发现，这些组分中的氢含量或氢碳比按焦炭、煤、焦油、轻油和煤气的顺序增加。轻油的氢碳比次于煤气，这自然会导致人们认为可以采用化学方式将氢加回到煤或焦油中去生产石油，这一过程称为加氢液化。事实上，自从焦耳的工作促使热力学理论的建立以来，科学界似乎认为自然界中的任何物质或过程都应该是可逆的或处于平衡状态的，只不过每一个过程的转换都是一个能量损失的过程。如果通过可行的化学方法将氢加回到煤中，可以得到液态油。但这一过程的发生，一定会有能量的消耗。贝尔吉乌斯首先在他的私人实验室采用简单的有机物在高压釜中开始了这项研究。他的实验证明，当纤维素在 340℃和 100 巴的条件下在高压釜中放置一段时间后，最终会变成一种类似于煤的黑色材料。这导致了对煤起源的质疑，虽然关于煤的形成有很多理论，但当时在这方面所做的工作还是很少。在极端压力和温度下的加氢其实逆转了煤炭形成的自然过程。1914 年，贝尔吉乌斯在英国申请了一项在高压和高温下煤和其他植物来源的碳氢化合物的加氢液化专利（BP 号 18232）。他的下一步计划是成立贝尔吉乌斯合作公司（Bergius Joint-Company），由煤炭大亨 Karl Goldschmidt 赞助。贝尔吉乌斯将公司设在德国的埃森，继续深入对煤加氢的研究。但是这一工作由于第一次世界大战而被中断，每天处理 1 吨煤炭的试验工厂直到 1922 年底才投入使用。该试验工厂旨在进一步了解煤炭加氢的行为、工艺处理信息和未来的工业应用。贝尔吉乌斯在接下来的几年里进一步实施了他的试验。但发现油品的产率很有限，而且即使在更高的氢气压力下也难以提高油品的产量。相信能够克服贝尔吉乌斯所面临的困境，巴斯夫公司（后为法本集团的一部分）于 1925 年提供了帮助，并决定从贝尔吉乌斯那里获得技术使用的权利以进行工业开发。1927 年，第一家煤炭加氢造油厂在德国中部的洛伊纳（Leuna）投入使用，每年生产 10 万吨汽油。该工厂在 250 巴的压力下加工褐煤和褐煤焦油，后来很快扩建为年产 65 万吨汽油的规模（Storch，1945）。到 1939 年，德国共有 7 座加氢厂在各地运行，年总产能超过 220 万吨液体产品，仅 1939 年就生产了约 70 万吨航空和车用汽油。到 1943 年，又有 5 家加氢工厂投入使用，增加了 200 万吨液体产品的产能。液体燃料的生产在 1944 年盟军战略轰炸前达到了高峰期，12 家煤炭加氢液化厂年产汽油、柴油、润滑油、燃料油、蜡等液体产品 325 万吨。这些工厂的工作压力从 250 巴到 700 巴不等，几乎每个厂都有自己的设计和一套相应的操作参数。原料范围包括烟煤、褐煤及其焦油或从其他来源（如碳化过程）的副产焦油。

　　高压合成化学及其工业应用的成就，无论从科学进步和人类工程学的角度，还是从人类文明的角度来看，都具有重大意义，其影响深远到近代。由此也产生了三位诺贝尔奖获得者，他们是 1919 年发明了哈伯-博世工艺的哈伯，以及 1931 年的贝尔吉乌斯和博世，奖励他们二人因发明煤加氢工艺以将煤转化为液体燃料相关的高温高压技术做出的贡献，从而也使得高温高压化学成为可能。与此同时，在德国进行的煤加氢活动也引起了国际社会的广泛关注。早在 1927 年法本集团收购贝尔吉乌斯的加氢技术时，就成立了以法本集团和新泽西州的标准石油公司为首的国际财团，成员包括荷兰皇家壳牌公司和英国的 ICI。该财团的目标是管理与加氢技术相关的知识产权，并促进其工业发展和部署。后来，煤炭加氢液化过程在美国和英国的不同时期都进行了不同规模的试验和开发。将煤变回液体燃料在当时具有重要的战略意义。

　　但是，将煤重新转化为液体燃料的努力并没有止步于加氢。很快，另一种将水煤气直接转化为液体燃料的工艺技术紧随其后也步入了工业化阶段，即费-托（Fischer-Tropsch）合成法或间接液化的加氢过程，也称为间接液化。

三、水煤气和煤炭间接液化工艺

　　直到 20 世纪初，德国的工业和经济都经历了天文数字的增长。其中，科学技术的发展和利用无疑起到了举足轻重的作用。为了延续这种势头，威廉皇家学会（现为马克斯-普朗克学会）于 1911 年成立。该学会是一个公私合营的组织，其目标之一是为那些感兴趣的科学家创造一个纯粹的研究环境，让他们能够专注于有潜在战略重要性或长期影响的基础科学。该组织所需要的资金来自国家和工业界。在该协会下，成立了代表不同科学领域的多个研究所，如物理化学和电化学研究所、生物学研究所以及柏林附近达勒姆的实验治疗和生物化学研究所等。1913 年，凯撒煤炭研究所（现为马克斯-普朗克煤炭研究所）成立于鲁尔河畔米尔海姆，一个富含煤炭和其他资源的地区。该研究所由许多著名的煤炭大亨资助（根据 Max-Planck 网站）。它的意图很明显，就是要更好地了解煤炭并从中获取更多价值。德国化学家弗朗茨·约瑟夫·埃米尔·费舍尔（Franz Joseph Emil Fischer，1877—1947）是该研究所的创始人和首任所长。在 1917—1920 年期间，费舍尔和他的同事德国化学家汉斯·特罗普施（Hans Tropsch，1889—1935）也开始了煤的液化和加氢研究。但是，他们的方法是首先扩展当年法国化学家克劳德·贝托莱（Claude Berthollet）在 1869 年的工作，在一定的温度下用氢碘酸处理煤，不过额外还添加了磷和甲酸盐。他们调查了一系列不同等级的煤，观察到随着煤炭等级的降低，煤的液化程度或液体产率增高。与此同时，他们还致力于通过将一氧化碳加氢转化为烯烃、链烷烃来生产液体的研究，最终建立了费-托合成工艺。其实，在费舍尔和特罗普施在凯撒煤炭研究所开始这项工作之前，巴斯夫公司于 1913 年也申请了一项专利，关于一氧化碳催化加氢以制造碳氢化合物。不过，除了巴斯夫在同年用哈伯-博世（Haber-Bosch）工艺生产氨和 1923 年合成甲醇取得的成功外，关于一氧化碳催化加氢进一步发展的信息很少。这两个成功的合成工艺都发生在高压系统。由此，高压化学也开始受到广泛关注。巧合的是，当时的常识或基于分子反应动力学建立的基础认为，高压系统有利于气体平衡反应向体积减小的方向移动。例如，3 体积氢气与 1 体积氮气反应生成 2 体积氨气的氨合成反应，还有 2 体积氢气和 1 体积一氧化碳生成 1 体积甲醇的甲醇合成反应，等等。类似地，一氧化碳与氢气反应形成烯烃和链烷烃也是体积减小反应，这一合成反应似乎也应该受益于高压的反应条件。费舍尔和特罗普施在 1923 年左右的早期工作中也采用了高压系统，后来被证明这个方向是错误的。他们的进一步调查发现，高压系统会使碳氢化合物氧化形成高级醇。到 1928 年，费舍尔和特罗普施几乎证实了他们的发现，即低压或接近大气压的条件下有利于烯烃和链烷烃的形成，这是生产柴油的首选原料。这是因为形成长链烃的反应是一个解吸控制的过程，而不是像催化剂加氢那样的吸附或解离吸附控制的过程。1932 年，二人将他们的研究转移到中试规模，并开始与鲁尔化学公司（Ruhrchemie AG）合作开发费-托合成技术的工业流程。1933 年，鲁尔化学在德国埃森西北部的奥伯豪森-霍尔滕（Oberhausen-Holten）建成了第一座年产 1000 吨发动机燃料和润滑油的示范设施。就费-托合成技术而言，其费-托合成反应器在 1 标准大气压、200℃的镍-铝-锰催化剂上运行，原料气为氢气和一氧化碳，体积比为 2：1。在收集了有关设计和运营的必要数据后，第一家工业规模工厂的建设于 1935 年开始，并于次年完工。到 1939 年，根据与鲁尔化学公司的技术许可合同安排，相继有 9 家费-托工厂在德国投入工业使用。9 家工厂的总设计产能达到年产汽油、柴油、润滑油等合成油品近 60 万吨，高峰期 9 家工厂的产量均已接近设计产能。根据技术许可合同，鲁尔化学公司将向其被许可方提供补充催化剂，同时回收用过的催化剂进行再生。

　　甲醇生产也首先在洛伊纳工厂开始，并于 1923 年生产了第一批甲醇，大概约 150 吨（27900 加仑）/年的产能。到 1933 年，美国也已经建立了每年生产约 900 万加仑甲醇的产能，1940 年达到每年生产 4500 万加仑的甲醇（Hirst，1945）。

四、合成工业在其他国家的发展

　　在英国，对氨的需求是由第一次世界大战期间制造炸药的战争需求所推动的。军需部接手了比林厄姆的场地，该场地位于北蒂斯发电厂旁边，交通便利，用以发展氨和硝酸盐生产。比林厄姆工厂采用了与奥帕相同的工艺设计，每天生产 24 吨的氨。蒙德电力燃气公司签订了使用焦炭制造水煤气的发生炉系统的合同，以生产所需的合成气。该系统有 12 台内径为 15 英尺的水煤气发生炉，似乎是当时最大的水煤气炉。遗憾的是，当工厂建成运行时，第一次世界大战已经结束。布鲁纳-蒙德公司后来收购了该工厂，并将该厂转变为生产肥料。随后于 1926 年布鲁纳-蒙德公司成为 ICI 的一部分，并继续利用其合成气生产能力在同一地点生产氢气。ICI 还在 20 世纪 30 年代中期开发了一个生产液体燃料的工厂，年产 15 万吨汽油。其中，三分之二的液体燃料来自煤炭加氢液化工艺，其余三分之一来自页岩裂解工艺等其他来源。为了提高比林厄姆工厂的合成气生产效率，ICI 在 20 世纪 50 年代后期升级使用了新型的德士古部分氧化气化技术，替代了现场的水煤气发生炉来生产合成气，其使用的原料可能是天然气。德士古部分氧化技术是一个使用纯氧作为氧化剂的连续气化炉操作系统。

在美国，能源状况与其他国家、地区大不相同。1900 年，它的石油产量已经占全球石油产量的一半，到 1921 年迅速增加到近 90％。然而，从技术角度来看，美国对合成工艺的发展还是很有战略兴趣的。标准石油公司（新泽西）（Standard Oil Co.，New Jersey）和美国矿业局（Bureau of Mines）等私营公司密切关注这些技术的进展。在战争结束之际，才启动了对煤制油项目的实际投资。到 1950 年，开发建成了两个合成油示范项目，首先是煤炭直接液化项目，然后是费-托合成项目。另外，矿业局在第二次世界大战前后一直密切关注煤炭气化技术的开发。

南非对煤制液体的兴趣可以追溯到 20 世纪 20 年代。当法本集团和标准石油公司形成其加氢业务的国际财团时，南非也在密切关注这一合成油技术的发展。1935 年，当位于奥伯豪森-霍尔滕的第一家费-托工厂正在建设中时，南非的安格鲁瓦尔（Anglovaal）矿业公司实际上已经获得了费-托合成技术的许可权，允许该公司在南非开发和建造合成油厂。不幸的是，第二次世界大战的爆发推迟了该计划的执行。直到战后的 1949 年南非政府又鼓励安格鲁瓦尔矿业公司继续进行该计划。然而，时过境迁，变化的政治和经济环境使安格鲁瓦尔矿业公司的计划进一步复杂化，因此在重新启动煤制油项目之前必须对项目的计划进行更改。

日本的"七年计划"

日本对用煤制造液体燃料的兴趣和投入仅次于德国，可以追溯到 20 世纪 20 年代初。它是由日本海军发起的，旨在将其海军舰队采用的燃煤蒸汽机升级为液体燃料，以强化其舰队海上行动的机动性。德国的贝尔吉乌斯开始在埃森的小型高压煤炭液化试验工作不久，日本海军于 1925 年在位于山口县德川市的日本海军研究所开始了高压煤炭加氢液化反应釜实验，寻找合适的煤种以及催化剂配方，高压釜的操作压力是 200 巴。同时，还进行煤炭低温热解的研究工作。大约在 1928 年，日本驻中国东北的南满铁路株式会社也通过其下属的大连中央研究所开始了煤炭加氢液化的研究。这些研究活动的积累促使 7 吨/天的中试装置于 1932 年在德山建成。1936—1937 年的两年间，南满铁路株式会社在日本海军的协助下分别开始在抚顺和朝鲜建厂。抚顺加氢液化厂的设计能力是每年处理一万吨煤浆进料，而朝鲜液化厂处理能力是抚顺厂的两倍。虽然两个液化厂都在 1939 年完工，但是，接下来的开车试运行暴露了许多问题，使得液化系统无法正常运转。抚顺液化厂后来被迫改变进料来加氢处理低温煤焦油以生产航空汽油。

战后盟军调查团审讯了两位相关人物：1937—1942 年间担任抚顺加氢液化厂技术部长的 Miyama 博士和担任大连中央研究所所长的阿部博士。阿部博士后调任抚顺厂作 Miyama 博士的助理，而 Miyama 博士后任日本帝国燃料工业公司的部长。根据他们提供的信息，该厂的高压设备如高压反应器、分离器等均由日本海军位于广岛的吴海海军造船厂制造。高压反应器内径 0.95 米，长 7.3 米，是最大的一件设备。在 1939 年 4 月份开车之前，厂内只安装了一台液相反应器，第二台在同年 1 月份安装，两台都是液相反应器。进料用煤是当地的次烟煤，含 40％的挥发分和 8％～10％的水分。值得注意的是，当时的加氢液化操作采用的催化剂是大连中央研究所开发的硫化铁催化剂，而没有使用海军开发的氯化锌催化剂。在日本海军的坚持下，气相反应器系统于 1940 年 2 月安装到现场，用于进一步处理来自液相反应器的进料，也可以同时处理来自低温热解的煤焦油。这种状况维持到 1942 年 7 月。之后，该厂的运作完全采用气相反应系统，通过裂解重油以及灯油来生产航空燃料油。另外，该厂的制氢系统采用了水煤气炉，后配置氧化铁脱硫、催化变换和二氧化碳水洗脱碳流程。水煤气气化采用高温焦炭做原料，生产的合成气含有 50％氢气、40％一氧化碳、5％二氧化碳以及少量的氮气。

进入 20 世纪 30 年代，日本基本走上了战争的道路。为了满足战争的需要，日本政府在 1934 年公布了石油工业法，政府基本上完全控制了能源行业和市场的运作。又于 1937 年 8 月发布了合成燃料工业法，又称作"七年计划"，即到 1943 年将合成汽油和燃料油的年产量各提高到 100 万公升。同时为了实施这一计划，日本政府效仿德国的做法，紧接着建立了帝国燃料工业公司来投资、管理和建设煤炭液化项目。技术方案是开发建设 10 个年产 10 万公升燃料规模的煤炭加氢液化厂，11 个年产 5 万吨燃料油的费-托合成厂和 66 个年处理万吨煤炭的低温热解厂，执行这一计划的总投资额是 7.5 亿日元。很明显，七年计划的实施仍然依赖于煤炭加氢液化技术。其实，这三个技术当中，低温热解技术相对而言较为简单，技术含量也较低，而且日本海军早在开始研究加氢液化之前就已经对低温热解进行了研究和开发。经过技术对比之后，海军最终决策还是将重点放在了加氢液化技术的开发。当然，日本海军这一决策考虑的因素可能有很多，诸如日本本土的煤炭产油率低、副产的半焦没有什么利用价值等等。为此，日本海军研究所的小川博士（Dr. Ogawa）在1926年到德国参观法本的洛伊纳工厂时还带了两个煤炭样品做了实验，即抚顺煤和另一个日本本土煤。然而，根据盟军的战后调查报告，日本七年计划的实施情况远远不及预期，1943年总的合成油产量大约10.6万公升。1944年的产量虽然达到高峰，但也只有11.3万公升（Japan，1946）。

液体燃料对日本维持战争国策的重要性不言而喻，其需求量自1926年起呈逐年增加的趋势。然而，日本国内的石油产量有限，本土的油田仅限于北海道、秋田、山形以及新潟的几个地区，共有大约4000多口油井，其中大多数油井在新潟。不过这些本土的油井产油量很有限，在1938年仅生产了日本国内需求的7%，其余的80%从美国进口，还有10%从荷属东印度进口（Mawn，2018）。对石油进口的依赖到1941年还维持在79%。加之日本国内炼油能力远远低于需求，还需要进口大量的精炼产品。大约同一时期，日本本土的煤炭年产量已经超过了4000万吨，加上从其控制地区包括满洲等进口的煤炭，共有约4500万吨。面对这样的状况，日本要走煤制油的道路也就变得必然。所以，"七年计划"的实施也意味着对石油进口的依赖，而增加了日本国内能源的独立性。受阻于日本海军煤炭加氢液化的商业化进展，三井化学株式会社（Mutsui Chemicals Co.）于1936年就费-托合成技术与鲁尔化学公司（Ruhrchemie AG）签署了许可协议，计划在日本本土和中国的东北（旧满洲）开发建设合成油生产设施。已经开发的五家工厂，三家在日本，两家在满洲。1941年，三井化学株式会社拥有的位于大牟田附近的三池工厂率先生产石油。到1945年，日本又有两家工厂投入运营，满洲的两家工厂仍在建设中。当时满洲正在建设的两家费-托合成厂其中一家是锦州合成油厂，另一家规模很小，可能在吉林。总体来看，已经投入运行的三家费-托合成工厂都存在不同程度的运行困难，实际生产的油量不多。

三井化学三池费-托合成油厂实际上由三井矿业株式会社筹备建设，于1940年投入运行，之后移交给1941年成立的三井化学工业株式会社。三井化学和帝国燃料工业公司在1943年10月联合成立了独立的三池燃料油公司，后以1.5亿日元的资本注入当时的日本人造石油公司。该厂由德国的科帕斯公司设计和建设，设计能力为年产3万吨油品，包括汽油、柴油以及石蜡等，所有的产品都被陆海军使用。合成气的制造采用焦炭作水煤气炉的原料，焦炭来自上游的副产品炼焦炉，采用当地的三池煤作原料。三池煤是一种低灰熔点、高硫含量的煤，给后来的气化操作带来了很大的困难，再加上其他的困难比如低的催化剂活性等致使整个费-托合成系统无法达到稳定操作。每立方米合成气的油品实际收率为70～80克，远低于设计指标的116克。虽然1943年的产量最高，却只生产了1.6万吨的油品，远低于设计能力。科帕斯公司为三井化学设计建造的费-托合成油工艺与德国的同类工厂基本相同，而且整个系统是一个集成了炼焦、合成气制造和费-托合成的立体工艺系统（图10-1）。还有一部分合成气送到厂外生产合成氨和一氧化碳等其他化学品。

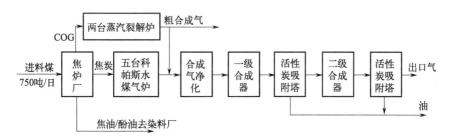

图 10-1 三井化学费-托合成油厂工艺简图

合成气的制造采用了五台科帕斯水煤气炉和两台焦炉蒸汽裂解炉。科帕斯水煤气炉四开一备，与裂解炉生产的合成气合并后进入气体净化系统进行脱硫（无机硫和有机硫）和脱碳。进入费-托合成前的净化合成气的氢气和一氧化碳的比例为2：1。费-托合成厂有一个常压的两段管板式反应系统，采用钴催化剂，反应温度为180～200℃。一级有30套反应器，二级有18套，每套反应器后配置水冷和活性炭吸附塔来分离油品。活性炭吸附塔由鲁奇公司设计建设。根据盟军的调查报告，工厂开工后由于低灰熔点和高硫的焦炭致使气化炉的运作很不稳定，生产的合成气成分不稳定，影响了下游的正常工艺操作。后来整个系统虽然能够稳定操作，但是只能维持在远低于设计工况的负荷下运转。该厂气化炉系统1945年8月在盟军的战略轰炸中摧毁。尽管如此，三井化学费-托合成油厂的运转情况与日本所有的同类厂相比，还是较成功的。另外，在日本战败的时候，锦州费-托合成油厂的建设还未完工。

总之，日本早在第二次世界大战前就对煤制油持有战略地位，受到当时德国煤制油技术成功的鼓舞，也投入了大量资源，从事了10年多的技术研发和工业化尝试。遗憾的是，这些早期的研发努力似乎并未在工业规模上取得所期望的成功。回顾一下，其原因可能有很多。从技术角度而言，加氢液化技术开发不到位，除了催化剂之外，法本的液化技术将加氢压力进一步提高到700巴以后，日本海军的研究还基本停留在200巴。可能的原因是海军还没有意识到高压的必要性，或者还没有掌握巴斯夫公司的高压高温技术，也许还受到当时钢材短缺的限制。就费-托合成来说，缺乏气化设计以及操作的经验。当时，法本的洛伊纳工厂已经积累了有关低灰熔点煤种对气化炉操作带来的影响。最终，煤制油研发结果的不如意导致了日本"七年计划"的失败。其实，当时生产的大部分液体燃料实际上来自 14 个低温碳化厂，1944 年生产了 85％的液体燃料。由于缺乏液体燃料，日本的战争机器的能力和机动性也就受到了极大的限制，这在某种程度上导致了日本在太平洋战场的战败。

第十一章
氢气生产的工业途径

　　第一次世界大战后，对航空汽油和汽车燃料等液体燃料的需求似乎比战前更加强劲。与此同时，迪塞尔（Diesel）在 19 世纪 90 年代发明的柴油发动机也已经变得成熟，开始被各行各业采用以提供主要驱动力。无形之中，这也同燃气发动机展开了竞争，实质上也阻碍了燃气发动机市场的进一步增长。钢铁行业的传统焦化工艺也开始实施改造，将之前浪费掉的焦炉煤气（COG）回收作为燃料供内部使用和出口。就热值而言，COG 是远优于煤气和发生炉煤气的燃料气。因此，在某种程度上，工业合成技术的发展为煤气提供了一个很好的机会来保持其相关性并发展和服务于一个全新的行业，从而促成现代化学和石化行业的建立。但值得注意的是，从合成氨、甲醇合成、煤加氢到费-托工艺，每一项新兴的合成技术对合成气（氢气和一氧化碳）都有一套具体而严格的要求。在某些情况下，它必须具有高纯度并且不含其他杂质，包括焦油、微粒、水分和对催化剂有毒的硫化合物和碳氧化物。因此，为了使煤气化技术在当时的合成工艺中发挥作用，常常必须对其自身的限制因素下手，以便从传统的燃料气体方式向化学合成方式进行必要的转变。否则，任何一个气化工艺过程，包括水煤气工艺和发生炉煤气工艺，都不可能提供满足这些合成技术特定要求的合成气。毕竟，新兴的合成工业与熔炉燃烧、内燃或照明有着本质上的不同。与迄今为止作为燃料气体的应用不同，催化合成过程只需要煤气中的两种成分，即氢气和一氧化碳。如果选择发生炉煤气来为氨合成提供原料，氮气将会是第三种需要的成分。煤气中的其他成分，例如对照明至关重要的烯烃，对燃烧很重要的碳氢化合物以及二氧化碳和硫化物，都必须被去除到最低限度。假如合成气的质量要求不能得到满足，会缩短催化剂的使用寿命乃至很快丧失催化作用。这一次，重点转向了对合成气进行再处理和随后的净化以去除其他不需要的成分的方法，从而使合成气适用于不同技术的催化剂。例如，合成氨需要氢气与氮气的摩尔比为 3∶1，而含硫化合物、一氧化碳和二氧化碳等有毒成分必须尽可能少，达到 μL/L 级。相比而言，加氢液化似乎是一个较为宽容的过程，氢气纯度可在 92%～96% 之间，这也有助于最大限度地减少其所需的高压带来的能源消耗。然而，对于费-托合成工艺，含硫化合物是必须尽量减少的重要指标。它一般还要求合成气的氢气与一氧化碳的体积比为 2∶1。很明显，需要开发额外的技术和工艺来调整和净化合成气，以满足每个单独的合成工艺技术的要求。

　　20 世纪初，除了煤的气化方法之外，已经有一些氢源技术可用于生产氢气。这些技术包括电解法分解水、莱恩工艺还原分解蒸汽、冶金焦炭制造中的焦炉煤气裂解以及氯碱工艺电解等（图 11-1）。然而，在包括气化在内的所有这些来源中，只有电解法例如电解水产生的氢气或作为氯碱电解过程副产的氢气会有足够的纯度，可直接用于合成氨的生产中。其他来源的氢气必须经过额外的工艺步骤，如成分的再调节、分离和净化等等。让我们来看看合成气制造工艺的选择在合成气供应方面的优缺点。

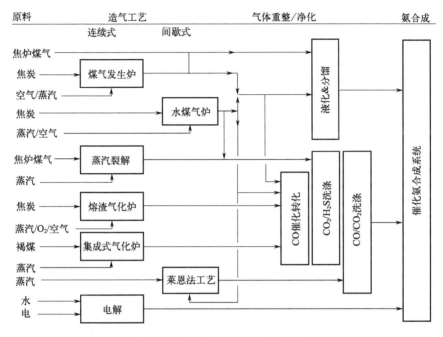

图 11-1 各种不同的制氢技术流程

到 1900 年，电解水过程存在已经有 100 年的历史了。虽然早年英国科学家威廉姆·尼克尔森使用伏打电池，选择合适的电解质溶液，发现了可以在阴极产生氢气，在阳极产生氧气这一化学现象。然而，直到俄罗斯工程师拉契诺夫（Dmitry Lachinov，1842—1902）于 1888 年开发出一种可行的电解槽设计后，它的工业应用才开始。不过，这得益于当时的电力供应已经发展得很稳定。尽管到他去世时已有数百台设备投入工业应用，但考虑到高昂的电价，这些设备的规模通常很小。电解法吸引人之处在于其产生的氢气纯度高，可直接用作合成氨工艺的原料。可问题是，除了尼亚加拉大瀑布和瑞典等有大量水电资源的地方可获得廉价水电，即使是小规模的氨生产也很难负担得起昂贵的氢气。关于氯碱电解过程中产生的副产氢气，也许成本不是问题。值得一提的是，氯碱电解过程是美国化学家和工程师汉密尔顿·卡斯纳与奥地利化学家卡尔·凯尔纳发明的技术。两位发明家随后于 1895 年成立了卡斯纳-凯尔纳公司（Castner-Kellner Co.），生产烧碱和氯气。很显然，当时与索尔维工艺的产品产生了直接竞争。但是，该公司于 1920 年被布鲁纳-蒙德公司收购。因此索尔维工艺在激烈的竞争中很快失败了，氯碱电解法直至今日在氯碱工业中一直占据主导地位。就副产的氢气而言，高电价似乎比氢气受制于主要产品的生产这一问题要小得多，副产的氢气大都会得到利用。然而，副产的氢气对于大规模部署（如新兴的合成工艺）来说通常很难。

莱恩法（Lane process）是英国工程师霍华德·莱恩于1903年发明的一种热法工艺，与蓝色水煤气发生炉类似，是一种间歇式操作的工艺。通过使蒸汽通过炽热的还原铁床层生成氢气。铁一旦被蒸汽氧化后，就需要通过氧化铁的氧化还原循环再次被还原。为了使氧化铁再生，通常使用水煤气将氧化铁还原回金属铁的状态。这一还原过程实际上是在水煤气燃烧将氧化铁床层加热到所需温度的过程中实现。如果多个炉子交替或轮流工作，可以实现连续供应氢气。如果实施严谨的操作程序，产生的氢气可以具有非常高的纯度。到1909年，莱恩法工艺装置每小时可产生高达10000立方英尺的氢气，常用于为飞艇和气球充气以及用于植物油加氢处理等生产特殊的有机化学品（Lane，1909）。然而，对于合成氨应用，仍然需要额外的净化工艺以去除少量的碳氧化物。

从现实角度而言，能够为巴斯夫开发的合成氨工业过程提供大量可靠的氢气来源的显然是水煤气发生炉生产的合成气。这不仅因为有大量廉价煤的供应，而且水煤气制造技术已经足够成熟，可以提供较为经济的合成气。另外，方便的焦炉煤气可以用作氢气的补充，比如来自项目附近的冶金焦炉操作或低温碳化厂。焦炉煤气的成分通常有50%的H_2、15%~20%的N_2、20%~30%的CH_4、不饱和烃和少量一氧化碳。当用蒸汽裂解时，COG也将是很好的氢源，这就是为什么COG蒸汽裂解经常用于许多费-托合成操作。然而，对于甲醇合成、煤加氢和费-托合成等其他化学合成工艺，发生炉煤气不在考虑之列，这是由于其高的氮气含量。那么接下来的问题就变成了如何使水煤气和焦炉煤气在纯度和组成方面进行适当的处理以满足各自的合成工艺。例如，煤加氢所需的气体是高纯氢气，合成氨所需的氢气和氮气的体积比为3：1，合成甲醇或费-托合成的氢气和一氧化碳的体积比一般为2：1。为实现这一目标，必须开发相应的下游工艺去除或减少水煤气中的一氧化碳。这类似于蒙德和朗格在19世纪80年代中期通过催化还原一氧化碳、二氧化碳和许多其他碳氢化合物等来提高蒙德气体中氢含量时所面临的挑战和做出的努力。当然，1910年左右，物理化学有了极大的发展，有一种技术可根据每种气体的沸点差异（图11-2）来达到分离水煤气中的不同气体的目的，即液化和分馏。

第一节　气体的液化与分馏

在证明了能量等效性和可以相互转换方面的工作获得认可的同时，焦耳继续了他对科学实验的热情。大约在19世纪50年代中期，他与开尔文勋爵的合作有了另一个发现。在针对气体的实验中，他们发现当压力下的气体自由膨胀到真空状态时，气体的温度会下降，这就是所谓的焦耳-汤姆孙效应。通过进一步的实验表明，1 标准大气压的下降会导致气体温度下降大约 0.25℃。对此，荷兰物理学家约翰内斯·范德瓦尔斯（Johannes D. van der Waals，1837—1923）后来用他的分子动力学理论解释了这一现象，即气体的温度与气体分子平均速度的平方成正比。当气体分子的速度减慢时，分子的温度也会下降。焦耳-汤姆孙效应随后在 20 世纪初为气体处理、制冷和氧气分离等领域的开发带来了重要的创新。

到了 20 世纪初，根据焦耳-汤姆孙效应而发明的低温物理分离技术已被广泛用于科学研究和工业应用，而在这两个领域里取得的成就对于煤气化技术的进步都很重要。在前一领域，法国物理学家和铁匠大师路易-保罗·凯泰（Louis-Paul Cailletet，1832—1913）因其在气体液化和分离方面的工作而闻名。凯泰于 1877 年率先液化了氧气以及几种其他气体，例如二氧化氮、一氧化碳和乙炔。凯泰在 1898 年最终实现将氮气和氢气液化分离。同时，瑞士医生拉乌尔-皮埃尔·皮克泰（Raoul-Pierre Pictet，1846—1929）也独立地分离出这两种气体。通过查看图 11-2 中气体的沸点就不难看出，液化氢需要低至零下 252.9℃ 的低温，这也说明了为什么氮气和氢气的分离需要这么长时间才得以实现。个别气体的分离使化学家和物理学家能够研究这些气体的行为、特征和热力学信息。这些信息连同分子理论的建立使得在煤气发生炉或水煤气发生炉中发生的许多反应的定量分析成为可能（表 10-1），它还使在某些假设下气化反应成为可能，正如道森、兰布什和 Gumz 等人所做的那样。这为尝试通过某些动力学模型对气化过程进行数学模拟奠定了基础。

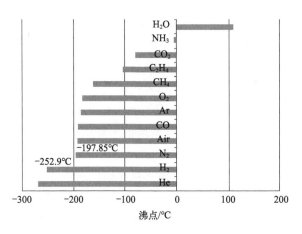

图 11-2　气体的沸点

在工业方面应用，洛邑在 1863 年离开美国气球军团后发明的制冰机，就是在封闭环路中使用二氧化碳作为冷却剂，通过冷却水提取冷热来制成冰，再用制成的冰来制冷。在 1867 年提交的信件专利中（Lowe，1867），洛邑描述他的发明时提到："我在我的工艺中使用碳酸气，首先通过机械压力将其冷凝成液体形式，然后撤销压力，通过膨胀恢复其正常状态……"尽管后来他打算应用这一新的制冷工具将新鲜牛肉从美国中西部运往纽约市的尝试并没有按计划进行，但洛邑无疑成为最早尝试利用新发现的焦耳-汤姆孙效应科学原理的少数人之一。不久之后，德国开发的另一项技术缩短了冰制冷的生命。它是使用氨水作为冷却剂进行制冷，比使用冰更有效。该技术由德国化学家和工程师卡尔·冯·林德（Carl von Linde，1842—1934）发明。在苏黎世的瑞士联邦理工学院接受教育期间，林德接触了几位有影响力的教授的教学，包括鲁道夫·克劳修斯。在不同的作坊和工厂停留数次后，林德于 1868 年在慕尼黑工业大学获得了一个讲师的职位，并在四年后成为教授，主修热理论。在 1873 年至 1877 年间，林德发明了氨制冷的方法，氨是一种更有效且低能耗的制冷剂。随后，林德于 1879 年成立了林德股份公司（Linde AG），生产和销售这种新型制冷机和气体产品（Praxair 网站）（German Culture，2022）。林德发明的下一项技术更加重要，至今对包括气化在内的许多领域和行业产生了长期的影响。

1895 年，林德将空气压缩后再通过膨胀阀使其自由膨胀进行冷却，当膨胀空气的温度进一步下降，最终空气变成了液体。然后，通过缓慢加热液体，林德成功地将空气分离为氮气和氧气。在同年的巴黎世界博览会上，林德展示了第一台空气分离系统，通过将空气压缩到 200 标准大气压，然后再绝热膨胀到 30 标准大气压而得到了 3 升液态空气（林德网站）。1902 年，林德建造了第一台能够生产纯氧的单塔空气分离装置。但是由于该系统当时产生的氮气含约 7％的氧气，还不适用于后来的氨合成。大约在同一时间，法国工程师乔治·克劳德（George Claude，1870—1960）通过添加膨胀机等改进了制冷循环，在恒熵的条件下通过降低空气的焓来降低其温度。通过应用等熵膨胀原理进行的这种改进大大减少了液化空气的冷却时间和操作压力，同时增加了它的处理量。于是，法国液化空气公司于 1902 年在巴黎诞生（Cryogenic Society Website）。这种空气分离技术或空分装置（ASU）已成为最重要的工业过程之一，这样分离的氧气不久开始改变煤气或合成气的制造。

为了应对金属切削对氧气的强烈需求以及由巴斯夫公司领导的氨合成工业的持续发展，林德于 1910 年将他的单塔设计改进为双塔，即在高压塔的顶部增加了一个低压塔来提高氮气的纯度。这种改进的系统能够同时生产纯氧和纯氮，后者可以用于氨合成。20 世纪 20 年代中期，用于煤气化的 ASU 在德国洛伊纳工业园区得到利用。当林德-弗兰克尔（Linde-Frankl）设计出现后，许多合成工厂部署了更多的空分装置，为气化操作提供氧气。在洛伊纳工厂，首先有两台林德-弗兰克尔装置于 1928 年投入使用，每台装置容量为 2000 米³/时的氧气。到

1940 年，装置数量增加到 6 台，每小时可生产 5 万立方米纯度为 99.5％的氮气，用作工艺保护气体和合成氨原料。氧气用于气化炉操作，还有作为副产品回收的氮气。由于需要更多的氧气，又有一台装置于 1941 年投入使用，每小时提供 3560 立方米的 98％纯度氧气（Plant，1940）。到 1943 年，大约有 43 套林德-弗兰克尔空分装置，单位容量设计从 1000 米³/时到 4000 米³/时不等，在当时德国境内的 8 个合成工厂操作设施中提供约 126000 米³/时的氧气（Allied Investigation Mission，1945；Fuel ＆ Power，1947）。在国际市场上，林德于 1907 年在美国成立了林德空气产品公司，以开展国际业务。经过几次改变，该公司于 1992 年成为一家独立的美国公司，即后来的普莱克斯（Praxair 网站）。从技术上讲，虽然 ASU 的双塔设计在一个多世纪以来基本保持不变，但是其单元设计规模以及操作可靠性都有了极大的改善。比如过去十几年在中国等地开发的一些煤气化装置所配置的空分装置（ASU），其设计容量已跃升至每小时生产高达 12 万立方米的氧气，而且系统操作的可靠性也有极大的改善。

　　从技术上讲，通过应用液化和分馏的原理也可以在工业规模上从合成气或焦炉煤气中分离氢气。从合成氨的角度，典型的焦炉煤气、发生炉煤气和水煤气中氢气和氮气具有最低的沸点（参见图 11-2），采用液化和分馏的方法也可以获得高纯度氢气或氢气和氮气，可以直接进入合成氨的回路。另外，利用发生炉煤气中的高氮浓度，将发生炉煤气与 COG 或水煤气按正确比例混合，然后经过液化和分馏其混合物，也可以产生体积比例为 3∶1 的氢气和氮气混合物作为氨回路的进料，这样做的好处是可以避免使用高耗能的空分设备。在这样的原则下，克劳德工艺是从水煤气、发生炉煤气或 COG 中分离氢气、氮气或一氧化碳的早期工艺之一。在克劳德工艺中，不含焦油、氨、油、苯和硫的水煤气或焦煤气在高压下用水和碱洗涤，然后用氨水冷却至零下 45℃除去水后进入液化和分馏过程，类似于空分装置的操作将目标气体分离出来。一般来说，由于 COG 含有适量的氮气通常适用于作合成氨的原料，而水煤气更适合生产氢气和一氧化碳。例如，位于德国卡斯特罗普-劳克塞尔（Castrop-Rauxel）的一家日产 180 吨氨的工厂部署了 6 台制冷机组用于从 COG 中分离高纯度的氢气作为原料气，其中的 5 台是克劳德工艺制冷机。该合成氨厂与 1936 年建造的第二个费-托合成油厂相邻。这两个工厂一直运行良好，直到 1944 年 6 月被盟军轰炸（Hall，1945）。

　　通常情况下，选择克劳德工艺或其他气体分离工艺取决于气体的成本。克劳德工艺的一个问题在于要获得零下 197℃甚至更低的低温需要大量的压缩能量，通常还需要相当复杂的制冷系统来达到。除了上述例子中的一些特殊场合或出于科学实验目的在实验室中小规模使用外，液化和分馏的使用一直受到限制。对于工业规模的合成气的分离和纯化，仍然需要可行的替代工艺。以奥帕的合成氨生产为例，直到 1921 年，它似乎是采用水煤气和发生炉煤气的混合气作为氨回路的原料气，而没有使用低温液化和分离方法净化混合气，混合合成气的净化以及分离使用了一种新开发的化学方法，类似于蒙德和朗格在 19 世纪 80 年代中期所做的尝试。

第二节　合成气的成分调整与净化

根据巴斯夫公司在 20 世纪 10 年代初申请的专利，博世很可能已经意识到，煤气化是确保大量氢气供应的唯一可靠方法。但是，在设计和建造第一个氨工厂时，还需要一种经济、可行的方法或工艺从水煤气中分离和净化氢气。正如利物浦大学工业化学教授柴尔迪奇在 1929 年所描述的（Childitch，1929）。

> "这家公司（巴斯夫）制定了催化水-水煤气反应的技术手段，并在一系列专利中公布了各种催化剂、温度和压力，通过这些催化剂可以成功实施该过程。在他们的第一项专利中，他们强调使用含有镍、钴和类似金属混合物的催化剂，但显然很快就发现这种类型的催化剂具有过于活跃的加氢倾向，结果是过量的一氧化碳转化为甲烷，甲烷仅用作合成氨气体混合物的无用稀释剂。"

博世有一个全面的计划来为合成氨提供可靠的氢气，这也为后来的甲醇合成和煤加氢制成液体燃料等其他计划奠定了坚实的基础。焦炭制成的水煤气中含有约 51％的氢气、40％的一氧化碳、5.5％的二氧化碳、3％的氮气以及微量的有机硫和硫化氢（参考表 8-1 的 BWG 数据）。为了更好地利用水煤气，较为合乎逻辑的方法是用蒸汽将一氧化碳转化为氢气和二氧化碳［表 10-1 反应(6)］，然后去除二氧化碳和其他杂质，包括一氧化碳、二氧化碳和含硫化合物，以便将剩余的氢气提纯为满足合成氨回路的要求。在将一氧化碳转化为氢气方面，博世首先做的是重拾 19 世纪 80 年代中期蒙德和朗格留下的工作，使用镍和钴作为催化剂，通过与蒸汽反应将一氧化碳转化为氢气和二氧化碳。

回顾当时在制备用于燃料电池的氢气时通过催化剂转化一氧化碳的过程，蒙德和朗格可能没有意识到蒸汽在系统中的作用和贡献。基于他们的观察，当将含有大量水蒸气的蒙德燃气引入催化转化器时氢气和二氧化碳含量增加，蒙德和朗格以为这是由于一氧化碳通过歧化反应（$2CO \longrightarrow C + CO_2$）在催化剂上裂解成二氧化碳和碳，后者是他们在催化剂上观察到的沉积物。但是，氢气从 25％显著增加到 36％～40％这一事实很难用 CO 和 HCs 在该条件下的歧化和裂化反应来解释。实际上，虽然这种碳沉积物可能来自蒙德气体中其他碳氢化合物比如少量的煤焦油或轻油的分解，但是一氧化碳的减少以及氢气和二氧化碳的增加很可能是由于一氧化碳与蒸汽在钴或镍作为催化剂的情况下发生的变换反应［表10-1反应(6)］，因为离开发生炉的蒙德燃气含有大量的蒸汽。蒙德和朗格当时也许还未注意到这一现象的实质。然而，到下个世纪初，一氧化碳和蒸汽的反应的平衡性质和温度依赖性显然已被道森研究并在他1907年的书中进行了分析（Dowson，1907）。实际上，蒙德和朗格在这一方面的开创性工作在随后的几年里被许多其他发明家效仿。然而，在博世和他的同事们着手解决这个问题之前，此前的所有发明都没有对工业用途产生有意义的结果。基于巴斯夫公司在1912年和1914年申请的多项专利，博世最终找到了一种用氧化铝或其他类似金属氧化物促进的氧化铁催化剂。该催化剂的使用条件与蒙德和朗格当年的条件很相似，比如温度在450～500℃之间，比蒙德和朗格使用的高50℃左右。在正常运行条件下，催化转化器（通常在必要时分两段进行）可将一氧化碳减少至2%以下。

随着一氧化碳转化为氢气，等量的二氧化碳也会形成。为了去除二氧化碳，巴斯夫公司开发了一种加压水洗的吸收工艺，效果很好。这样处理后的气体几乎只含有氢气和氮气，外加少量残留的一氧化碳和二氧化碳。残留的一氧化碳和二氧化碳对催化剂仍然有毒，因此需要将其去除到最低限度。为此，巴斯夫公司随后发明了一种高压下使用甲酸铜等亚铜盐的氨溶液的洗涤工艺，可有效去除残留的碳氧化物，使原料气达到氨合成中所用催化剂的要求。用过的氨溶液将通过减压释放将吸收的碳氧化物进行回收。至于残留的含硫化合物，如硫化氢和有机硫，对催化剂也有毒，需要去除。

所有这些下游工艺的发展以及煤气化获得的经验，无论是煤气发生炉还是水煤气发生炉，都已应用到奥帕的第一个氨工厂。

第三节 奥帕合成氨厂的原料气制备

奥帕合成氨设施建在一个废弃的场地上，该场地以前被巴斯夫公司的勒布朗克碱厂占用。自1913年秋季投入使用以来，奥帕的氨产量因战争需求而持续扩大。根据1921年建成的合成气产能，奥帕的氨产能上升到约年产65000吨，它初始设计产能为日产30吨或年产9000吨。合成氨原料气由水煤气炉和煤气发生炉生产。煤气发生炉的进料采用了来自科隆地区的褐煤，被制成型煤后用于生产燃料气。当地的低硫焦炭用于水煤气的生产。合成氨需要的原料气是将发生炉煤气和水煤气分别净化，按一定比例混合制成合成氨原料气。在操作过程中，发生炉煤气和水煤气首先分别通过煤焦油收集器和水洗的方式处理，以去除焦油、液体和灰尘，类似于煤制气的做法。在进行混合和计量之前各自的气体再进行额外的化学和物理净化，以满足后续氨合成的工艺要求（The Making of Oppau，1921；Partington，1923；Childitch，1929）。图 11-3 是 1921 年之前在奥帕工厂中建立的主要工艺流程。

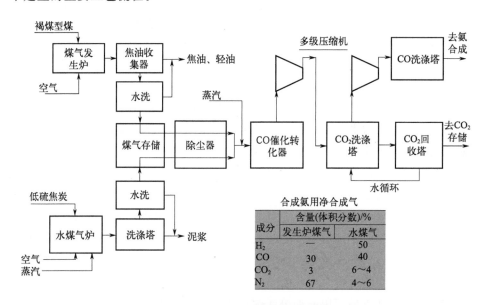

图 11-3　奥帕氨合成的原料气制备

注：以褐煤为原料的发生炉煤气一般含有一定水平的氢气。

一、合成氨原料气制备

发生炉煤气由至少 21 台发生炉生产，被分为 3 组，每组有 7 台发生炉。发生炉设计由圆柱形内衬耐火砖的铁板制成。每捆共享一个共同的控制板和一个焦油收集单元以及一系列洗涤塔和涡轮式旋转净化洗涤器，它们由电动机驱动以去除焦油、油、灰尘和氨水。离开洗涤器的气体通过旋风分离器去除残留的颗粒，从旋风分离器底部排出。然后将离开的气体导入储气罐作较短时间的停留。旋风分离器的旁路允许在发生炉启动期间将气体排放到大气中。控制板配有用于压力监测的压力计，这些压力计与发生炉运行的调节阀相连。

在煤气发生炉厂房内，还有 18 台水煤气炉，分为 9 组，每组共用一个控制板、洗涤器和洗涤塔。水煤气发生炉是传统的 H&G 型炉，这是一个圆柱形的铁板容器，内衬耐火砖并配备机械排灰的炉排。每个控制板都配有压力表，这些压力表又与液压操作的发生炉调节阀相连。发生炉的鼓风-运行（Blast-Run）操作周期为 4 分钟一个周期，如下所示：

➤1 分钟：从炉排吹出空气

➤0.5 分钟：来自炉排的过热蒸汽上行吹扫

➤2.25 分钟：从顶部进入过热蒸汽下行运行

➤0.25 分钟：来自炉排的过热蒸汽上行运行

➤重复吹气以开始新的循环

运行操作产生的水煤气进入洗涤塔以清除焦油、油和微粒，然后收集在两个储气罐中进行短期储存。

在正常运行条件下，发生炉煤气系统每天消耗 440 吨褐煤煤球，生产 123.5 万立方米的发生炉煤气和 10 吨焦油作为副产品。除了大约 15％ 的煤气用于与氨回路原料的水煤气混合外，其余大部分在工厂内作为燃料气消耗。水煤气炉系统每 24 小时共消耗焦炭 265 吨，产生水煤气 37.5 万立方米。水煤气炉所需的空气通过一系列由电动机驱动的大型鼓风机提供。现场有三个储气罐，每个 1.5 万立方米，一个用于发生炉煤气，两个用于水煤气，储存大约两个小时的合成氨原料气。图 11-3 提供了发生炉煤气和水煤气的成分。发生炉操作过程中，通过分别测量气体的二氧化碳浓度和热值定期监测它们的质量。很明显，虽然发生炉煤气是富含一氧化碳和氮气的贫气，可氮气是合成氨原料气的主要来源。

为了最大限度地减少发生炉煤气和水煤气中的残留颗粒对下游催化转化的潜在影响，两种气体都从储气罐中抽出，通过六个涡轮式清洗器做进一步清洗，四个用于水煤气，两个用于发生炉煤气。每个清洗器都配备了旋风分离器，以分离夹带的水和微粒。此时，从旋风分离器出来的清洁气体被导入三个旋转流量计，两个用于水煤气，一个用于发生炉煤气，并按 2∶1 的体积比计量、混合用于下一步的化学处理。此时，混合气体含有约 37％ 的一氧化碳、33％ 的氢气、5％ 的二氧化碳和 25％ 的氮气，将被调节为最终原料气，氢气和氮气的体积比为 3∶1。如果需要额外的氮气，现场的空分装置将在后端提供氮气来平衡，以在氨循环之前保持准确的氢氮比。

二、一氧化碳的催化转化

一氧化碳的转化单元在 12 组转化器内进行，所有转化器都装有含氧化铬促进的氧化铁催化剂。经由计量计混合的原料气与 4 标准大气压的饱和蒸汽合流、升压，然后进入两个饱和塔进一步被 95℃ 的热水饱和。合并后的饱和原料气体分别进入 12 组催化一氧化碳转化器，每组有两个串联的催化转化器。转化器由混合有一定量高热值煤气的发生炉煤气进行预热并维持在 500℃。一旦达到正常运行状态，转化器就会因放热反应而自我维持［表 10-1 反应（6）］，通过该反应使一氧化碳与蒸汽反应形成氢气和二氧化碳。这样，第一级转化器出口处的一氧化碳浓度约降至 2.2%～3.4%，经过第二级转化器后可以达到 1%～1.6%。当然，转化后的原料气含有高浓度的二氧化碳，需要在压缩后进一步去除。

三、水洗脱碳工艺

脱出二氧化碳的单元由 12 座吸收塔组成，每个吸收塔内径 1.2 米，高 12 米，塔内都装满了填料环。在 27 标准大气压下通过水洗从转化后的原料气中去除二氧化碳。转化后的原料气经由 12 台压缩机分 5 个阶段进行压缩，分别是 1～5 巴、5～9 巴、9～27 巴、27～80 巴和 80～200 巴的压力。其中 6 台是 Sulzer 型，6 台是 Schwartzkopf 型。每台压缩机都由 1 台内径为 800 毫米、冲程为 2 米的串联双气缸的燃气发动机驱动。所有发动机总共消耗 12600 马力的能量，可见气体压缩的功耗非常高。经过三级压缩的原料气进入吸收塔的下部，逆着塔顶喷下的水向上移动的过程中二氧化碳转移到水相。剩余的气体离开塔顶进行额外的净化以去除夹带的水，然后返回到第四级压缩机的进口。在吸收塔底部抽取的含有 CO_2 的水在膨胀涡轮机中膨胀，该涡轮机直接与电动机相连以发电。这样做可以回收大约 60% 的总压缩能量。然后，排放水被送到水库进行循环，释放的二氧化碳回收到储气罐，用于工厂工艺的密封气使用。

这时，经过水洗后的原料气中二氧化碳含量一般不应超过 0.8%，大部分气体为氢气和氮气。然而，为了满足合成氨回路的要求，残留的二氧化碳和一氧化碳必须进一步减少到允许的水平，否则会使催化剂中毒而失去活性。

四、残留氧化碳气体的脱出

经过 5 段压缩至 200 巴的原料气分流进入 15 个并行工作的吸收塔，一氧化碳在吸收塔中被甲酸铜盐的循环氨溶液吸收。巴斯夫公司根据大量的测试发现，该溶液在高压下能很好地吸收一氧化碳。吸收塔由锻钢制成，外径 80 厘米，高 12 米，塔内装有填料环。压缩气体从塔底进入，逆着下流的新鲜氨溶液向上运动。在此期间，压缩气体中的一氧化碳转移到溶液中被吸收，在塔底排出。离开塔顶的原料气进入净化阶段以去除携带的液体悬浮液，然后进入另一系列装有苏打碱液（氢氧化钠）的吸收塔，在那里去除残留的二氧化碳。碱液循环由蒸汽机驱动的双活塞泵维持。

用过的乏氨溶液（乏液）回收以循环利用。这是通过降低乏液的压力并在真空下对其进行加热以释放吸收的一氧化碳来实现的。在正常操作条件下，新鲜氨溶液的补充保持在 960 立方米，甲酸盐为 320 千克，苏打碱液为 8 立方米。

值得一提的是，来自发生炉或水煤气发生炉的煤气通常含有硫化氢和少量的羰基硫，它们也会使合成氨催化剂中毒。在进入化学合成循环之前，需要清除含硫化合物。巧合的是，奥帕开发的工艺也妥善处理了这些含硫化合物，一氧化碳转化催化剂将羰基硫转化为硫化氢，然后在二氧化碳去除阶段将硫化氢与二氧化碳一起脱除。

这时，净化的原料气通常含有不超过 500 微升/升的一氧化碳和约 1 微升/升的含硫化合物，满足合成氨回路的要求。实际操作中，在水煤气和发生炉煤气计量和混合的时候，氢氮比通常保持略高于 3∶1。必要时，在氨合成回路之前从现场的 ASU 补充注入需要的氮气，这样做可以很方便地准确控制氢氮比。因为当时没有容易获得高纯度氢气的来源。

继奥帕合成氨厂的成功之后，第二家合成氨厂于 1916 年 5 月在德国中部的洛伊纳开工建设，大约 12 个月后完工。1918 年，这两家工厂共生产了约 21.9 万吨氨，相当于 85 万吨硫酸铵，足以替代德国从智利进口的硝酸盐，约占当年智利硝酸盐产量的一半。到 1920 年，利用哈伯-博世工艺生产的氨几乎占全球氮衍生物肥料总量的 20%。同期，智利硝酸盐进口几乎减半，回收煤制气、焦炉煤气副产的硫酸铵也从 38% 下降到 27%。

巴斯夫公司在奥帕取得的成就无疑引起了全世界的极大关注。根据法拉第协会的推荐，英国政府在战争期间成立了一个氮产品委员会，来研究哈伯-博世工艺。委员会根据收集到的有关奥帕厂合成氨的生产操作以及相关成本的信息对合成氨生产成本等进行了估算。结果表明，如果不包括资本利息，生产一公吨氨的成本是 15.57 英镑（表 11-1）。相比之下，英国的硝酸此前通常由从智利进口的硝酸盐生产。如果采用合成氨来生产硝酸，其成本仅为战前由硝酸盐生产硝酸的50% 左右。合成氨也比煤气厂副产的硫酸铵有竞争力。不过，值得注意的是，生产氢气的成本几乎占氨生产总成本的 62%。考虑到战前每千立方英尺的气源（无论是水煤气还是发生炉煤气）成本仅为 4～12 便士，由此产生的化学级氢气的价格为每千立方英尺 2 先令 6 便士，这显然是由于额外的化学转化和物理化学净化过程以及能源消耗造成的。合成气净化和提纯无疑是一个成本高昂的过程。

表 11-1　1922 年哈伯-博世工艺生产氨的成本

成本明细	数量	单位	单价	成本/(英镑/吨)
合成氨用氢气	77000	千立方英尺	2 先令 6 便士	9.63
合成氨用氮气	26000	千立方英尺	6 便士	0.65
氮气压缩、催化剂加热用电	1500	千瓦时	0.25 便士	1.56
O&M 开支(工资、管理、一般和固定开支)				1.89
工厂与催化剂折旧				1.84
总计				15.57

数据来源：氮气工业，1922 年。

　　哈伯-博世工艺的重要性体现在很多方面。首先，最终大规模工业化的人造肥料促成了一场农业革命。从那时起，它为世界提供了充足的食物来养活快速增长的人口。氨产量从 1914 年奥帕第一家工厂的年产量几千吨增加到 2021 年的年产 1.5 亿吨，比 20 世纪增长了约 2000 倍。开发的技术和工艺以及为设计、操作和维护高压和高温合成工艺而获得的实际工业经验很快直接用于煤加氢工艺、甲醇合成和费-托合成工艺的商业化过程，只是在下游过程中再做少许变动。1919年授予哈伯的诺贝尔奖以及后来在 1931 年授予博世和贝尔吉乌斯的诺贝尔奖就是对他们发明的重要性的认可。

　　从煤制气的角度来看，一氧化碳催化转化工艺的开发是使水煤气在很长的一段时间里成为生产工业用氢气来源的重要一步。从化学工业角度而言，一氧化碳催化转化工艺本身作为重要的工业创新之一，已成为现代化学和石化行业中广泛部署的工业过程之一，即水煤气变换反应（WGSR）工艺，并经过不断地改进，至今仍被广泛地应用。

　　由此，煤气化也步入了一个全新的领域——化学合成时代。

第十二章
重塑煤气化技术

第一次世界大战后，煤气市场的转变仍在继续。一方面，发电市场的地位越来越稳固，将煤气照明逐出城市、乡镇已经是板上钉钉的事情。另一方面，生产燃气驱动的燃气发动机也似乎达到上限。由于市场的一些发展，用于发电或作为主要驱动源的燃气发动机领域似乎已经达到了顶峰。首先，发电站的运行变得更加复杂，每天频繁地调峰迫使发电设备经常降低负荷运行以适应电力需求的变化。与蒸汽机相比，燃气发动机在低负荷操作期间的效率往往较低。其次，在与蒸汽机的竞争中，燃气发动机本身也成为大型化的牺牲品。当燃气发动机尺寸超过一定水平时，比如超过 1000 马力，由于大型气缸受到材料以及润滑要求的限制，活塞或往复式燃气发动机不得不采用多缸设计。这些多缸燃气机要么垂直排列，要么水平排列。前者的设计在英国较为流行，用于最高 1500 马力的燃气发动机；而后者在德国通常串联运行，最高可达 4000～5000 马力。不仅这种大型燃气发动机的建造和运行成本增加，而且它们还占用更大的场地，因此与蒸汽机相比竞争力变弱。最后，大型燃气发动机需要更加一致和稳定的发生炉煤气供应，以保持最佳的发动机性能，这将对煤气发生炉的运行施加更多限制。随着经验的积累，当发动机尺寸达到一定水平时，大型燃气发动机装置的优势将受到更多不利因素的影响。这实质上意味着煤气发生炉在燃气发动机领域的增长前景基本已经受限。所以，在某种程度上，新兴合成工业的出现为煤气发生炉提供了一个新的空间，不仅让发生炉煤气继续发挥作为工艺加热的燃料气和合成氨的原料的作用，而且也让水煤气重新成为重要的原料气（氢气或氢气与一氧化碳的混合物）用于新兴的合成工艺，例如氨合成、甲醇合成、煤加氢液化和费-托合成等等。然而，面对这一新兴合成气的大量需求，开发设计大型的气化炉，不论是水煤气炉还是煤气发生炉，就变得很现实。以奥帕合成氨厂为例，假设 18 台水煤气炉同时运行，不考虑备用的话，每台水煤气炉每天可处理约 14.7 吨焦炭。如果水煤气炉的气化能力增加一倍，则气化炉的数量可以减少一半。毫无疑问，建造、运营和设备维护的成本预计也会下降，这都有助于降低合成气的成本。大容量气化炉的好处是显而易见的。

在奥帕的合成氨生产取得成功后，下一个氨厂在德国中部的洛伊纳建成并于 1917 年开始运行。虽然整个工艺过程主要遵循奥帕工厂的工艺设计，但洛伊纳氨厂是一个更大的工厂，设计产能每天生产 400 吨氨。现场共有气化炉 31 台，其中水煤气炉 26 台，煤气发生炉 5 台。这些气化炉采用类似于 H&G 水煤气炉设计的频氏（Pintsch）型气化炉，内径为 3 米。在第一次世界大战期间，工厂产能很快翻了一番以上。到 1918 年，这两个工厂的合成氨产量达到 21 万吨。除掉奥帕厂运营的大约 6.5 万吨氨，洛伊纳工厂当年的生产量约为 15.4 万吨氨（Partington，1923）。根据第二次世界大战末盟军调查团的报告，德国中部地区缺乏优质的煤炭，但有大量的含高水分、高挥发性物质的褐煤储量。因此，制造水煤气的原料，将西部鲁尔地区的焦炭通过约 280 英里的铁路线运送到洛伊纳工厂。制作焦炭的原料是鲁尔区的烟煤（Holroyd，1946）。

早期安装在洛伊纳氨厂的水煤气炉几乎是当时最大的。它们在早些年的运营中似乎遇到了严重的问题。这是因为所用焦炭的灰容易结渣而导致气化炉底部积灰，阻碍了气化炉在所需温度下的正常运行。显然，对于所采用的焦炭而言，当时的操作温度似乎很高，降低操作温度是一个可以避免结渣倾向的简单方法。然而，这会对水煤气和发生炉煤气的生产产生不利影响，导致气量减少，因为大量未反应的碳与气化炉底部的灰分一起排放。排出的灰渣中含有超过 50％的碳。尽管如此，洛伊纳工厂还是决定降低气化炉操作温度，以尽量减少结渣问题。原因很简单，如果灰烬堆积阻止气化炉运行，保持水煤气的生产似乎比停止生产更重要；同时，灰分中未反应的碳也会缓和结渣的形成，从而减少灰分排放问题。这样做似乎解了燃眉之急。那么，如何利用含有如此高碳的灰渣成为新的挑战。为了消化高碳的灰渣，洛伊纳厂建造了一种新型气化炉，称为沃斯（Wuerth）气化炉。该气化炉在高于灰熔化温度的温度下运行，从而使灰以熔渣的形式排出，因此又叫熔渣式沃斯气化炉。这种气化炉的独特之处在于它利用氧气和蒸汽作为鼓风来连续生产水煤气。用氧气代替空气，开辟了煤气化改造的新时代。在生产操作中采用氧气使得水煤气发生炉和煤气发生炉之间的界限变得模糊，水煤气炉能够在制造水煤气或合成气时连续运行。

第一节　熔渣式煤气化

熔渣式沃斯气化炉与埃贝尔曼（Ebelmen）于 1939—1940 年在法国炼铁厂展示的气化炉在操作原理上没有区别。主要受当时市场对大功率燃气发动机的需求，不同设计的熔渣式气化炉重新出现，并于 19 世纪初在德国、美国、法国和英国等国家得以使用。其主要目的是为大型燃气发动机生产富含一氧化碳气、低氢气含量的燃料气。根据当时的经验，氢气含量高的燃料气容易使发动机在压缩过程中过早点火，造成发动机熄火。考虑到当时可用的选择有限，熔渣式气化炉似乎是一种有效的解决方案，它可以为大型燃气发动机提供氢气含量较低的低热值燃料气。当然，大型燃气发动机需要大量的燃料气，熔渣式气化炉由于采用高的气化温度，其单炉产气量高，生产的燃气更具竞争力，从而能更好地与市场上的蒸汽机竞争。总之，当时的市场对大型的煤气发生炉以及水煤气炉的需求是很显然的。从原则上而言，增加煤气发生炉或水煤气炉单炉容量的方法有限，但是都需要遵循以下原则。

a. 增加气化炉规模。

b. 选择优质活性较高的煤和焦炭作原料。

c. 提高气化温度，例如提高到灰熔点以上的操作温度来加快反应速度。

尽管建设大容量的气化炉是很明显的方向，但当时存在许多与放大有关的技术和操作问题。从气化炉的操作角度而言，当时气化炉的操作都需要经常进行除灰作业，而除灰作业以前都是人工操作的。这样的除灰作业是一项高劳动强度而又需要技巧的工作。当气化炉的容量增加到一定程度，比如其直径大于 2.8～3 米或更大时，除灰操作就变得困难得多。从这个角度，熔渣式气化炉的利用相对地会很好解决除灰问题，因为熔融的灰一旦熔化就会自动流出，只要环境保持足够热，不会"冻结"熔化的灰。考虑到当时煤气厂的焦炉和许多低温碳化操作中大量可用的焦炭用于水煤气炉生产水煤气，排出的高碳废灰再由熔渣式气化炉来消化生产富含一氧化碳和贫氢的燃料气，这是一个很好的综合性解决方案。从技术角度而言，焦炭、煤和碳氢化合物在更高的温度下气化反应速度会加快，是提高气化炉产能的一个有效手段。第一次世界大战期间德国在这一方向取得了很大的进展，并得到了一些工业化的成功例子。一些不同类型的熔渣式气化炉由沃斯、G-M（Georgs-Marienhuette）、雷曼（Rehmann）和频氏等公司开发，并部署在钢铁厂中生产贫氢燃料气来驱动大型燃气发动机。某些贫氢燃料气还可以应用于化学工业，生产需要一氧化碳作为原料的甲酸等化学品。

根据盟军的调查报告，洛伊纳工厂在早期已经部署了 3 台从上到下砖砌结构的熔渣式沃斯气化炉，用于消化从其他气化炉排出的含碳量高的灰渣以生产燃料气。燃料气与其他气体一起被送往合成氨回路。它们的工作状况似乎还可以，但有一个问题。由于维持排渣操作需要较高的温度，气化炉内砖砌结构的下部磨损很严重。随后，洛伊纳又采用了 6 台经过改造的熔渣式沃斯气化炉来替换旧气化炉，其中 5 台由法本集团提供，1 台由频氏公司提供。改造的部分是采用水冷套炉体设计代替气化炉下部砖砌体结构。5 台沃斯气化炉是在第二次世界大战前安装的。遗憾的是，这样的改造可能解决了砖块磨蚀的问题，但却产生了另一个问题。由于水冷套从生产操作中吸收了过多热量，发生炉内部很难保持必要的灰渣熔融温度以维持正常操作，因此气化炉的操作中很难继续使用空气鼓风和灰渣作为原料。这是因为灰渣的热值已经很低，使用空气鼓风将无法产生足够的热量来将温度升高到足以进行排渣操作。此外，生成的发生炉煤气作为燃气的热值也会变得太低。这迫使洛伊纳将鼓风改为吹氧，有效地解决了这一问题。升级后的熔渣式沃斯气化炉，每台能够生产 15000 米³/时的煤气，5 台气化炉将提供总计 90000 米³/时的发生炉煤气，该发生炉煤气通常只含有少量氮气，而一氧化碳和氢气的总含量为 89.4%（表 12-1）。这样的煤气也非常适合化学合成。虽然当时的氧气根本不便宜，无疑会增加燃料气的成本，但重要的是它使整个气化技术又向前迈出了重要的一步。

为了提供所需的氧气，洛伊纳在 1938 年之前就安装了 9 台空气分离装置，其中 2 台是老式的林德-弗兰克尔（Linde-Frankel）型装置，单位容量为每小时 1900 立方米的氧气（98％纯度），另外 7 台单位容量为 2875 米^3/时的氧气。据盟军的报告记载，1938 年至 1942 年间的实际氧气产量为 22000 米^3/时。实际上，这样的氧气规模可能无法完全满足 5 台熔渣式沃斯气化炉满负荷运作。此外，空分装置是一个能源消耗大户，每立方米氧气消耗约 0.55 千瓦时的电力。假设战争结束时德国的电价为 1.1～1.2 芬尼/度，这约占氧气生产成本的 55％。

氧气当时很贵，在今天的市场上仍然不便宜，可它是一种特殊且必要的工业商品，很快也将改变未来的气化技术。

表 12-1　不同气化过程的合成气成分

项目	沃斯气化炉	温克勒炉	Pintsch-Hilbrand 工艺	Koppers-Spuelgas 工艺	Didier-Bubiag 工艺	史迈尔菲尔德工艺
原料煤	高碳灰渣	褐煤	褐煤型煤	褐煤型煤	褐煤型煤	褐煤
气化剂	O_2/蒸汽	O_2/蒸汽	蒸汽	蒸汽	蒸汽	O_2/蒸汽
热源	自热式	自热式	蓄热式	蓄热式	外部加热	蓄热式
合成气成分（体积分数）/%						
CO_2	9.7	19	14		9.4	18.0
CO	66.5	38	28	28.3	30.5	25.0
H_2	22.9	40	56	56.6	56.5	49.5
CH_4	—	2	1		1.0	3.0
N_2	0.9	1	1		2.2	3.0

注：有些过程也会有硫化氢和其他碳氢化合物气体的存在，表中未示出。

第二节　温克勒气化炉

大约从 1929 年开始，洛伊纳开始使用一种全新的气化炉生产合成气。该气化炉通入氧气鼓风以制造类似于熔渣式沃斯气化炉的发生炉煤气，生产的煤气中基本上不含氮气。它由巴斯夫公司的化学家弗里茨·温克勒（Fritz Winkler，1888—1950）发明，用于消化焦粉、煤粉和褐煤等低阶煤原料。通常，这些原料难以用于现有的发生炉或水煤气炉。这种新气化炉就是温克勒气化炉，是最早采用流化原理设计的气化炉。在气化过程中，小颗粒的燃料床在炉排下方喷出的氧气和蒸汽的作用下保持悬浮状态，就像沸腾的液体一样。温克勒气化炉通常在约900～1000℃的温度下运行，由于在整个鼓泡床中的温度分布几乎是均匀的，因此碳和氧气/蒸汽之间有着良好接触，从而使得气化容量比水煤气发生炉或煤气发生炉高得多。但缺点是它有很高的显热损失和高碳损失，因为所产生的气体在几乎与气化炉内部相同的温度下离开发生炉。因此，为了减少显热损失，在气化炉之后通常需要放置一个废热交换器，以回收合成气的显热用来预热氧气/空气和蒸汽，同时收集碳粉以循环回气化炉。如果采用空气鼓风，温克勒气化炉也可以用于生产燃料气。

温克勒气化炉采用氧气鼓风的时候，生产的水煤气或合成气的氢气含量高，一氧化碳的浓度相对较低（表12-1）。因此几年后开发的四个煤炭加氢液化厂采用了温克勒气化炉来生产氢气，如德国中部莱比锡附近的褐煤炼油股份公司旗下位于博尔亨（Boelhen）和马格德堡（Magdeburg）的两个厂和位于伊特（Zeit）的一个厂，每个工厂各安装了三台温克勒气化炉。在1940年10月建成的位于布鲁克斯（Bruex）（现为捷克共和国）的苏台德燃料厂也安装有5～6台温克勒气化炉。这些温克勒气化炉看起来完全相同，设计水煤气单炉产气量为20000米^3/时。

然而，温克勒气化炉也有其自身的局限性。活性高的原料往往表现良好，但一些活性低的煤例如烟煤则表现不佳。还有，虽然温克勒气化炉能够处理小于8mm的焦屑和煤粉，与之前的气化炉相比大有进步，但它在处理大约3mm以下的细小粉料时仍然存在困难，因为细小的粉料很容易被流化的气体带走从而造成高碳损失。

创新仍在继续。

第三节　合成气的创造性制作

德国政府于1931年启动的对原油和油品征收进口税的关税政策促进了化学合成技术的发展。两年后希特勒上台后，这种发展得到进一步加强，其工业政策旨在减少对石油进口的依赖以提高本国的能源安全。到1932年，德国的大部分石油消费依赖于进口，主要来自美国。当时，德国的石油消费量相对来说还是很小的，只有美国消费量的8%左右，也远远落后于苏联和英国。实际上，这种情况直到30年代中期也基本上没有改变。德国国内只有少量来自煤焦油生产的液体燃料，还有三个液体燃料示范厂：法本集团在西部的路德维希港和中部的洛伊纳的两个煤炭加氢液化厂以及鲁尔化学位于鲁尔地区的费-托合成厂。很明显，利用煤转化为液体的技术、加氢液化技术和费-托合成技术，将德国拥有的庞大煤炭储备转化为急需的液体燃料，这似乎是打开德国当时燃料短缺大门的金钥匙。为了执行这样的工业计划，纳粹政府于 1934 年命令法本集团与 9～10 家煤炭公司组成财团，即褐煤炼油股份公司（Braukohle-Benzin AG），简称为 Brabag，以推广、开发、建造和运营煤制油厂。政府还促成了与相关技术所有者的必要许可协议，包括法本集团的加氢液化工艺和鲁尔化学公司的费-托工艺（Stranges，2003）。当 1936 年希特勒宣布四年计划时，Brabag 通过其子公司德国矿业公司（Gesellschaft für Mineralölbau GmbH）将三个加氢液化厂投入运行，一年后又将一个费-托合成工厂投入使用。到 1939 年，合成工厂的数量增加到 7 家加氢液化工厂和 8 家费-托合成工厂。到 1942 年，共有 12 家加氢液化工厂和 9 家费-托合成工厂投入运营，总产能达到约 450 万吨液体燃料，包括车用汽油、柴油、润滑油和蜡。不过，其中的几个工厂经历了一些操作运行方面的困难，实际产量略低一些。合成油的生产在 1943 年达到高峰，约占德国液体燃料消耗量的 69%。而在战争爆发时的 1939 年，这两种工厂的液体燃料年产量合计 130 万吨左右，一年后增长到 190 万吨。这种快速增长在接下来的每一年都在持续，直到 1944 年 4 月盟军开始实施对这些设施的战略轰炸。

这样大规模液体燃料的生产当然需要大量的合成气，因此必须建造大规模的煤气化装置、设备来保证其合成气的供应。以 1943 年实际产量为例，来简单估算一下煤气化的规模。1943 年液体燃料产量达到顶峰，12 个加氢液化厂产量约 340 万吨，9 个费-托合成厂产量约 43 万吨。一氧化碳和氢气用于费-托合成工艺，而加氢液化工艺需要氢气。根据当时费-托合成操作的实际运行消耗，生产每吨液体产品需要约 8 吨烟煤当量，其中 6.1 吨用于水煤气工艺以生产所需的一氧化碳和氢气，其余是燃料用煤。假设 43 万吨液体产品全部使用烟煤，则需要气化 260 万吨烟煤。加氢液化作业每吨液体产品需气化约 2 吨烟煤当量制氢，约 1.9 吨烟煤当量用于加氢直接液化，也就是说，1 吨加氢液化的煤需要气化几乎相同数量的煤才能产生所需的氢气用于液化。另外，维持合成工艺的操作还需要热和电等公用工程消耗，按每吨液体产品消耗烟煤计，费-托合成操作需要 1.9 吨，而加氢操作则需要 3.8 吨。显然，加氢工艺的高操作压力需要更多的能量来压缩氢气和其他必要的物流。假设全部用煤加氢液化来生产 340 万液体产品，则需要气化约 680 万吨烟煤当量，以制造足够的氢气来满足加氢操作。1943 年，这两种类型的煤制油作业需要气化约 940 万吨烟煤。当然，有一部分加氢液化操作采用的是煤焦油做原料，实际的煤炭消耗会低一些。即便如此，需要的煤气化的工业规模也是前所未有的。

如果从另一个角度来看用于生产沸点低于 325℃ 的液体产品的加氢液化操作，加氢液化每吨褐煤（无水无灰基）需要氢气 830 立方米左右，同样，烟煤的加氢液化则需要大约 1220 立方米的氢气。这会转化为大量的水煤气气化产能来生产足够的氢气。尽管焦炉煤气提供了一部分氢气，但大部分氢气还是来自煤的气化，无论是褐煤还是烟煤。要满足这样规模的煤气化运作，发展大型气化炉而不是建造小型气化炉是顺理成章的事情。不过，让当时煤气化的应用变得复杂的是德国拥有大量的褐煤储量，而大多数的气化工艺很难适合这样的原料。要气化这样的低阶煤，煤气化技术必须进一步创新。以下是几个很有趣且不乏创新的制造合成气的例子。

早期在德国西部建造的那些合成工厂，尤其是费-托合成厂，合成气主要是通过传统的间歇式水煤气炉生产的。例如，位于莱茵河西岸的莫尔斯的莱茵普卢森煤矿（Steikholen-Bergewerk Rheinpreussen）费-托合成厂、位于卡斯特罗普附近劳克塞尔的联合维克多（Gewerkschaft Victor）费-托合成厂和鲁尔化学公司位于奥伯豪森附近的霍尔滕鲁尔汽油（Ruhrbenzin AG）厂中内置的气化炉都使用高温焦炭做进料。这些焦炭来自附近的炼焦炉厂。当时，像合成油厂这样的综合设施通常与煤炭炼焦设施乃至煤矿运作垂直整合，生产的煤焦油被输送到加氢液化厂以生产液体产品，而焦炭则用作水煤气炉的原料以生产大部分所需的合成气，用于费-托合成和其他加氢液化工厂的操作。另外，含有高甲烷和氢气的焦炉煤气经过蒸汽裂解生产氢气来补充合成气。取决于煤、蒸汽和其他操作条件，典型水煤气的氢气与一氧化碳之比约为 1∶3。要满足费-托合成操作所需的比例 2∶1，需要补充额外的氢气。在这些早期的工厂中，常常采用通过对可用的焦炉煤气进行蒸汽裂解制造氢气的方法来补充额外的氢气，这样可以减少甚至避免使用 CO 催化转化的水煤气（通常少于三分之一）。毕竟，CO 催化转化在当时是一个昂贵的工艺过程。

例如，第一个商业化规模的莱茵普卢森煤矿费-托合成厂中，共有 11 台配有余热锅炉的典型 UGI 水煤气炉。这些水煤气炉由科帕斯公司（柏林）在不同时期建造。该综合设施有一个焦化厂，有 210 个焦炉单元，每天生产约 980 吨焦炭用于水煤气炉作原料，同时每天约有 25 万立方米焦炉煤气可用于蒸汽裂解装置来制氢。蒸汽裂解发生在 6 个 Cowper 式蒸汽裂解装置中。这些装置内衬耐火材料并填充方格砖，它的操作在某种程度上类似于蓄热器操作。正常运行情况下，9 台 UGI 水煤气炉每天生产 115 万立方米的水煤气。与其他水煤气发生炉一样，UGI 水煤气炉的运行周期为 202 秒，并按以下方式分配时间。

➢空气鼓风：40%
➢吹扫：3%
➢蒸汽上运行：30%

➤蒸汽下运行：25％

➤吹扫运行：3％

➤循环重复

　　在运行期间收集水煤气，其中约 18％进入催化转化器，与蒸汽反应将一氧化碳转化为氢气。转化后的合成气将与来自蒸汽裂化焦炉煤气的 39 万立方米的气体混合后再返回到主水煤气流。这样混合的合成气将满足下游费-托合成工艺要求的氢气与一氧化碳比例。在进入费-托合成转化器之前，将混合的合成气通过与煤制气类似的下游工艺以去除硫化氢、有机硫。这种通过催化转化部分水煤气并辅以裂化焦煤气以获取额外氢气来制造合成气的装置已被许多其他费-托合成操作厂部署采用，包括上述其他操作。

　　然而，在位于多特蒙德附近卡曼的另一家费-托合成工厂中，水煤气发生炉在生产富氢合成气的操作中变得更具创造性。该工厂由埃森煤炭化学股份有限公司（Chemischewerk Essener Steinkohle AG）开发建造。该公司于 1937 年由两个股份公司合伙成立，它们是埃森硬煤矿业公司（Essner Steinkohlen Bergwerke AG）和位于多特蒙德的哈彭矿业公司（Harpener Bergbau AG）。与许多其他工厂一样，该工厂同样是一个综合设施，焦炭和焦炉煤气都用于合成气制造。这里，焦炉煤气的应用与以往不同。它不是将焦炉煤气采用单独蒸汽裂解来制造补充氢气，而是将一定量的焦炉煤气裂解直接集成到其水煤气炉操作中，这样生成的合成气中氢气与一氧化碳的比例为 2∶1，也适合下游的费-托合成工艺，大大地简化了合成气的生产过程。该装置于 1939 年投产，成为第 7 座最大的年产 8 万吨汽柴油产品的费-托合成厂。以下是集成焦炉煤气的合成气制造的工作原理。

　　该厂部署了一种新型水煤气炉，即德马格气化炉，由当地一家工程公司德马格公司（Demag AG）设计。德马格气化炉与 UGI 或 G&H 水煤气炉在原理上没有什么大的不同，也是通过交替鼓风和蒸汽运行来生产水煤气。但是，德马格气化炉的改进是将焦炉煤气与蒸汽一起注入其中一个运行周期内，这样焦炉煤气在通过炽热的焦炭床时会被裂解而生成氢气，此外还会通过碳和蒸汽的反应形成水煤气。该厂部署的 12 台德马格气化炉每天消耗 800～850 吨焦炭（单炉能力 67～70 吨）和 55 万立方米的焦煤气，为下游的费-托合成工艺提供 180 万立方米的合成气，其鼓风和运行周期为 180 秒。以下是循环操作的时间分配，其中第三个步骤与前面提到的典型操作不同。

➤空气鼓风：　　　　38％

➤蒸汽吹扫：　　　　2％

➢COG/蒸汽下运行： 25%

➢蒸汽上运行： 38%

➢吹扫运行： 2%

➢循环重复

  同样，在运行过程中收集水煤气。实际上是在将焦炉煤气注入下行的同时将下行和上行的顺序颠倒进行了改进，这样可以确保在焦炉煤气进入床层的温度仍然保持在很高的情况下将焦炉煤气有效裂解成氢气。这样的改进看似很小，但在成本和性能上都非常有效。生成的合成气含有 59% 的氢气和 29% 的一氧化碳，然后在进入储气罐之前进行水洗以去除携带的灰尘。在去除硫化氢和有机硫等杂质后，合成气将满足进入下游合成转化的要求。

  然而，对于建在德国中部的合成油厂来说，由于缺乏高质量的气化原料而采用当地丰富的褐煤资源时，典型的水煤气炉会面临更多挑战，有时是无法克服的。

第四节　特殊的集成煤气化

  在过去的一个世纪里，德国一直是世界上最大的低阶褐煤生产国。20 世纪 30 年代中期，德国每年生产约 1.5 亿吨褐煤，在 20 世纪 80 年代中期左右达到每年约 4.3 亿吨的峰值。实际上，Brabag 财团的大多数利益相关者都是褐煤或其他低阶煤煤矿企业的所有者。在组建财团时，这些企业生产了德国约 90% 的低阶煤。毫无疑问，当时任何可以利用低阶煤为合成过程生产优质合成气的技术都会引起极大的关注，至少对这些利益相关者来说是这样。

  第二次世界大战期间，德国能够用合成的航空汽油、发动机汽油、柴油和润滑油等急需的液体产品来长期地维持其发动的战争，这给盟军留下了深刻的印象。早在 1944 年 11 月战争结束之前，英国燃料和电力部就任命了一个委员会来调查和研究德国为生产对维持战争至关重要的战争材料而开发的合成工业。委员会由来自 ICI 的 Gordon 少校担任主席，委员会成员由 ICI、GLCC、壳牌炼油与市场公司、Esso、安格鲁-伊朗石油公司、壳牌石油有限公司等相关公司的代表组成，还包括经济战部、燃料和动力部以及燃料研究站在内的英国政府机构。不过，在实际调查的时候还包括了美国矿业局的代表。该委员会调查的目的之一是在盟军发现或俘获这些合成液体燃料厂后立即检查这些工厂以及审讯关键人物以便获取第一手资料。实际上，有几次检查是在这些厂被盟军占领后的几个小时内进行的。通过这样及时的调查，委员会的成员收集了大量关于合成工厂和工厂运营的技术和商业信息（Power，1947）。在煤气化方面的发现中，有几种特殊的水煤气制造或气化工艺引起了盟军调查团的注意。这些特殊的气化工艺有 Pintsch-Hillebrand（P-H）工艺、Koppers-Spuelgas（K-S）工艺、Didier-Bubiag（D-B）工艺和史迈尔菲尔德（Schmalfeldt）工艺。这些工艺在某种程度上彼此相似，但在许多细节上又有所不同。这些工艺之所以可以实施，得益于对热量有效利用的创造性设计。在高层次上，这些工艺过程都具有以下特征，是当时盟军调查团的专家特别感兴趣的方面。

> 以低阶煤如褐煤为原料
> 水煤气连续生产运行工艺
> 生产的合成气的成分稳定
> 在实际的合成工厂操作中得到证明

　　如果再细分的话，前三个工艺过程在核心上有一个共同特征，即水煤气发生炉本质上类似立式干馏炉设计，比如像 W-D 立式干馏。从上到下存在三个不同的区域，即干燥、碳化和气化。其核心设备的水煤气发生炉如图 12-1 中的 a、b 和 c 所示。在运行过程中，煤通过发生炉顶部的料斗被送入干馏器，向下移动通过三个区域，未反应的焦炭或半焦在底部排出。排出的半焦通常转移到煤气发生炉作为燃料生产燃料气供厂内加热使用。然而，为了产生水煤气，将预热的过热蒸汽而不是操作 W-D 干馏器时使用的空气，从气化区的底部注入气化区，与炽热的焦炭反应产生所需的水煤气。生成的水煤气上升通过碳化区和干燥区。部分生成的水煤气在碳化区的中部被抽取、净化后用于制备费-托合成用的合成气或加氢液化用的氢气。剩余的水煤气继续向上移动并加热褐煤以从中驱除挥发性物质，然后作为循环气体在干馏器的顶部被回收。回收的气体净化去除灰尘和焦油，然后再作为原料或燃料气循环使用。这里自然会出现一个问题，即每个工艺各自利用什么热源来保持气化区的温度足够高，以便维持碳和蒸汽之间的吸热反应持续不断地产生水煤气。在这方面，P-H 工艺和 K-S 工艺采用了类似西门子兄弟发明的蓄热器的概念，将蒸汽连同回收的碳氢化合物气体在蓄热器中预热至约 1100~1300℃，然后进入气化区。与此同时，另一个蓄热器采用发生炉燃气鼓风加热（详见图 12-2）。与 P-H 工艺和 K-S 工艺不同，D-B 工艺使用发生炉煤气和循环煤气通过燃烧从外部加热干燥、干馏和气化来提供水煤气反应需要的热量，类似于 W-D 立式干馏炉的外部加热设计。

　　虽然 P-H 工艺和 K-S 工艺的整体工艺基本接近，但主要区别在于两者为水煤气反应供热的蓄热器的设计不同。在 K-S 工艺中，蓄热器是独立于立式干馏

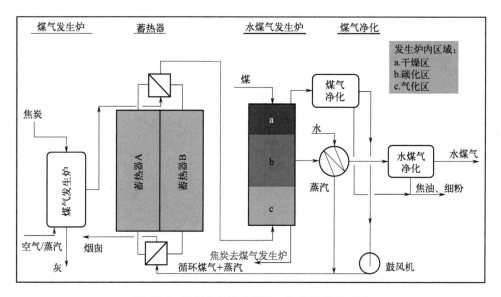

图 12-1　褐煤气化制水煤气一体化工艺示意图

器的两组蓄热设备，如图 12-1 所示，它们位于同一水平面上。此外，蓄热器的设计虽然不同，但两者都是耐火衬里的容器，里面装满了方格砖。

　　Brabag 财团开发的位于德累斯顿北部施瓦茨海德的费-托合成工厂同时采用了 K-S 水煤气工艺和 D-B 水煤气工艺，采用当地的褐煤生产所需的水煤气。这是 1937 年投产的第 4 个费-托合成厂。该厂最初设计年产汽油和柴油 2.5 万～3 万吨，后扩建至 20 万吨，成为德国最大的费-托合成厂。

　　K-S 水煤气工艺中，原料褐煤被制成型煤，通过上部的煤斗进入立式干馏炉，与气化区上升的热水煤气相遇而逆流而下，逐渐失去挥发分成为半焦，半焦与从底部鼓入的水蒸气反应生成水煤气。部分产生的水煤气在碳化区的中部被抽取用来生产水煤气，其余部分继续向上移动通过干燥区，并与煤气一起作为循环气体从立式干馏炉的顶部离开。去除焦油和灰尘后，循环气体与蒸汽流一起循环回已预热至 1300～1500℃ 的蓄热器中。蒸汽是利用热水煤气中的显热加热余热锅炉产生的。当循环气体与蒸汽一起通过蓄热器而被进一步加热时，循环气体中所含的碳氢化合物也将在其上行的高温中裂解。在蓄热器出口处，循环气体应被加热至约 1100℃，然后进入立式干馏炉底部的气化区，在此发生水煤气反应和烃类气体的进一步裂化，最后生成水煤气。排出的未反应半焦将被煤气发生炉消耗以制造用于加热蓄热器的燃料气。

　　每台 K-S 气化设备的水煤气产量为每小时 26100 立方米，总共提供费-托合成操作所需合成气的 80%，剩余部分由 D-B 气化系统提供。生产的水煤气经过分别水洗除尘后，合并后的水煤气进一步净化，用氧化铁工艺去除硫化氢，再通过碳酸钠工艺去除有机硫。最终制备好的用于费-托合成的合成气的氢气与一氧化碳的比例为 2∶1（表 12-1）。K-S 工艺生产合成气的成本比 D-B 工艺便宜得多。工厂中似乎安装有 6 台 D-B 水煤气发生炉，水煤气发生系统是由圆柱形钢管组成。该系统不使用蓄热器作为热源，而是使用循环气体和发生炉气体在碳化区周围环形通道中燃烧来加热钢管内的碳化区和反应区（Storch，1945）。

P-H 水煤气工艺是于 1932 年位于汉堡的提夫斯塔克煤气厂（Tiefstack Gasworks）示范的技术。蓄热器设计不是独立的，而是立式干馏器的一部分（图 12-2）。根据设计，立式干馏器位于蓄热器的上部，干馏器实际位于干馏器结构的环形空间中。在正常操作中，褐煤球从干馏器的顶部加入，进入干馏器。干馏器的气化区需要的热量由预热的循环气体和蒸汽提供。在蓄热器中循环气体和蒸汽被预热至 1300℃，然后通过气体分布槽直接进入气化区（c）的底部。与 K-S 工艺类似，形成的水煤气沿环形空间向上移动，与下行的半焦逆向而行，水煤气的一部分在碳化区（b）的中间作为生产的水煤气离开干馏器，流向下游的净化工艺。剩余的气体继续向上移动至干燥区（a），然后作为循环气体离开干燥区的顶部循环回系统使用。蓄热器的蓄热自上而下由发生炉煤气燃烧交替加热，废气由蓄热器底部排出（Fuel & Power，1947）。

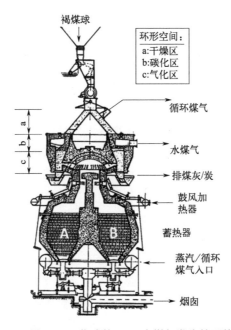

图 12-2　集成的 P-H 水煤气发生炉系统

联合莱茵褐煤燃料公司（Union Rheinischen Braunkohle Kraftstoff AG）选择了 P-H 水煤气工艺为其加氢液化厂制造氢气。该工厂位于莱茵河西岸的威瑟灵（Wesseling），这是一个位于科隆和波恩之间的村庄。联合莱茵褐煤燃料公司成立于 1937 年，代表莱茵河地区的褐煤矿主利用当地的褐煤开发合成油项目。威瑟灵加氢液化厂的建设工作始于 1938 年，年产能为 25 万吨液体产品。然而，由于次年战争的爆发，该工厂的运营被推迟，直到 1941 年 8 月才生产出第一批液体产品。此后多年来一直稳步增加产量，直到 1944 年 7 月遭到盟军的空袭。到 1944 年 10 月，由于空袭造成的破坏，该厂已完全停止运行。该厂是盟军调查团于 1945 年 3 月 18 日至 19 日早期检查的工厂之一。

在威瑟灵的现场安装了 11 台 P-H 水煤气炉和 18 台煤气发生炉，两者都使用褐煤煤球作为原料。每台水煤气系统的设计产量为 5400 米^3/时，水煤气中共含有约 84％的氢气和一氧化碳，如表 12-1 所示。如果 11 台系统都满负荷同时运行，总水煤气产量将达到 59400 米^3/时。额外的氢气可以通过裂化从加氢液化操作中回收的尾气来补充。与合成氨工艺类似，产生的水煤气需进行额外的下游工艺处理，例如净化、CO 转化和 CO_2 去除，来为加氢液化操作制备氢气。由于该厂的液化技术采用 700 标准大气压的操作压力，氢气的压缩功耗要高得多。发生炉煤气被用作工厂内的热源。自启动开工以来，P-H 水煤气工艺一直运行良好，1943 年的水煤气生产平均保持在 48600 米^3/时（设计容量的 82％），1944 年的生产维持在 52000 米^3/时（设计容量的 87.5％），直到被盟军空袭轰炸（Europe，1945）。

总而言之，这些基于立式干馏原理的技术开发出来用以连续加工低品位褐煤，通过将预热蒸汽流注入干馏器的气化区，实际上将立式干馏器变成了水煤气发生炉，能够生产质量稳定的合成气。通过进一步整合煤气发生炉以消化排出的未反应焦炭或型煤，由此产生的燃料气用于加热蓄热器。将水煤气制造、热解过程和发生炉有效地结合到一个特殊的集成水煤气生产工艺中，虽然非常复杂，但是确实为当时的一些合成工厂提供了一种持续生产优质水煤气的有效方法。更重要的是，这几个特殊的集成工艺技术充分地利用了当地的低阶煤资源。

第五节　解决煤粉气化的方案

在第二次世界大战之前，煤制气或煤气化工艺，无论是煤气发生炉、水煤气炉，还是包括上面介绍的特殊集成的水煤气发生系统等，都有一个共同的缺点，这些气化炉或系统都不能处理由于采煤作业以及煤炭研磨而产生的细粉，尤其是对褐煤等低阶煤。因为这些低阶煤在工艺过程中受到加热时通常非常易碎，加上粉尘的夹带等因素，对气化炉的操作造成很多负面的结果。德国不仅拥有大量的褐煤储量，而且这些褐煤通常含有大量的水分，常常超过 50％。这些煤在利用前，通常须通过内部或外部加热将高的水分含量降低到一定水平，例如立式干馏炉需要将水分降到大约低于 14％～15％。这样做的一个意想不到的后果是这些煤往往很容易受热时粉化，这就是这些低阶煤在被送入气化炉、干馏炉或集成水煤气发生系统之前需要使用某些黏合剂制成型煤的原因。在煤气发生炉和水煤气炉的典型固定床操作过程中，煤或焦炭的尺寸需要控制在一定范围内，通常在 8～50 毫米之间。也就是说，低于 8 毫米的部分煤不得不通过其他方式处理，例如用作锅炉的燃料等。可以处理粉煤包括 8 毫米以下细粉的气化技术也肯定会引起人们的兴趣。温克勒气化炉的开发部分出于这个原因，它使用的是小颗粒煤和焦粉。然而，对于低于 3 毫米的煤或焦粉，包括加热时的低阶煤粉，温克勒气化炉也难以处理它们，因为在正常操作条件下会产生显著的夹带损失。对于煤气化的浮腾床或流化床操作，宽范围的粒度分布往往会导致大量细粉夹带而流失，由此会导致碳损失而降低气化炉的性能。

1945 年 3 月 9 日至 11 日，盟军调查团实地考察了位于德国中部褐煤矿区鲁兹垦道夫（Lutzkendorf）的一家费-托合成工厂。该团队由来自 GLCC、ICI、英国燃料研究站和美国矿业局等私营公司的专家组成。该工厂似乎有一些独特之处，否则不会吸引这些煤气化及其下游应用领域最前沿的公司和机构。该工厂确实在合成气制造技术方面与其他的化学合成商业工厂不同。它安装了 4 套全新的气化炉，这些气化炉一直使用直接从当地的煤矿收到的高水分褐煤，它也是一个连续的工艺过程，生产的合成气也满足费-托合成工艺的操作。看起来，这的确是一个很独特的煤气化技术，气化技术以煤粉为原料，当时也堪称是独一无二的首创技术。虽然自 1943 年以来全厂达到了合理的稳定运行状态，但此前该厂自启动后的几年里一直在运营和绩效方面苦苦挣扎。那为什么会引起如此大的关注呢？该工厂是德国中部燃料厂（Mitteldeutsche Treibstoff），由成立于 1894 年从事盐矿开采的温特绍尔股份有限公司（Wintershall AG）开发建造，并于 1938 年底作为第 5 座商业化的费-托合成工厂投入商业使用。该厂采用的煤制气工艺是史迈尔菲尔德气化工艺，这是当时的厂长史迈尔菲尔德博士发明的独特技术，来处理当地的高水低阶煤。这在当时是一项非常有趣和新颖的发明。就像许多其他低阶煤一样，当地的褐煤含水量高达 52％，加热后也很容易粉化。然而，自投产以来，该厂似乎一直受到各种技术难题的困扰，大部分时间表现不佳。直到 1943 年之后工厂运行才趋于稳定，但是仅达到其设计产能的约 40％。盟军调查团在他们的报告中得出这样的结论：

> "……在目前的发展状态下，该工艺似乎不如在类似情况下运行的温克勒工艺，其发生炉效率特别低。由于它依赖于非常便宜和有活性的燃料，这个工艺似乎很少适用于英国的情况。"

尽管如此，它仍然是一个有趣且有启发性的一个工艺，在同类工艺中，很可能值得仔细研究。

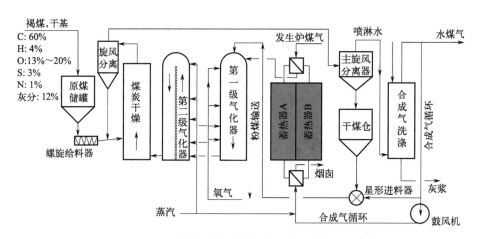

图 12-3　史迈尔菲尔德煤气化工艺过程示意图

总的来说，史迈尔菲尔德工艺从热利用角度而言类似于之前讨论的 P-H 工艺和 K-S 工艺，但它是一个更复杂和高度集成的工艺、一个庞大的工艺系统。这个庞大系统的集成不仅包括分级气化系统和独立的蓄热装置，还包括煤干燥系统和动力煤输送系统（图 12-3）。它是同类技术中的首创，不仅是针对气化反应炉，实际上还包括气化系统之外的工艺设计。概括而言，从煤矿收到的含水分52％的褐煤被初步破碎后直接被来自气化系统的热合成气快速加热、解体成为粉末，与合成气分离后储存在干煤仓中。产生的合成气除尘后，分为合成气和循环气。一部分循环气将粉煤从干煤仓输送到分级气化系统；剩余的循环气体与一定量的蒸汽结合后通过蓄热器被加热以吸收足够的热量，然后进入分级气化系统与另一股循环气输送的粉煤相遇，发生气化反应。蓄热器使用发生炉煤气燃烧来加热内部填充的方格砖蓄热。

该工厂的设计核心是两级史迈尔菲尔德气化系统，主气化炉和副气化炉。两台气化炉都是立式钢制桶形容器，内衬耐火砖，内径 5.5 米，高 24 米，顶部为圆顶，底部通过管道相连。与迄今为止设计和应用的其他气化炉不同，主/副气化炉内都没有设置炉排和煤床，也没有像 UGI 气化炉和熔渣式沃斯气化炉那样的固定床，或者像温克勒气化炉那样的浮动床，它们只是内空的容器。在运行过程中，一部分循环气体携带的干燥煤粉通过主气化炉圆顶中心的一个小开放通道吹入主气化炉，在那里煤粉与通过圆顶侧面端口引入的热循环气体和蒸汽相遇，然后发生气化反应产生水煤气。在主气化炉的入口点，载有干燥煤粉的循环气体通过鼓风机建立 2.4 巴的压力，循环气体和蒸汽的混合物通过其中一个蓄热器预热至1300℃。通过由此提供的热量，气化反应能够持续进行并能够在整个气化炉中保持标准大气压和1000℃的温度。随着气化反应的进行，水煤气气流和未反应煤粉的混合气流沿主气化炉向下移动，从底部的出口排出，通过连接管进入副气化炉。副气化炉内有一个分隔壁，将圆柱形容器从底部分成两个相等的腔室，顶部相同。在副气化炉中，混合气流先向上移动，然后在圆顶处转而向下，同时继续气化反应。为了在整个气化炉通道中保持1000℃的恒温，必要的氧气或蒸汽将沿容器壁的不同点注入。在副气化炉底部，最终生成的合成气与灰分和未反应的碳一起离开副气化炉，进入煤干燥器。气化炉的设计产能为25000米^3/时。

煤干燥器是内径1.2米、高20米的砖砌内衬的圆柱形钢塔。当地褐煤运抵现场后，经初步破碎储存在原煤仓中，碎煤由原煤仓通过螺旋给料器通过倾斜的管道送入煤干燥器。倾斜的管道入口点位于干燥器底部上方几米处。一旦进入干燥器，含水量为52%的煤立即被接近1000℃的热合成气吞没，使煤内部发生剧烈变化，水分迅速蒸发，挥发性物质快速热解，煤很快变干并爆裂成煤粉被上升的合成气带走。载有干燥煤粉的合成气离开煤干燥器的顶部，进入旋风分离器分离。夹带的那些块煤又被送回干燥器进一步干燥、破碎。载有煤粉的合成气连同气化过程中产生的灰分流向主旋风分离器，在这里煤粉被分离并储存在干煤仓中。合成气则离开主旋风分离器进入合成气洗涤塔底部，与从塔顶自上而下的喷淋水逆流，从而将粉尘洗掉，含粉尘的污泥从洗涤塔底部排放。这时，干净的合成气在大约82℃的温度下离开洗涤塔顶部，然后分成两股气流：42%作为生产的合成气产品流出系统，58%作为循环气回到系统循环使用。合成气在正常操作条件下含有共75.6%的氢气和一氧化碳，其中氢气与一氧化碳的比例为2∶1（表12-1）。

干煤仓中的干煤粉含有约60%的碳和18%的灰分。一部分干燥的煤粉必须从系统中排出以保持气化原料煤的灰分含量，作为原料被送往煤气发生炉用于生产燃气以加热供蓄热器和其他用途使用。

关于循环气，约10%的合成气在提高一些压力后通过星形进料器将所需数量的煤粉输送到主气化炉，其余的大部分循环气则通过鼓风机增压，与一定量的蒸汽汇合，然后进入蓄热器被加热。循环气体和蒸汽的混合物在通过蓄热器通道时被加热到1300℃离开蓄热器进入主气化炉，为气化反应提供所需的热量。同时，另一台蓄热器采用发生炉煤气加热内部格子砖，直到上部砖达到1450℃，废气在450℃时排出到烟囱。

从本质上讲，德国中部燃料厂的合成气生产系统是一个庞大、复杂且高度集成的工艺过程。其气化的运行原理与以往的技术完全不同，即气化以夹带或悬浮的形式在气化炉的整个空间内进行。与煤气发生炉、水煤气炉、温克勒气化炉或熔渣式沃斯气化炉相比，这是一个显著的区别。从技术角度而言，这似乎不失为是一种处理煤粉的有效方法。在正常操作条件下，以每小时生产 25000 立方米的合成气计算，该系统需要消耗约 29 吨褐煤，而采用的循环合成气约为合成气生产量的 1.4 倍，外加蒸汽和少量的氧气以维持整个过程气化炉内部的气化反应温度。在这种情况下，合成气夹带的煤粉在很短的时间内通过气化炉，混合气体的平均停留时间估计在 4.5～6 秒之间。从某种程度而言，史迈尔菲尔德工艺本质上是当今市场上占主导地位的气流床气化技术的早期版本。虽然在某些具体的细节方面有所不同，例如它是一种无结渣工艺，维持气化所需的热量通过蓄热器从外部提供，气化发生在多个阶段等，但是使用气体携带粉煤并气化的方式在当时是独特的、开创性的。

史迈尔菲尔德气化过程早期的不成熟在当时不仅反映在其性能不佳，生产的合成气质量较差，而且还反映在较长的试运行阶段上。这种不稳定的运行状态一直持续到 1943 年。根据盟军检查报告，在长期的启动运行期间经历的困难归因于各种各样的问题，有些问题远远超出了气化技术的范围，涉及从设计、工程、工艺、设备制造、安装到项目管理等。例如，排水系统和公用事业锅炉的设计不当使其系统不能处理某些非正常操作条件下的排水；缺乏防寒措施导致管道和设备在冬季受冻而破裂；缺乏经验导致设备备用考虑得不合理，一些设备有太多的备用而另一些则没有任何备用；由于使用高硫煤，费-托合成工艺下游无法处理含高硫化合物的合成气；等等。以下是从报告中摘录的一段内容，以帮助了解工厂当时的启动情况。

"……此外，由于新的气化工艺在运行的头几个月需要进行比平常更多的改进，这需要大量的熟练劳动力，因此工厂无法摆脱困境。熟练的工程师和工头严重短缺，劳动力缺乏经验，纪律和士气低落。事实上，整本书读起来就是一个设计、建造和经营工厂的反面经典例子。"

为帮助这家初创公司改弦易辙，法本集团公司于 1939 年 10 月派出约 187 名管理、运营和维护人员到该厂现场，帮助排除故障并解决阻碍工厂稳定运营的问题。这似乎帮了大忙，1943 年期间，该厂共生产合成气 330774000 立方米，平均单炉产量为 12600 米^3/时，占设计产能的 50.4%。1944 年盟军战略轰炸前，工厂的产能已经达到设计产能的 85.2%。

回顾一下，20 世纪初期对化肥和液体燃料的强劲需求开辟了一个完全不同的行业，即合成化学工业。一氧化碳催化转化或水煤气变换反应中利用蒸汽将一氧化碳转化为氢气工艺的开发和发展，以及用于去除一氧化碳和二氧化碳及其他含硫化合物的下游净化工艺，显然为水煤气的大规模应用铺平了道路。随后自20 世纪 30 年代中期以来利用大量可用的当地低阶煤的激励政策为煤制气和煤气化过程的开发提供了动力。煤气化技术继 1879 年开始的上一轮燃气发动机应用的推动后，又进行了新一轮的广泛创新。新的气化技术和工艺不断出现，以适应或应对不同的原料。例如，使用熔渣式沃斯气化炉来处理含碳的煤灰或低反应性原料，立式干馏器与水煤气炉结合生产满足下游合成工艺的合成气，以及西门子兄弟发明的蓄热器工艺原理再次得到广泛的运用，将最需要的热量传输到特殊集成的气化工艺系统，例如 P-H 工艺、K-S 工艺和史迈尔菲尔德工艺。温克勒气化炉和史迈尔菲尔德发生炉的新发展代表了气动化学这一气体科学的又一重大进步。就利用气体以不同方式促进气化反应而言，蓄热过程、温克勒气化炉和史迈尔菲尔德发生炉无疑是气动化学的延伸。回想起来特别感兴趣的是史迈尔菲尔德发生炉系统，它结合利用了气体，不仅可以传递热量，而且还将煤粉的输送和低阶煤的干燥融为一体，又将干燥的煤粉输送到一个耐火材料衬里的空容器即气化炉中，在那里完成煤的气化。这样的工艺处理使得粉煤的气化变得顺理成章，极大地改变了过去的煤气化过程。不论是干馏炉、发生炉、水煤气炉或其中部分或全部的集成工艺，这些工艺的气化炉都始终存在一个固定的煤层。史迈尔菲尔德发生炉系统这种早期原始形式的输送气化过程为现代的气流床气化过程的发展奠定了基础。

第十三章
现代煤气化技术

第二次世界大战后，世界能源市场发生了巨大的变化，不再受不惜一切代价的战争心态驱动。德国的合成工厂，除了有两家被搬迁到俄罗斯和捷克共和国以继续运营以外，大部分要么被关闭，要么改用煤炭以外的其他原料如原油而继续运转。煤炭气化似乎在一夜之间突然停了下来。然而，法本公司和卢尔化学公司在第二次世界大战的战前和期间在合成领域取得的成就促使许多国家研究这些技术的进步，并评估新技术将如何发挥作用以满足本国的需求。早在 1937 年，美国国家研究委员会就意识到化学合成技术在能源市场发展中的关键作用。该委员会通过下设的化学和化学技术部门成立了一个煤炭化学利用委员会来调研此事，并向国家研究委员会提出对本国拥有丰富的煤炭储量需要做什么的建议。国家研究委员会当然很清楚美国当时在全球原油生产中占据主导地位这一事实。煤炭化学利用委员会由匹兹堡卡内基理工学院煤炭研究实验室主任洛瑞（H. H. Lowry）担任主席，成员专家 40 人，代表美国匹兹堡科帕斯公司等至少 20 家公司、研究机构、大学和政府机构、矿务局、标准石油开发公司等。作为该调研的成果之一，1945 年 1 月煤炭化学利用委员会出版了两卷厚厚的书籍《煤炭利用化学》，广泛涵盖了在煤炭及其利用领域开发的化学和知识，是关于煤炭及其利用的化学、技术和工业部署的知识库，被业界和学术界广泛地引用和参考。多年以后，应进一步要求，该委员会分别于 1963 年和 1981 年又出版了两本增补卷，增加了当时开发的新知识和技术来更新内容。这些书非常有价值，已成为煤炭及其利用领域的"公用工程"被广泛引用的实用经典。同时，在 1944 年 4 月战争结束前，美国国会还通过了《合成液体燃料法》，授权矿务局牵头开发合成油示范工厂，对加氢液化工艺和技术进行示范。柏克德公司签约开发和建造该工厂。该工厂设计每天处理 200 桶液体燃料，于 1949 年初在密苏里州的路易斯安那一家合成氨工厂的旧址全面投入运营。然后，在 1948 年又根据同一法案批准的额外资金，与科帕斯公司签订了合同，在加氢液化示范厂的旁边建设使用费-托技术的示范装置，其规模为每天生产 80 桶液体燃料。该厂在 1950 年开始产油，在接下来一年的运行中达到了设计负荷。但是，这些示范的结果当时似乎还无法提供一个清晰的预期，即合成液体燃料在美国市场上是否会有效地与原油衍生石油产品竞争。这就是为什么这些项目的寿命很短，在 1952 年左右就关闭的原因。从气化的角度来看，这些示范工厂可能使用了典型的水煤气发生炉来产生所需的合成气或氢气，因为当时除了一些试验性技术外没有其他技术可用。

总的来说，除了一些小规模的氨生产的工业部署外，战后围绕煤气化的活动一直较为低迷。但是，当南非政府决定恢复其 1935 年的煤制合成油的计划时，这种情况即将改变，该计划使用其丰富的南非本土煤炭开发费-托项目。

第一节　鲁奇气化炉

与德国类似，南非几乎没有可开采的国内石油资源，但拥有大量劣质煤。不过，这些煤本质上虽然是次烟煤，但灰分超过 30%（表 13-1）。当时的南非严重依赖石油进口来满足国内石油需求。为了应对日益增长的石油需求，南非政府于1949 年重新向盎格鲁瓦尔公司颁发了许可证，以继续开发因战争而中断的采用费-托技术合成生产液体燃料的计划。然而，时过境迁，面对战后财务状况的变化，盎格鲁瓦尔公司建议政府组建国有实体来接管该计划。以此为基础，1950年成立了南非煤炭、石油和天然气公司，也就是现在的萨索公司，来开发费-托合成油项目。萨索合成油项目的选址位于瓦尔河南岸，约翰内斯堡以南约 50 英里。1952 年开工，三年后完工，即所谓的萨索Ⅰ。随后的扩张导致萨索Ⅱ于1981 年和萨索Ⅲ于 1984 年相继投入运营。当时三个工厂合计每天生产 112000桶石油产品和大量的化学品（Anastai，1980；Dry，1987）。在技术选择方面，萨索对原计划做了一些修改。对于费-托合成技术，萨索决定使用一种新的固定床反应器，而不是当年由卢尔化学和鲁奇开发的管板式反应器，还有采用由几家美国公司组成的财团开发的另一种新的循环流化床技术，这个财团包括标准石油开发公司、碳氢化合物研究公司和凯洛格（M. W. Kellogg）公司，目前是 KBR。为了生产合成过程所需的合成气，萨索公司选择了加压固定床气化技术、鲁奇气化炉。那么，什么是鲁奇气化炉？

表 13-1　不同工厂的 Mark Ⅳ 气化炉采用的煤炭

项目	南非褐煤	北达科他褐煤	长治贫煤
水分/%	10. 7	34. 3	0. 3
灰分/%	32	9. 5	20. 8
固定碳/%	37. 4	28. 8	64. 5
挥发分/%	19. 9	27. 4	14. 4
总计	100	100	100
总热值/(千卡/千克)	4658	3747	5860
灰熔点 T_4/℃	>1400		>1500

盟军调查团在其报告中提到了鲁奇气化炉，但不像 P-H 发生炉、K-S 发生炉、D-B 发生炉和史迈尔菲尔德发生炉等工艺那样受到特别的关注，而是将该技术归类为煤气工业会普遍感兴趣的技术，因为它主要用于生产高热值燃气。鲁奇气化炉是位于法兰克福的鲁奇公司在 20 世纪 30 年代初期开发的一项技术。它是第一个以氧气和蒸汽作为氧化剂的连续完全气化技术，在压力条件下运行以生产

供城市、家庭消费的燃料气体。因为在压力下的煤气化反应有利于甲烷的形成
[表 10-1 中反应(7)]，大约 25 巴的压力会优化甲烷含量，从而提高燃气的热值。
然而，从合成液体化学的角度来看，甲烷对费-托合成没有任何价值，只是作为
一种稀释剂，会造成碳的损失，导致气化炉的合成气效率降低。为了制造用于费
-托合成的合成气，鲁奇气化炉需要将其工作压力降至接近于标准大气压，在这
种情况下会减少甲烷的形成。既然如此，人们可能会疑问萨索为其需要氢气和一
氧化碳的合成操作为什么做出这样的选择。虽然必须考虑很多因素，但以下引述
可能会说明萨索当时在其决策中的想法（Dry，1987）。

> "煤灰熔化性能也很重要。萨索煤灰在约 1400℃ 熔化。由于鲁奇气
> 化是低温操作，因此几乎不需要调整操作来适应不断变化的灰熔化特
> 性……煤中灰分的实际水平也至关重要。鲁奇气化炉非常适合高灰分
> 煤，因为它在一定程度上依赖于在气化炉底部形成无渣的干灰床。高灰
> 分含量对大多数其他气化工艺过程则是负面因素。"

从德国大量的合成操作经验来看，萨索选择鲁奇气化技术的决定似乎并不是
没有根据的，而是经过深思熟虑，给予煤或要气化的煤足够的考量。实际上，煤
的性质和特性不仅至关重要，而且在许多情况下决定了气化技术的选择。煤气化
的成功运行总是需要工程师围绕原料煤来选择、设计气化过程，以适应原料煤的
具体性质和特性。否则，接下来的路很可能就很难一帆风顺。直到今天，这样的
经验教训仍有参考意义。即便如此，这样的教训仍然时有发生。

与 UGI 水煤气发生炉或蒙德煤气发生炉类似，鲁奇气化炉也是固定床气化
炉，一般采用块煤作为气化炉原料，采用无结渣的干式排灰的气化系统，同时采
用蒸汽作为调节剂。同蒙德气化炉接近，鲁奇气化炉的设计是一个圆柱形双壁钢
结构，壁与壁之间的环形空间在气化过程中流有冷却水以冷却内壁。不同的是，
鲁奇气化炉的操作是一个采用氧气作气化介质的加压系统，所以气化炉装煤和排
灰都设计有联锁密封机构，以保证良好的气密性。从工业化角度来看，鲁奇炉气
化是一项经过商业验证的技术。最早部署在位于与波兰和捷克交界的赫氏菲尔德
的撒克逊煤气厂，于 1936 年投入使用。煤气厂部署了两台内径为 1.15 米的气化
炉，每台气化炉的额定燃气产量为 625 米³/时。根据鲁奇公司和撒克逊煤气厂提
供给盟军调查团的信息，在 1940～1943 年间，两个位于莱比锡附近的加氢液化
工厂（博伦、布鲁克斯）部署了 15 台大型鲁奇气化炉来制造燃气。这些气化炉
在 20 巴的操作压力下气化粒度在 3～20 毫米的褐煤块。除了制造的燃料气的热
值仅达到 3900 千卡/米³，低于设计值 4200 千卡/米³ 以外，博伦厂的运行表现

良好。另外，在博伦安装的十台气化炉，前五台在 1940 年投入运营，后五台在 1943 年投入运行。后五台新的气化炉的设计发生了一些变化，诸如装煤斗、炉排驱动机构和圆顶布煤器的布置等。所有这些气化炉的内径均为 2.5 米，每台额定产气量为 3000 米^3/时，比 1936 年部署的第一台气化炉大得多。

早期交付给萨索现场的鲁奇气化炉是当时最大的，九台气化炉的内径均为 12 英尺（3.7 米），设计合成气产量为 23100 米^3/时。操作压力设计得足够高，以便净化的合成气满足下游在 23～25 巴压力下操作的费-托合成过程。这就是 Mark I 型鲁奇气化炉，是鲁奇公司在战后时期与卢尔燃气公司共同开发的新型气化炉，主要用于气化烟煤（NETL，2022）。在此之前，鲁奇气化炉一直使用低阶煤。虽然该设施于 1955 年启动，但萨索还是不可避免地在掌握一个新技术的学习过程中遭遇一些困难，就像许多以前的煤制气项目在面对此类新技术时一样。在接下来的大约三年时间里，萨索通过必要的改造和升级，克服了许多技术难关，掌握了系统的性能和操作，最终达到了令人满意的运行效果。同时，这样的工艺示范过程也为鲁奇气化炉在处理次烟煤和提高产能方面提供了宝贵的经验，为进一步的技术进步提供了契机。

相对于低阶煤，包括次烟煤在内的烟煤一般不存在煤粉问题，因为它们在地质上经历的煤化程度要高，所以在被研磨时会保持相对良好的颗粒状，这通常有利于鲁奇气化炉或固定床气化炉的操作。然而，其他特性如黏结易结块和相对于低阶煤的低反应活性等，往往会给固定床气化操作带来一些困难。这就是包括鲁奇气化炉、水煤气发生炉和煤气发生炉在内的固定床气化不擅长处理这种类型的原料的原因。蒙德气体发生炉的开发并用于处理烟煤就是一个很好的例子。当萨索于 1955 年开始运转气化炉时，气化炉的运行似乎只能持续几个月，合成气的产量只能达到设计产能的 80%。耗时约三年的改进和修改，使得鲁奇气化炉的合成气产能提高到 27500 米^3/时，超过原设计产能的 19%。这种改进导致了 Mark II 型鲁奇炉的形成。1966 年，当内径与旧型号相同（3.7 米）的 Mark III 诞生时，其生产能力已上升至 34000 米^3/时的原料合成气，比 Mark I 的设计高出了 47%。因此，萨索在原有的基础上增加了三台 Mark III 以取代一些旧的 Mark I 型气化炉。值得一提的是，萨索工厂对合成气的净化工艺也进行了重大改造和升级。比如，相对于使用水洗的合成气工艺，萨索采用了一种净化合成气的新工艺，即 Rectisol 工艺。该工艺使用低温甲醇吸收所有杂质，包括二氧化碳、硫化氢和一系列形成胶质的化合物。这是一个非常有效的合成气净化过程，因为甲醇在 -55℃ 的低温下对这些杂质具有很强的选择性吸收能力。吸收的杂质可以在单独的解吸步骤中回收，而回收的甲醇将被循环回去。目前 Rectisol 仍是一种在许多工厂中常常使用的合成气净化工艺，尤其是当下游合成催化剂对在煤气化装置中携带的杂质有严格要求的工艺。

十年后，鲁奇和鲁尔燃气又开发出了 Mark Ⅳ，这是一种稍大的气化炉，内径 3.8 米、产能 46000 米³/时。萨索在 1978 年又增加了三台 Mark Ⅳ 以取代旧气化炉。到 1980 年，现场服务的 13 台气化炉平均在线率达到 84% 以上（NETL，2022；Dry，1987）。任何气化技术要想实现如此显著的煤炭处理量的跃升，在原始气化炉设计中必须有较大的设计余量，以应对与可能的原料和单元操作相关的未知风险。然而，要释放萨索案例中的设计余量，对次烟煤及其在气化炉内的具体行为、随后不同组分的质量平衡的良好理解和经验，无疑是促成气化容量和操作能力大幅提高的关键因素。多年来，萨索在设计和运行方面积累了丰富的经验和知识，并对包括鲁奇气化炉在内的相关技术似乎充满信心，因此决定在 20 世纪 70 年代继续扩大其煤炭制液体燃料的规模，在位于约翰内斯堡以东约 80 英里的 Secunda 开发建设了萨索 Ⅱ 工厂。该厂安装了 40 台 Mark Ⅳ 气化炉，并于 1980～1981 年投入运营。紧接着，萨索Ⅲ也相继于 1984 年投入使用，该厂也安装有 40 台 Mark Ⅳ 气化炉。从那时起，萨索煤制油计划已经演变成一个庞大的煤基石化综合体，除了向当地市场提供数十万桶机油/航空油，还有热值 500Btu 的城市煤气和 30 多种化学品（萨索网站）。

当然，Mark Ⅳ 在南非使用次烟煤取得的成功也是非常鼓舞人心，Mark Ⅳ 气化炉将会有更多项目采用。这似乎是真的。

20 世纪 70 年代初石油危机爆发，为了应对危机，萨索开发了 Sasol Ⅱ。在危机结束之前，以美国自然资源公司为首的中西部地区的几家天然气公司组成了一个财团，即大平原气化协会（Great Plain Gasification Associates），其目标是开发和建设一个气化设施，利用当地大平原地区附近的褐煤资源，每天制造 2 亿 5 千万立方英尺的合成天然气。但在 1981 年开始施工时将其减少到 1 亿 5 千万立方英尺。由于 Mark Ⅳ 的商业经验及其生产的合成气中高甲烷含量，位于北达科他州的比尤拉的大平原合成燃料厂采用了 14 台 Mark Ⅳ 气化炉，设计压力为 29 巴表压，用于生产合成气并进一步生产合成天然气（Clusen，1980）。与萨索等此前的煤制气项目遭遇的困难不同，等待该项目的是一个截然不同的困难。当该项目于 1984 年完成时，能源危机即将过去。根据美国劳工统计局的数据，在没有通货膨胀调整的情况下，天然气价格已经下降了 12%；如果从 1981 年该项目开工建设的高峰时间调整后，实际将下降 19%，并继续呈下降的趋势。到 1986 年，在没有通货膨胀调整的情况下价格下降了 31%，如果调整则价格下降了 45%。天然气市场的这种变化似乎给大平原气化协会继续运营该设施带来了巨大的财务压力。美国能源部于 1986 年救助了该公司，并以 10 亿美元接管了该公司的所有权，这大约是该项目建造总价格的一半。1988 年，能源部又将其私有化，由拥有相邻发电厂的一家电力公司与能源部签署了利润分享协议，收购了煤制天然气设施（NETL，Great Plains Synfuels Plant；Gasification）。从那时起，14 台 Mark Ⅳ 气化炉又投入了运行，每天消耗约 16000 吨褐煤来制造 1 亿 5 千万立方英尺的合成天然气，该合成天然气被压缩到 99 巴表压的压力，然后加入州际天然气管道，供给相邻以及周围发电厂调峰使用。达科达煤气化公司成为该设施的运营商。

从煤气化技术角度来看，虽对原始设计进行了一些小的更改，例如对炉排所做的更改之一是改善氧气分布，但 Mark Ⅳ 气化炉从运行开始就保持了比较良好的运行状况。毕竟，工厂使用的当地褐煤（表 13-1）的性质基本在鲁奇气化炉的经验范围内，这使得实际操作情况比设计更乐观。例如，原始设计中建议使用 2 台气化炉备用、12 台运行以满足在线率的要求，但实际上 13 台 Mark Ⅳ 气化炉全部投入运行也可以维持正常运行（DOE，2006）。同时，与萨索所实施的煤综合利用的情况类似，该公司最终也逐渐开发了固定床气化，产生了更多的副产品，如焦油、油、肥料、苯酚和二氧化碳，运行持续至今。

在 1990 年之前，鲁奇气化炉已成为大规模工业化气化作业中使用最多的气化工艺，也在全球低阶煤和一些非黏结或弱黏结次烟煤方面积累了丰富的经验。该技术似乎也准备好迎接下一步的挑战，来进一步扩展其原料的使用范围。这次，它遇到的是一种低挥发性的煤化程度较高的烟煤，其特征介于烟煤和无烟煤之间。

在中国，鲁奇气化炉在 20 世纪 70 年代和 80 年代已经不是一个陌生的煤气化技术，已经被黑龙江省和云南省等的几家化工厂利用，但是使用的原煤都是褐煤，气化炉的运行状况相对较好。80 年代初，作为中国继续引进先进技术来加速发展化肥行业计划的一部分，位于山西长治的天脊集团（原山西化肥厂）获得化工部批准，利用当地煤炭建设年产 30 万吨氨的合成氨厂。受到鲁奇气化炉取得的商业成功的鼓舞，天脊集团决定引进 Mark Ⅳ 气化炉。长治位于山西南部、黄河北岸，与整个山西省一样，长治的煤炭资源也很丰富。但与鲁奇气化炉之前经历过的所有煤种不同，长治煤具有水分低、固定碳高、挥发分低等特点。与鲁奇气化炉使用过的其他煤相比，它是热值较高的煤（表 13-1）。

长治煤的典型特征是具有弱黏结倾向的半无烟煤或贫煤。它还具有低反应性，后来发现其反应性比萨索Ⅰ使用的次烟煤低三到四倍。实际上，由于其挥发分低，原则上它似乎应该适合作为 UGI 水煤气发生炉的原料。天脊集团的该项目于 1983 年开始建设，大约四年后竣工，然后经历了一段学习之旅。工厂内设置了四台 Mark Ⅳ 气化炉。它们的内径也都是 3.8 米，Mark Ⅳ 的标准尺寸，水冷壁夹套结构，采用机械炉排排灰，煤层顶部的布煤器用于打碎可能形成的任何结块。按初始设计，每台 Mark Ⅳ 气化炉的额定合成气产量为 36000 米³/时。正常运行的模式是气化炉三开一备，以生产 3×36000 米³/时的氨合成原料。然而，从开车开始，该工厂就被各种问题困扰了大约八年之久。根据设计，单炉的可靠性应为 75%，三开一备应该达到 100%。然而，在运行的早期，如图 13-1 所示的单台 Mark Ⅳ 气化炉的运行可靠性低于设计目标；启动五年后，两台运行中的 Mark Ⅳ 能够达到 100% 的可靠性，而三台 Mark Ⅳ 直到 1997 年才达到目标（Jing，2000）。

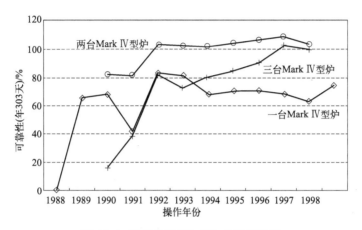

图 13-1　天脊集团早年煤气化运营情况

其实，就像许多煤气化项目一样，通常导致运行不可靠性问题的原因不是一两个，往往有一系列问题会影响正常的气化运行，尤其是当煤气化系统已经成为复杂的工艺系统的时候。有些问题是技术性的，有些则不然。以天脊集团为例，工厂操作的初期煤炭质量控制似乎是阻碍气化正常运行的主要问题之一。天脊集团从当地一家使用现代机械采矿技术的矿业公司采购煤炭，机械化采煤导致煤粉含量大，加上现场筛分过程或质量控制不充分，使情况更加恶化，因此进入 Mark Ⅳ 气化炉的煤炭含有较高的煤粉，最坏的情况超过 10%。按设计，原料煤的粒度为 4~50 毫米、煤粉量应该低于 5%。如此大量的细粉导致合成气煤粉夹带严重，在下游工艺中细粉和焦油在随后的冷却过程中混合在一起，导致余热锅炉和焦油分离器堵塞。然后，随着另外几台 Mark Ⅳ 的启动，煤的质量会因煤矸石的夹带而又带来不同的问题，因为煤是从多个采矿来源获得的。这些不可预测的变量不仅显著影响了气化的运行，还显著影响了下游装置的运行，包括耐硫变换催化转化过程和用于合成气净化的低温甲醇洗工艺等。如果这些下游过程没有足够的设计余量，这种情况会变得更糟，以致流程往往没有多少余地或灵活性来处理操作工况的异常波动。从气化技术的角度来看，也有一些经验教训。提供给天脊集团项目的 Mark Ⅳ 的设计似乎已经注意到了长治煤的不同性质，如设计采用了机械布煤器以应对煤的潜在结块，并预测原料合成气会有较高的出口温度，在 650~700℃的范围，相对于低级煤通常在 265~400℃的范围内。但是这些设计"升级"可能仍然低估了如此高的温度分布对 Mark Ⅳ 气化炉运行的影响。长治煤具有高热值和低反应性的特点，导致燃烧区的厚度增加，随后会产生几种不良情况，即未转化碳较高，气化、热解和干燥区的温度也随之升高。高的未转化的碳不仅会导致热效率低，而且会导致排灰温度升高，从而严重损坏机械炉排和下面的锁斗阀。Mark Ⅳ 气化炉内的高温分布也导致了气化炉水夹套和机械布煤器臂的损坏。除了在设备、零件和维修上花费资金外，这些损坏还导致工厂运行的频繁停车。1996 年，天脊集团就 Mark Ⅳ 的运行与萨索进行了技术交流，了解了煤质对萨索 Mark Ⅳ 气化炉运行的影响。天脊集团还从萨索采购了数台锁斗用于排灰，据称在排灰方面有了显著改善。同一年晚些时候，天脊集团决定改用洗选煤而不是原煤来作气化炉的进料，以控制煤炭质量所需的稳定性。然后，在对焦油回收、炉排、水套冷却水循环系统等也进行了一些重要的设计变更后，该工厂终于能够同时运行三台 Mark Ⅳ，并在 1997 年实现了 100% 的可靠性。

在某种程度上，天脊集团经历的较长时间的气化炉初始不稳定运行的原因有很多，如缺乏对煤炭的了解，尤其是其在高温下的行为，以及鲁奇气化炉设计上对这些行为对 Mark Ⅳ 操作的潜在干扰考虑得不充分等。然而，考虑到如此复杂的系统和影响气化操作的众多变量，尽早确定根本原因并采取必要的补救措施始终是一项具有挑战性的任务。然而，天脊集团在跨越技术操作上的难关方面取得的成就，又帮助鲁奇气化炉在萨索三十年前取得的成就之后又向前迈进了一步，增加了又一个数据点，进一步扩大了鲁奇炉在原料方面的实践经验。关于煤气化的一个不争的事实是，对煤气化操作的影响的估计在很大程度上仍然取决于实践经验。后来，天脊集团又增加了数台 Mark Ⅳ 气化炉，将合成氨年产量扩大到年产 45 万吨。2010 年，天脊集团并入山西潞安化工集团有限公司。大约在同一时间，另外六台鲁奇型气化炉（升级版）被建造到该公司的煤制液体燃料厂。产生的合成气在进行水煤气变换和净化后进入费-托合成工艺生产液体燃料。该费-托合成工艺由中国科学院陕西煤化所提供，每年可生产 16 万吨液体燃料。该项目成为中国工业规模首批两个煤制油项目之一。这是大约在萨索Ⅰ之后半个世纪，也是在第一个年产能 7 万吨莱茵普卢森费-托合成项目工业化之后 73 年。

即使在今天的市场上，人们普遍认为，鲁奇气化技术仍然是为数不多的适合处理高水分低阶煤和高灰分、高灰熔点煤的有效技术之一。在过去的十年中，中国已有六个煤制天然气项目投入商业运营，这些项目大都以分阶段执行的方式进行。目前有大约 80~90 台鲁奇型气化炉在运行。如果这些项目得到全面实施，这个数字将大约增加一倍以上。低级煤或次烟煤是这些工厂的原料。

第二节 完全煤气化技术

从技术上讲，德国在两次战争中在开辟新的合成工业方面取得的成就成为科学、技术和工业工程的重要里程碑，它们之间的相互作用的确产生了意想不到的效果，对现代化学合成乃至石油化工行业影响深远。正如弗雷德里克·维勒（Friedrich Wheoler）在 1828 年发现尿素时感到兴奋那样，人类将不再需要肾脏来制造尿素。巴斯夫在维勒的基础上又进了一大步，直接用氢气和空气中氮合成生产合成氨，可方便地大量生产。从那以后，合成氨、尿素以及许多衍生复合肥料极大地释放了土地的潜在能力来生产足够的农作物和食物来支持全球快速增长的人口；可以人工制造甲醇等化学品，而不再需要蒸馏木屑；可以合成液体燃料，而不是完全地依赖大自然，让机器、汽车和飞机不停地运转。

有趣的是，这些奇迹背后的核心是所有这些人工或合成过程都需要的两个小分子，即 H_2 和 CO，而这两种小分子迄今为止是通过煤制气过程即煤气化工艺过程产生的。然而，煤气是如何为这些合成过程提供这两种原料的？很明显，合成气制造的不同过程都在一直努力提供满足各个工厂所需要的质量和数量的含有这两个小分子的合成气。反过来说，虽然这两个小分子没有任何变化，除了二者的比例有所差异，但是采用的原料不同而导致的不同气化工艺之间的差异如此之大、如此复杂，充分地说明了煤气化原料对气化技术和工艺的影响。例如，奥帕工厂部署了 18 台水煤气发生炉来制造足够的合成气用以每天生产 30 吨氨，还须建造焦炉来提供水煤气生产所需的原料——焦炭。在洛伊纳，温克勒气化炉的开发是为了消化破碎煤留下的煤粉或焦粉，而熔渣式沃斯气化炉的开发则是为了消耗其他水煤气发生炉排放的含有大量碳的灰。在一些煤制液体燃料工厂，发明了几种以不完全气化为特征的复杂和高度集成的特殊水煤气工艺系统，用来消耗当地的低阶煤来制造最需要的合成气，作为下游费-托或加氢液化合成工艺的原料。诸如此类的还有更多。一方面，这样做似乎不乏创新和巧思。另一方面，与 P-H 发生炉工艺、K-S 发生炉工艺和 D-B 发生炉工艺系统的情况一样，这些发生炉工艺系统的建造成本高昂且操作烦琐。由于蒸汽气化不完全，未转化的碳连同排放后的灰烬必须由煤气发生炉消化利用来制造用于加热蓄热器的燃料气。当战争结束时，当这些不惜一切代价的心态的驱动力不复存在的时候，这些过程也就很自然地失去了它们生存的必要性。

同时，随着战后能源市场的变化，原油和天然气重新回到商业市场，对气化的需求急剧缩减。例如，美国在 1942 年和 1943 年开发的从西南向东北输送石油的"大英寸"和"小英寸"两条输油管道，于 1947 年私有化后改建为天然气输送管道，将大量的天然气从油气资源丰富的得克萨斯等地送往工业发达的东北部地区。就这样，天然气从此步入了大宗能源产品市场，这基本上也标志着美国的水煤气时代结束的开始。结果，商业运营的气化炉数量在 1948 年下降到约 2000 台，而在第一次世界大战后的 20 年代中期，运转中的气化炉数量超过 11000 台（Corp T. B., 1980）。在德国，煤气化作业一夜之间停止，但一些开发工作似乎还未完全停下来。在全球范围内，小型合成氨和甲醇工厂继续建造，这些小型项目大多采用水煤气炉来生产合成气。总的来说，战后在煤气化技术方面的努力在某种程度上着重于有效的完全气化技术的发展，也就是说，将煤气化至灰分中残留的碳最少。当时各种成熟的煤气发生炉当然属于这一类，但它们被用来制造燃料气，这是有道理的。在《合成液体燃料法》的框架下，美国也开始带头以战略方式开发更好的气化技术来生产合成气。根据 1946 年的法案，矿业局在宾夕法尼亚州的摩根敦站启动了一项广泛的研发计划，以研究煤制气过程，旨在揭开煤炭气化的神秘面纱，以开发更具成本效益的煤气化技术（NETL, History）。

原则上，鲁奇公司开发的鲁奇气化炉反映了在战后开发的完全煤气化工艺的趋势。这也解释了为什么它很快被南非的萨索在其萨索Ⅰ中采用，在其他一些国家也有所部署，成为 50 年代期间为数不多的可工业化利用的煤气化技术之一。但是，从合成工业的角度来看，鲁奇气化炉并不是一种理想的技术，因为它的合成气中含有大量的甲烷和少量的焦油、氨和苯酚。就像许多现有的煤制气工艺一样，需要投资建设额外的工艺装置来回收和净化下游合成所需的合成气以及净化提纯副产品。在这些副产品有价值的市场中，副产品的回收利用将能够帮助提高合成操作的底线，否则将成为拖累，影响项目的实施。显然，南非属于前一种情况，这就是为什么萨索Ⅰ项目扎根的原因不仅是销售液体燃料，还将生成的甲烷分离后与费-托合成工艺的部分尾气混合来制成热值为 500Btu/英尺^3（约 4450 千卡/米^3）的燃气来销售，通过后来开发的管道进入当地市场。萨索还销售了对市场有价值的另外数十种副产品，例如焦油被蒸馏以获得杂酚油、道路沥青和轻质石脑油。石脑油被加氢处理以制造苯作为溶剂或汽油的调和原料。从氨液中提取酚类，用于制造更多的有机产品，然后用蒸汽汽提氨，生产肥料、硫化氨等。要了解真正的原因，萨索技术公司的代表人员发表于 1987 年的能源年度回顾（Ann. Rev. Energy）中的一段颇有见地。

"由于三个因素的独特组合，在南非用煤生产油是可行的：a. 没有石油矿藏；b. 主要市场（约翰内斯堡地区）附近有低成本煤炭；c. 将石油运输到距海岸 400 英里、海拔 6000 英尺的约翰内斯堡成本高。

　　……

　　由于鲁奇气化过程中会产生副产品，因此需要额外的回收和后处理设备。然而，副产品对经济做出了积极贡献。无法使用副产品，比如由于小规模操作，显然是比较研究中一个负面因素。"

　　在萨索，每吨气化的煤释放出 6 美加仑的焦油和油，加上回收的 19 磅氨以及原始合成气中 10% 的甲烷气体，的确产生了不小的经济效益。看来任何类似的项目都应该确保有一个需要这些副产品的市场。在这样的市场环境下，煤气化以及必要的副产品综合利用很难说不是一个有效的经营模式，固定床气化炉如鲁奇气化炉似乎也是很可靠的技术选择。在中国实施的多个煤制天然气项目也是如此。然而在美国，达科他煤制天然气项目是一个类似而又不同的成功故事。大平原煤气化工厂的业主为其二氧化碳找到了市场，由于北美油气的水力压裂以及二氧化碳驱油技术的开发，二氧化碳有一定的市场需求。对许多煤气化工厂而言，二氧化碳是已经从合成气中分离出来的较为纯净、高度浓缩的气体。自 2000 年10 月以来，该厂已经能够通过一条 200 英里的管道将浓缩的二氧化碳出售到加拿大萨斯喀彻温省用于提高石油采收率，这有助于提高油气生产的利润。毕竟，这些副产品从一开始就是煤制气过程的一部分，取决于时间或市场的不同，对煤制气业务也会产生双重影响。从根本上说，副产品的形成是气化过程所固有的，其多少取决于工艺的特定设计、气化炉内的温度分布以及煤制气生产的操作条件。这些工艺包括鲁奇气化炉、煤气发生炉和水煤气炉等。关于操作条件，迄今为止，所有这些过程都是在标准大气压和灰熔点以下的温度操作的。尽管在这些气化炉中的任何一个反应系统中，燃烧都是在低于灰熔化温度的条件下进行的，但上升的热气体和逆流从顶部向下移动的原料煤的热交换会在炉内产生很大范围的温度分布，这是副产品产生的根源。除了副产物的形成外，固定床或移动床的设计本身无意中造成了另一个瓶颈，使规模化变得困难。在较低的气化温度下，煤炭需要较长的反应时间来消耗。

　　然而，进入工业合成时代，对煤气的质量要求已经从具有高热值的燃气转变为尽可能富含氢气和一氧化碳的合成气。任何煤气化技术如果能够减少副产品的生成、将副产品分解成氢气和一氧化碳，那将是很受欢迎的。同时，大容量气化炉将减少气化炉的数量，从而节省合成气生产的设备、操作和维护成本，因为合成气的生产通常占建造和运营合成工厂的大部分成本。表 11-1 展示的结果仍然有参考意义。在这里，包括熔渣式沃斯气化炉在内的固定床气化炉设计有其无法绕过的固有缺陷。

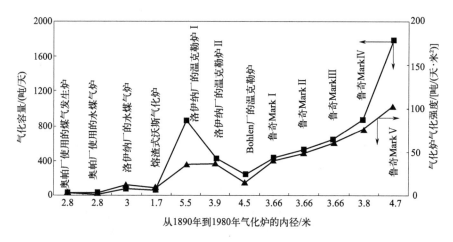

图 13-2　固定床气化炉气化容量和强度的演变
横轴代表气化炉燃烧区内径（米），从左至右按年代顺序

　　根据固定床气化的原理，气化炉的容量或煤与氧气、水蒸气反应的速率基本上取决于反应在燃烧区内发生的速度，通常是炉排上 4～6 英寸深的煤层。一旦确定了项目的气化用原料（煤炭或混合煤）和最终产品，也就相应地确定了气化炉操作所需的优化条件。在这样的前提下，决定气化炉容量的是燃烧区的横截面积，即炉排上方燃烧区域的内径。很显然，在相同的操作条件下，直径越大的气化炉处理煤的能力往往越高。因此，在一定程度上，气化炉的单元容量代表了气化技术的水平和工程装备制造能力。气化强度定义为燃烧区单位横截面积上的气化容量，实际上是反映气化技术水平的一个有效参数。气化强度越高，说明气化技术在提高。图 13-2 显示的是从 1890 年到 1980 年的时间跨度内，包括熔渣式沃斯气化炉和温克勒气化炉在内，不同固定床气化炉的单元气化容量和气化强度在这九十年间的演变。请注意，这里的横轴从左向右方向按气化炉的商业化采用的顺序，而不是按时间顺序。虽然温克勒气化炉不同于固定床气化炉，但也有相似之处，此处作为对比提供参考。气化容量表示为每台气化炉的煤耗，单位为吨/天；气化强度表示为单位横截面的气化容量，单位为吨/(天·米²)。很明显，除了温克勒三个数据点外，气化容量一般与其对应的气化强度是密切相关的，而且这一关系在过去的大部分时间基本上没有大的改变。也就是说，建设大容量的固定床气化炉需要更大的气化炉来实现。虽然每个数据点并非都代表使用相同的煤种操作，因此数据点之间的比较可能并不完全在相同的基础上，但气化强度数据点的趋势应该可以反映技术进步的水平。气化强度趋势表明，与蒙德燃气发生炉或水煤气炉相比，鲁奇Ⅰ气化炉在经过了半个多世纪的时间跨度向前迈进了一大步。然后从鲁奇Ⅰ到鲁奇Ⅴ呈缓慢上升的趋势。鲁奇Ⅴ是于 1980 年左右在萨

索开发的更大的气化炉，内径 4.7 米，但似乎没有进一步的工业部署的报道，在同一时期开发建设的萨索Ⅲ厂的四十台气化炉仍然采用了鲁奇Ⅳ型气化炉。从工业的角度来看，内径 3.8 米的气化炉是进入 2000 年之前部署的最大的气化炉。再大一些可能会面临挑战，这可能与运营、原料、设备制造和物流等相关，这些在当时可能都会面临很大的困难。

尽管采用流化原理，温克勒气化炉在某种程度上仍然类似于固定床。它与固定床气化炉的不同之处在于整个流化床层内物料的分布较为均匀，理论上温度分布应是均匀的。所以，燃烧、气化、热解和干燥的发生在整个床层内没有区别。煤与氧气和蒸汽的反应在理论上也在整个床层同时进行。这解释了温克勒气化炉相较于之前的蒙德燃气发生炉和水煤气发生炉强度高的原因。这似乎是一个有进步、有发展潜力的技术，或者至少值得关注。熔渣式沃斯气化炉与固定床气化炉原理相同，只不过燃烧区的温度更高，灰分作为熔渣排出。虽然其内径比蒙德燃气发生炉和水煤气发生炉小约 40% 以上，但气化强度处于同一水平，的确代表着技术进步。然而，问题是当采用高挥发分的煤为原料时，熔渣式沃斯气化炉像任何其他固定床气化炉一样，也无法避免副产品的形成。

展望未来，具有高气化强度、可以生产少含乃至不含副产品的高质量合成气的气化技术，似乎将成为现代合成工业的发展方向。如何实现这样的目标？或者是否有可能实现这样的目标？从温克勒气化炉、熔渣式沃斯气化炉、特殊的史迈尔菲尔德水煤气发生炉和鲁奇气化炉获得的商业经验表明，设计现代气化炉的必要参数和原则应侧重于以往的运行经验，例如悬浮气化炉或流化床、采用煤粉或煤颗粒、气化炉熔渣操作或非熔渣干排灰操作、加压或环境压力下，等等。根据当时的煤气化技术，唯一确定的参数是气化应采用氧气和蒸汽作为氧化剂，而不是采用空气。其他参数将不得不进一步权衡。

那么，接下来的任务可以归结为如何评估以往的经验，再将它们重新组合、有效地"拼凑"集成到一个技术产品中，从而开发一种更适用于现代工业合成目的的气化炉，达到生产高质量合成气的目的。

第三节　气流床煤气化

战后煤气化的发展显然已经转向将煤破碎成煤粉，然后将煤粉输送到气化炉，正如德国中部燃料费-托合成油工厂采用的特殊的史迈尔菲尔德气化炉工艺那样。因为煤粉气化被认为具有以下好处：①采用通常小于 500 微米的煤粉作原料，可加快与氧气和蒸汽的气化反应；②悬浮在气化炉内的煤粉颗粒互不接触，因此煤的黏结特性不再重要，扩大了实用煤的范围。实际上，法国人在战后首先对史迈尔菲尔德气化炉进行了进一步的研究和探索，并于 1950 年在巴黎西部的鲁昂附近建造了一个试验工厂。设计采用的气化炉与史迈尔菲尔德气化炉类似，是一个圆柱形耐火衬里容器，每小时能够处理约 1600 磅的煤。煤粉与空气沿气化炉圆顶顶部中心轴向输送到气化炉中，而且也采用蓄热器预热氧气和蒸汽。不同的是，预热的氧气和蒸汽通过环绕煤粉进料管线的环管同轴引入。它被称为潘尼德克（Panindco）气化工艺，气化炉操作仍然在干式排灰的温度下进行，使用了具有高挥发分的原料煤。另一称为比安奇（Bianchi）的气化工艺也在马赛煤气厂进行了试验，其工艺与潘尼德克工艺相似，只不过气化炉在高达 25 巴的压力下进行了测试（Elliott，1963）。在美国和德国，关于气化炉设计和运行的大多数开发活动也有类似的倾向，开始关注以下设计特征，并向高温气化的方向发展。

➤采用粉煤气流床操作
➤氧气和蒸汽作为氧化剂
➤高温的熔渣操作温度

这时，仍然存在疑问的是气化系统的工作压力，一些气化技术考虑环境压力下操作，而另一些则倾向于带压的煤气化操作。这个参数的取舍将决定现代化气化技术的开发。

一、常压气流床煤气化

其实，战前有一个气化工艺过程符合上述标准，但在战争结束时没有受到盟军调查团的关注。可能是因为这项技术从未在当时的任何合成工厂中采用过。该气化技术被称为科帕斯-托茨克（Koppers-Totzek）气化炉，将煤粉与氧气、蒸汽一起注入气化炉，在足够高的温度下煤灰以熔融的炉渣形式排出气化炉外，产生不含氮、焦油和油的合成气。该技术实际上是早在第二次世界大战开始前的 1938 年，由位于德国埃森的科帕斯（H. Koppers）公司发明的常压气化系统，即现在的克虏伯-科帕斯公司（Krupp-Koppers Co.）（Schilling，1981）。埃森的科帕斯公司和美国矿业局在 1950 年左右似乎也有合作，后者在前者的技术指导下在密苏里州的路易斯安那建设了一个 24 吨/天的煤炭气化试验工厂。测试数据和经验将为未来工业规模工厂的设计提供参考。1949 年，科帕斯公司提供了第一套科帕斯-托茨克气化炉给法国的一家公司，气化 50～100 吨/天的烟煤生产合成气。接下来是 1950 年为芬兰 Typpi Oy 公司提供气化炉，在其位于奥卢的工厂气化波兰煤生产合成气，用于生产 60 吨/天的合成氨。该工厂由德国的科帕斯公司设计和建造，并于 1952 年投入运营（Dierschke, 1955）。从那时起，到 1974 年，全球约有十几家工厂相继安装了科帕斯-托茨克气化炉，生产的合成气大都用来生产合成氨，满足当地对氨肥料的持续需求。

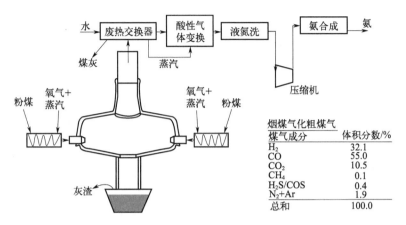

烟煤气化粗煤气	
煤气成分	体积分数/%
H₂	32.1
CO	55.0
CO₂	10.5
CH₄	0.1
H₂S/COS	0.4
N₂+Ar	1.9
总和	100.0

图 13-3　用于氨生产的科帕斯-托茨克气化炉草图

　　与之前的气化炉不同，科帕斯-托茨克气化炉是一个略带锥形的卧式圆筒形容器，内衬耐火材料或采用水夹套壁设计（图 13-3）。在相对的气化炉两端（双头设计），煤粉通过螺旋进料器被氧气和蒸汽一起吹入气化室。在气化炉内的高温辐射热环境中，通常在高于灰熔化温度的 1500～1600℃ 的范围内，煤粉在短时间内与氧气和蒸汽快速地完成反应。由此产生的热粗合成气从顶部离开，直接进入废热交换器，在该废热交换器中粗合成气冷却而传递的热量用于产生蒸汽。在运行过程中，部分灰分流到气化炉底部进入渣池，其余部分被热的原料合成气带走，并在上升过程中冷却后在废热交换器中分离。科帕斯当时声称，根据煤种和操作条件，灰分夹带率可能高达 90%，其气化炉可设计用于处理范围广泛的煤炭，包括褐煤、次烟煤、沥青煤（包括黏结煤）、无烟煤甚至石油焦。由于气化炉内的高温，煤炭中的挥发分被裂解成小分子，生成的粗合成气基本上不含可检测的焦油和油。合成气中的甲烷仅为 1000 微升/升左右。

　　在南非约翰内斯堡东北部的莫德方丹（Modderfontein）建造的一座氨工厂也采用了该气化技术，设计部署了六台科帕斯-托茨克气化炉（为双头设计）来生产用于制氢的合成气。该工厂于 1974 年开始运作，设计能力为每天生产 1000 吨氨。很显然，与德国奥帕合成氨厂设计的制氢工艺相比，基于科帕斯-托茨克气化炉的氨工艺由于其很好的合成气质量，使得下游工艺得到了一定程度的简化。

　　几年后，科帕斯公司开始提供更大的气化炉，这是一种四头设计、彼此成 90 度角的新型气化炉。这种设计已在印度的两家合成氨厂部署，每个工厂的设计目标是每天生产 900 吨氨合成用的合成气，并于 1979 年投入运营。采用四头设计的新型气化炉的产能大约是南非莫德方丹工厂双头设计的两倍。四头气化炉的外形尺寸为长 7.9 米、宽 7.9 米和高 7.8 米，每个气化炉的额定原料合成气为 35000 米^3/时，通常含有 86％的 H_2＋CO。由于气化系统是常压操作，所以科帕斯-托茨克气化炉通常是非常庞大的设备。

二、加压气流床煤气化

20 世纪 50 年代，还开发了其他几种在常压下运行的气流床气化炉，例如美国的巴布科克-威尔科克斯（Babcock-Wilcox，B-W）气化炉和德国的拉梅尔单体气化炉。前者由美国矿业局和 B-W 公司在矿业局的摩根敦站联合开发，后来于 1955 年在杜邦公司位于西弗吉尼亚州的贝尔的工厂中安装了一台工业规模的气化炉。拉梅尔单体气化炉是由位于德国韦瑟灵的莱茵联合褐煤燃料公司开发的。与科帕斯-托茨克卧式设计不同，这两种气化炉采用立式圆柱形容器设计，这样的气化炉一般易于制造、维护并占用较小的场地面积。然而，这些气化炉包括科帕斯-托茨克气化炉，都是在熔渣温度以下和常压下采用氧气和蒸汽作为氧化剂的上流式气流床气化炉。就 B-W 气化炉的设计而言，耐火材料衬里的反应器分为下气化室和上气化室，煤粉与热氧气和蒸汽一起在下气化室周围的多个位置注入下气化室。在下气化室内的辐射热环境下，煤粉立即与氧气和蒸汽完成反应。热的合成气上升到上气化室，在那里被冷却，而灰分变成炉渣，落到炉底的灰渣池中。在这里，所有气流床气化炉都有一个共同特征，那就是合成气的出口温度几乎与气化炉内的反应温度相同，这就是为什么需要在紧邻气化炉的下游安装废热交换器以从炽热的原料合成气中回收热，以减少潜在的热损失。然而，为了保护废热交换器，粗合成气需要在离开上气化室后、进入废热交换器之前冷却至约 800～900℃，离开废热交换器时的温度接近于固定床气化炉的合成气出口温度。类似的设计考虑也适用于拉梅尔单体气化炉，除了拉梅尔单体气化炉内没有分隔的气化室，其他与 B-W 气化炉一样。这种废热交换器已成为大多数气流床气化炉的关键设备。此外，拉梅尔单体气化炉底部还设计有灰渣池，该气化炉使用多个喷嘴向气化炉喷射煤粉。与以往的气流床气化炉不同的是，拉梅尔单体气化炉利用循环部分合成气将煤粉输送到气化炉中，进料的位置分布在氧气和蒸汽的喷射点之间。这是一种改进的设计，它比通常用氧气和蒸汽输送煤粉设计有进步，因为这种设计可以避免由于潜在的回流而引起的爆炸倾向。在韦瑟灵（Wesseling）开发的一个工业规模的示范厂，拉梅尔单体气化炉每小时可生产约 16000 立方米的合成气，其中含有 84％的氢气和一氧化碳（von Fredersdorff，1963；Stroud，1981）。

很显然，在熔渣温度以下运行的气流床气化炉似乎可以提供优质的几乎不含焦油的合成气，并且还可以使用不同的煤种来扩大其原料煤的范围。那么，接下来的问题是操作压力将会如何影响气化炉的操作运行呢？在 20 世纪 50 年代，矿业局还在其摩根敦站调查了气化压力对生成的合成气的影响，采用的气化炉是一个内径 10 英寸、20 立方英尺的内衬耐火材料的小型装置，实验的气化压力（表压）高达 31 标准大气压。气体技术研究所（IGT，现为 GTI）在压力约 7 标准大气压的较小试验装置中也做了类似的实验研究。这两个加压气化炉都是将物料从气化炉顶部进入气化炉，生成的合成气向下流动，而不是向上流动。摩根敦站的调查集中在与气化炉设计相关的几个关键问题上，例如将反应物引入加压气化炉的方法、气化炉的设计以及压力对气化能力的影响等。有关气化炉的进料方式，它试图通过在气化炉的上部配置的多个燃烧器沿切线方向将物料（煤、氧气和蒸汽）注入气化炉，但由于对耐火材料磨蚀率太高而很快放弃。最终采用了加压流化床进料器，从气化炉顶部的中心处将夹带的原料煤粉沿轴向注入气化炉，类似于史迈尔菲尔德气化炉的进料方式。不同压力下气化的实验数据表明，操作压力与合成气生产能力之间几乎呈线性关系，这促进了加压气流床气化技术的发展。有趣的是，IGT 的气化炉的进料方式是将氧气与煤粉分别引入气化炉，其中氧气作为向下的射流从气化炉顶部轴向引入，而煤粉和过热蒸汽沿切线方向通过气化炉上部周围的多个位置输送到气化炉。IGT 的调查使用了黏结和非黏结的烟煤。

从这些气化炉的开发试验经验，不难得到一个简单的结论，那就是当时气化炉的开发方向是合理的。粉煤气流床的设计原理、高于灰熔点的操作高温、加压条件下的气化炉操作都有着明显的潜在优势，都是建立一个现代煤气化技术所需要的特征。然而，问题在于加压操作气化炉的粉煤进料似乎是一个很难逾越的挑战。幸运的是，在当时正在开发的所有气流床气化炉中，有一种气流床气化工艺与众不同，它不仅具有上述所有的有益参数和原理，而且还拥有一些独特的设计特点，使煤气化工艺本身更具有操作弹性以及稳定性，以至于几十年后成为广泛工业应用的主要工艺过程之一，这就是德士古气化工艺。

德士古气化工艺是德士古公司（Texaco Inc.）开发的一种在熔渣温度和压力条件下运行的下流式气流床气化炉，在许多方面类似科帕斯-托茨克气化炉、拉梅尔单体气化炉、B-W 气化炉和 IGT 气化炉。德士古公司是一家石油公司，1902 年成立于位于得克萨斯州东部的博蒙特、休斯敦以东 140 公里。第二次世界大战后不久，德士古就介入了煤气化以及部分氧化技术的商业化开发。德士古似乎早在 1948 年就开始了煤气化炉技术的开发，当时的试验设施每天能够处理约 15 吨煤。根据对大约二十多种原料煤的实验研究和测试，德士古于 1956 年在西弗吉尼亚州摩根敦的奥林麦提森化学公司的工厂建了一套示范装置。示范用气化炉设计可在高达 34 标准大气压的压力下运行，每天处理约 70 吨煤，生产 350万立方英尺的合成气，用于合成氨（von Fredersdorff, 1963）。那么，德士古是如何解决向带压系统输送粉煤的难题的呢？其实也很简单，德士古气化炉的独特之处在于它将粉煤与水混合制成高浓度的水煤浆，这样可以将水煤浆方便地用泵打入气化炉。德士古气化炉是一个内衬耐火材料的圆柱形容器，分为两部分，上部为内衬耐火材料的气化室，下部为腔室，腔室的下部为水池，称为激冷室。在其早期设计中，水煤浆首先用泵输送通过一个加热器以将其温度提高到足以蒸发水煤浆中的水，然后进入位于气化炉顶部的旋风分离器，将水蒸气与粉煤分离。然后利用一部分蒸汽将粉煤输送进入气化炉，在那里与分开注入的氧气相遇并立即发生反应。生成的合成气与熔化的灰分一起向下移动并通过狭窄的通道离开气化室进入激冷室，在激冷室中合成气与熔化的灰分分离并在激冷室的侧面离开气化炉。熔化的灰分则落入水池并凝固，然后从气化炉底部通过锁斗排出。保持原料煤和氧气分离似乎是德士古进行粉煤气化的设计原则之一，这反映在其 1948年提交的一项早期专利中（Moor, 1953）。后来德士古对粉煤的进料方式做了进一步改进，通过一个特殊设计的喷射器将水煤浆直接注入气化炉，氧气则通过喷射器周围的环形空间注入气化炉，成为德士古专有技术的一部分，至今仍在使用。几十年的经验证明，采用将粉煤制成水煤浆的进料方式是德士古煤气化工艺商业化成功的重要的一步。

将固体煤制成液体形式（浆料）并将其直接注入气化炉的设计确实是一个有趣的发展，它避免了使用氧气和蒸汽氧化剂输送固体煤所存在的潜在危险。通过隔膜泵注入水煤浆，使得加压气化炉的设计和操作变得简单、方便和清洁。尽管看起来气化炉内的水分蒸发会在一定程度上牺牲气化的冷煤气效率，但使用水煤浆的整体优势将超过包括冷煤气效率损失在内的潜在不利因素。相反，在某些情况下如果氢气或富氢合成气是最终需要的产品，则水煤浆进料的煤气化将是理想工艺之一。因为气化炉内的高水蒸气浓度会促进水煤气反应［表 10-1 中反应(4)～(6)］从而提高合成气的氢气含量。合成气中的高浓度氢气还会减轻下游CO 变换反应单元的负担。这在当今建立氢经济的市场中尤其有意义。其实，回顾煤气化的商业化进程，德士古公司采用这样既简便又安全的进料方式，使得德士古煤气化技术的工业化道路进行得相对顺利。那么，德士古是如何想到这样一个简单且近乎完美的想法的呢？即在水中装载足够的煤粉做成水煤浆，然后将水煤浆作为德士古气化炉的进料？当然，这里必然有一个合乎逻辑的决策过程。可问题是似乎还没有找到一个一致的说法。一种解释是很可能它源于德士古公司作为一家石油公司的 DNA，因为它习惯也擅长处理液体。另一种解释是，到 50 年代，水煤浆已经不是什么新鲜事物了。伦敦人实际上早在 1914 年就建造并运行了一条煤浆管道，用于将煤炭从泰晤士河码头输送到他们的城市。还有，矿产开采经营者长期以来一直采用泥浆的方式输送矿物流。在美国，战后经济活动的复苏在铁路运营商和煤矿所有者之间产生了一些紧张关系，这导致了从 1950 年开始的几十年中用于输送以及分配煤炭的煤浆管道系统的发展，旨在绕开与铁路运营商打交道的某些限制。在这方面，联合煤炭公司（Consolidated Coal Co.）是最早提倡这一主张的公司之一，开始了水煤浆制备技术的调查和研究。就煤浆制备以及输送相关的技术开发而言，其中的一位关键人物是美国工程师兼发明家爱德华·华士普（Edward J. Wasp, 1923—2015）。华士普于 1950 年在匹兹堡加入联合煤炭公司，随即启动了一项与煤浆制备以及煤浆管道相关的广泛开发计划。该计划旨在将煤炭从煤矿的坑口直接通过长距离的管道输送至遥远的国内各地的煤炭市场。华士普为此进行了大量的有关水煤浆的基础研究，考察试验了各种粒径组合，并进行了实际循环测试，以了解与管道设计和工程相关的流变学和特性。他的研究工作促进了 172 公里的俄亥俄输煤管道的建造，并于 1957 年开始运行。数年后由于铁路运输市场的改善，这条管道于 1963 年关闭。随即，华士普转而加入了柏克德工程技术公司（Bechtel Co.），很快使柏克德公司成为运输各种固体/液体产品的管道业务的领导者。参与开发的项目包括美国在 1960～1970 年间的几条煤浆管道，例如 1970 年从亚利桑那州到内华达州的 273 英里黑梅萨煤浆输送管道，以及在 70 年代从怀俄明州到密西西比河下游的最长煤浆管道的开发（Coffey, 1982；Sperry, 1981；Whipple, 2014）。所以，在水煤浆的制造以及利用方面已经积累了大量的可以借鉴的经验和数据。

根据 1970 年授予德士古公司的一项专利，早期开发的德士古气化炉水煤浆进料工艺已成为其后来发展的原型（Schlinger, 1970）。水煤浆进料又在随后的工业规模示范项目上得到了进一步的改进和完善。首先是 20 世纪 70 年代后期在德国的奥伯豪森煤气化制备合成气的工业示范，然后是 1984 年至 1989 年间在加利福尼亚州的巴斯托（Barstow）市附近的冷水 IGCC 示范项目，采用了水煤浆直接进料的方式，示范了两种不同设计的水煤浆气化炉——激冷设计和废锅设计，为未来的工业部署获得了必要的大量的设计数据和实际操作经验。巴斯托位于莫哈维沙漠，洛杉矶东北约 170 公里处。

此外，同样不能忽略的是，德士古水煤浆气化炉工艺的发展还得益于其从 20 世纪 50 年代后期开始的气态和液态原料的部分氧化（POX）技术的商业开发和利用。1950～1960 年间在北海和中东发现了石油和天然气，推动了欧洲的战后经济复苏。含氧化学品如高碳醇的生产和精炼加氢处理对氢气和一氧化碳的需求不断增加，这为部署 POX 制造合成气创造了机会，与煤气化方法相比，以油、气为原料的部分氧化工艺相对简单,因此通常更经济。20 世纪 50 年代,德士古似乎已经做好了向市场提供其 POX 工艺的准备。它的早期许可包括两份使用天然气作为原料生产合成气的 POX 合同,一份是 1958 年与意大利拉文纳的一家化工厂签订的,另一份是次年与 ICI 签订的。ICI 的 POX 工艺是为了取代在比灵厄姆工厂用于生产合成氨的旧的水煤气炉。这一年,第一台大型科帕斯-托茨克气化炉在希腊投入使用,每天生产 270 吨氨。20 世纪 60 年代,更多的科帕斯-托茨克气化炉进入化肥市场。同时石化行业对 POX 的需求也在回升。德士古公司又分别向日本三菱化学公司和日本大赛璐化学公司交付了两套 POX 气化装置,这两家工厂于 1961 年投产。但是,在德士古公司许可的位于意大利的杰拉的 POX 工厂投入运行后不久,另一家石油公司也将自己的 POX 气化工艺投入了市场,它就是荷兰皇家壳牌石油公司。该公司的第一份 POX 合同于 1965 年在芬兰投入使用。从那时起,从天然气、炼油厂尾气或液态碳氢化合物生产合成气的 POX 市场一直由德士古和壳牌这两家公司主导,这种状况一直持续到近些年(图 13-4)。尽管科帕斯公司或其继任者声称其科帕斯-托茨克气化炉也可以处理液体原料,但几乎没有关于其在氨市场之外的实际工业部署的报道。POX 市场在接下来的几十年里不断在世界各地增加,德士古和壳牌这两家公司在 20 世纪 60 年代共交付了 11 个 POX 项目,到 20 世纪 70 年代达到了 17 个项目。虽然在接下来的十年中增速趋缓,但是在 90 年代达到了 22 个 POX 项目的高峰。对煤气化而言,德士古煤气化技术在 70 年代开发示范的基础上,80 年代开始有气流床煤气化项目的商业化部署,这些项目建立在过去几十年实践经验的积累。

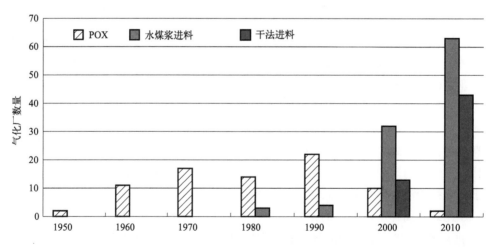

图 13-4 全球 POX 和气流床煤气化的商业业绩
煤气化数据截至 2017 年,不包括发电项目

20 世纪 70 年代的石油危机引发了另一波对煤制液体燃料技术和相关过程的

关注和开发。为了提供高质量的合成气，粉煤加压气化工艺也受到了关注，用于开发利用美国丰富的煤炭资源。随着政府和工业界数亿美元的投资，更多的公司也加入了开发热潮。除了科帕斯-托茨克以及德士古的气化炉之外，还诞生了十几种其他煤气化技术，比如陶氏化学公司开发的 E-Gas 气化炉（目前归鲁姆斯科技有限公司所有）、德国一家公司的 Noell 气化炉（简称 GSP，目前归西门子公司所有）（Higman，2003）。在日本，由政府资助的"阳光计划"也于 1974 年由工业科学技术机构发起，旨在开发石油替代能源。三菱公司和日立公司分别开发了两种不同的气流床气化工艺（Science & Technology，1981）。

与其他煤气化炉类似，德士古的 POX 气化炉也是一种圆柱形内衬耐火材料的容器，它是一个向下流动的气流床系统，气态或液态原料和氧化剂经过压缩机或液态泵通过喷射装置从气化炉顶部沿轴向喷入气化炉。与以煤为原料的德士古气流床气化炉不同的是，德士古 POX 气化炉通常在下游与合成气冷却器即废锅热交换器耦合。这样，离开 POX 气化炉的粗合成气连同未分解的蒸汽进入合成气废锅热交换器，在冷却的同时传递其热量以产生蒸汽。由于气态或液态原料的质量较好，而且含有少量矿物质，因此与气流床煤气化工艺相比，POX 系统是一个相对简单的系统。然而从工艺原理角度而言，一旦转化为合成气，无论原料类型如何，后续的变换、洗涤和净化提纯流程基本上都是相同的。因此，德士古从其 POX 许可实践中获得的这些经验自然有助于德士古进行气流床煤气化工艺的实施，无论是从气化的角度，还是从系统工程和操作维护的角度。此外，它作为石化行业运营商，实践经验也很有价值，但这种情况可能未必对德士古在营销方面有任何帮助，因为德士古似乎没有关注石化行业以外的市场，例如合成氨肥料市场需求的发展。相反，德士古公司在早期的许可中一直专注于石化炼油行业的合成气需求。大约在 1980 年，德士古在德国西部的奥伯豪森的气流床煤气化工艺示范取得了实质性进展，为未来的工业应用提供了重要的设计数据和运行经验。示范气化炉的产能为每天 160 吨煤，在高达 80 巴的压力下运行（Corp R.，1983）。同时，示范充分地显示了德士古煤气化工艺在生产高质量富氢合成气方面的优势（表 4-1 中 V～Ⅶ）。

从长远来看，在 70 年代石油危机期间开发的许多其他气化技术，大多数近些年来都实现了不同程度的工业化应用。但有一个技术脱颖而出并逐渐取得了成功，与德士古的气流床煤气化技术在市场上展开了竞争。这一次，还是荷兰皇家壳牌石油公司，它开发了壳牌煤气化工艺。与德士古开发技术的做法不同，壳牌采取了不同的商业模式，通过与在煤气化方面有良好记录的技术公司合作开发的方式，弯道超车，很快就进入了煤气化技术领域。壳牌选择了德国的科帕斯公司作为合作伙伴，其合作的目标是开发一种高效的气流床粉煤气化系统——壳牌-

科帕斯气化炉，该系统可以在压力和熔渣温度下运行。两个公司的联合开发于1974 年开始，在经历了 1976 年底在位于阿姆斯特丹的壳牌实验室进行的 6 吨/天规模的试验工作之后，1978 年由科帕斯公司在位于汉堡的炼油厂设计建造了一套150 吨/天的示范装置，该炼油厂由壳牌子公司德意志壳牌公司操作和运营（Vogt，1981）。如表 4-1 中Ⅷ所示，干法进料的壳牌煤气化合成气中一氧化碳的浓度远远高于氢气，与水煤浆进料的德士古煤气化工艺生产的合成气成分有很大的不同。

早期的壳牌-科帕斯气化炉设计似乎与科帕斯-托茨克气化炉的设计类似，后来演变成目前的垂直的圆柱形、内设水冷壁的上流式气化炉的设计。水冷壁设计类似于传统煤粉锅炉中使用的膜壁式。在圆柱形气化炉的中段有多个水平定向的进料喷射器。与科帕斯-托茨克的设计不同，壳牌气化炉的设计将位于气化炉顶部的废热锅炉换热器作为一个单独的单元重新布置，从而与气化炉分开。经过煤气化快速反应后，合成气在气化炉内向上流动，炉渣下降到气化炉底部的渣池，然后通过排渣锁斗系统排出。离开气化炉向上流动的合成气在气化炉的顶部被注入的冷却的循环合成气直接骤冷至约 900℃，然后通过过渡段管道转向 180°向下进入废热锅炉换热器（也称为合成气冷却器），最后进入干燥固体过滤器以去除合成气中夹带的灰尘。不过，双方于 1981 年终止了这项合作，转而各自追求各自的气化技术以及商业利益。因此，科帕斯公司开发了自己的煤气化技术，一种干法进料、膜壁气流床煤气化炉，在压力和熔渣温度下运行，后命名为 PREN-FLO 煤气化工艺，目前称为 Uhde 煤气化工艺。后来该技术在 20 世纪 80 年代后期应用于由欧洲委员会主持的 250 兆瓦的 IGCC 项目中，该项目位于西班牙中部的普特来诺。壳牌则建立了壳牌煤气化工艺（SCGP），继续走自己的工艺路线，该工艺与 80 年代在荷兰和德国规划的几个发电项目同步进行。

从一开始，壳牌公司似乎就着眼于开发适合发电的高效煤气化技术。该公司当时已经在跟踪开发的几个很有前景的项目都同发电有关，这从该公司的代表于1981 年的公开报告中不难看出（Vogt，1981）。

"下一步将建造和运营一两个 1000 吨/天的示范工厂❶，计划于1983～1984 年投入使用。到 20 世纪 80 年代末，考虑建造容量为 2500吨/天的大型商业装置❷。经济性，尤其是这些大型气化炉的经济性，非常具有竞争力。"

为了适应 IGCC 原理下的发电目的，SCGP 的设计采用了干煤粉进料喷射系

---

❶ IGCC 工厂，一个在荷兰，另一个在德国。

❷ 1994 年在荷兰 Buggenum 建造的 250 兆瓦 Demkolec IGCC。

统和合成气废锅冷却器，这样的设计通常比水煤浆气化有较高的冷煤气效率。如果合成气作为燃料气来利用的话，例如发电，会导致较高的系统热效率。当然，SCGP 也可以应用于需要氢气和/或一氧化碳的其他用途，这取决于项目的目的和经济性考虑。然而，设计与干煤粉集成的加压气化炉不仅在当时是一个挑战，例如特殊的史迈尔菲尔德发生炉工艺和科帕斯-托茨克气化炉，在今天也是一个挑战。在生产化学品和液体燃料时尤其如此。SCGP 的设计选择了封闭式的多级锁斗进料系统来实现这一目标，比许多水煤气发生炉、煤气发生炉和 Lurgi 气化炉所采用的闭锁料斗更复杂一些。要将粉煤送入加压气化炉，必须首先将煤干燥并在磨机中进行精细研磨。其方法之一是在磨机中，利用热的惰性气体流过磨机以去除煤中的水分。然后，干燥的煤通过闭锁料斗系统加压，其中多个料斗按程序顺序工作，将煤粉从一个料斗转移到另一个料斗进入气化器，从而不影响加压气化的操作（Higman，2003）。SCGP 的气化炉在高达 45 巴的压力下运行。在该压力下，经过后续净化后产生的合成气在进入联合循环动力岛的燃气轮机之前将具有足够的压力，因而无需额外的合成气压缩。遗憾的是，除了后来的 Demkolec IGCC 项目外，由于石油危机在 20 世纪 80 年代初缓解，没有其他 IGCC 项目的实施。

三、加压气流床气化技术的工业化业绩

进入 20 世纪 80 年代，随着煤制油市场驱动力的消失，发达国家政府和一些相关行业和企业将目光转向了壳牌一直在努力但还未成功的尝试，即将合成气应用于与汽轮机集成的燃气轮机，也就是联合循环发电系统，目的是开发第二代煤发电技术。如果成功，就像当年蒙德在开发燃料电池时预想的那样，这将是一个巨大的市场。德士古和能源动力研究所（EPRI）率先启动了一个煤气化发电示范项目以证实这一计划的可行性，项目地点选在加利福尼亚州的巴斯托市。后来 GE 公司带着它的 7 型 E 级燃气轮机，柏克德公司带着其丰富的 EPC 经验和专业知识，美国能源部以清洁煤技术计划（NETL 网站），也都加入这一合作开发。在接下来的 1984～1989 年间，煤气化整体联合循环示范项目利用烟煤气化生产合成气，设计和示范了两种德士古煤气化炉炉型——激冷设计的水煤浆气化炉和废锅设计的水煤浆气化炉，为联合循环提供合成气用于产生 96 兆瓦的净发电量。由此获得的信息和经验为十年之后的一系列 IGCC 项目奠定了基础。表 13-2 是迄今为止设计建设的 IGCC 项目。

表 13-2　全球商业 IGCC 项目

IGCC 项目/地点	气化炉	燃气轮机	净出力/MW	COD
荷兰 Demkolec IGCC/Buggenum	壳牌气化炉	Siemens V94.2	253	1994
美国 Wabash River IGCC/印第安纳	E-Gas 气化炉	GE 7F	260	1995

续表

IGCC 项目/地点	气化炉	燃气轮机	净出力/MW	COD
美国 Tampa IGCC/佛罗里达	德士古气化炉	GE 7F	250	1996
西班牙 Elcogas IGCC/普特来诺	Uhde PRENFLO	Siemens V94.3	330	1998
日本 Nakoso IGCC demo/福岛[①]	三菱气化炉	MHI 7 frame	250 (gross)	2007
中国华能 Greengen IGCC/天津	华能气化炉	Siemens V94	250	2012
Duke Energy IGCC/印第安纳	德士古气化炉	GE 7FB	618	2013
韩国 Kowepo IGCC/韩国[②]	壳牌气化炉	GE 7F	250	2016
美国 Kemper IGCC/密西西比州[③]	KBR TRIG	Siemens V94	524	2017
日本 Nakoso IGCC/福岛	三菱气化炉	MHI 701	540 (gross)	2021

① 三菱气化炉是一个两级空气气化反应系统。
② 资料来源：Technology，2012；Power Magazine，2021。
③ 南方电力公司已于 2017 年宣布放弃气化岛而改用天然气发电。
注：大部分信息引用自 NETL 网站

冷水 IGCC 示范项目的成功无疑源于其当时已经积累的工程设计和商业运行经验，同时也增加了市场对德士古气化工艺技术的信心。在该项目开始之前，德士古水煤浆气流床气化炉已在三个工厂投入了商业运行。1983 年，在位于田纳西州东部的伊斯曼化学公司首先将三套水煤浆激冷气化炉投入运行，气化炉在 65 巴的操作压力下使用烟煤生产合成气。净化后的合成气将输送到下游用于生产各种各样的化学品。在日本，还有四台激冷式水煤浆气化炉在 37 巴的压力下运行，生产的合成气用于生产一氧化碳和合成氨。还有一台处理煤 800 吨/天的带有合成气废锅设计的水煤浆气化炉，当时在德国即将开始运行，用于化学原料生产（Alpert，1986）。然而，从冷水示范项目运营以来的三十多年的 IGCC 项目来看（表 13-2），IGCC 的商业化之路一定是艰难而又漫长的过程。与许多诸如此类的煤气化项目一样，每个 IGCC 项目都是一个非常复杂的工艺系统，同时每个项目又都有各自的特点，因此几乎每个项目都经历了各自的学习实践过程。一些经验教训与原料煤有关，一些则与气化、燃气轮机、工程设计有关。迄今为止，IGCC 本身还不能证明其在市场上的竞争力，无论是对于天然气联合循环发电技术还是煤粉锅炉发电技术。事实上，至 2023 年，位于西班牙、荷兰、美国的佛罗里达州以及密西西比州的 IGCC 项目的气化岛已经被封存或停止运行。作为第二代发电技术的 IGCC 煤气化联合发电技术作为一个非常复杂的系统，在其走向市场的漫长过程中必须更加有耐心，不断进步。

尽管如此，IGCC 已经表现出了出色的环境效益（例如低氮氧化物、硫氧化物、PM2.5 排放和捕集二氧化碳的灵活性）。在充满挑战的未来能源市场中，IGCC 也许还会有其一席之地以发挥其作用。到目前为止，从工业布局来看，化学合成工业一直是加压煤气化技术的亮点，这是继第二次世界大战前在德国开发的化学合成技术的工业化应用近 80 年后再次出现。

进入 90 年代，煤气化市场开始向中国市场转移，这时德士古公司的业务似乎走出了石油化工和炼化以外的化肥行业。德士古加压气流床气化炉在中国四家工厂相继投入使用，除了一个生产城市燃气的工厂外，其他三个工厂都生产用于合成氨的合成气。进入 21 世纪之后的十年，中国经济快速发展，带动了整个加压煤气化的爆发式增长。2000 年至 2009 年间，又有 45 个煤气化项目投入商业运行，其中 71％的厂家使用水煤浆加压气化炉，其余是干法进料加压气流床气化炉，包括壳牌公司的 SCGP。壳牌煤气化技术在 2005 年左右开始进入中国市场为其客户服务。这种势头仍在继续，2010 年之后的七年里，投入商业化运营的煤气化项目又增加了约 106 个。自 2010 年以后，虽然大部分煤气化工厂都在中国运行，但是无论是气化技术还是煤气化市场都发生了一些变化。首先，韩国、印度等其他国家出现了对煤炭气化的需求；其次，更多的煤气化技术同行加入了煤气化市场的开发，包括 E-Gas、GSP 以及除了德士古水煤浆气化工艺和壳牌 SCGP 工艺之外的许多中国的本土技术。目前，德士古气化技术和壳牌煤气化技术都在美国空气产品和化学公司的旗下，其总部位于宾夕法尼亚州阿伦敦。这些后来者的煤气化技术基本上都是加压气流床熔渣煤气化工艺。无论是水煤浆进料还是干法进料，每一种工艺都有自己特定的设计变化。再次，水煤浆气化技术的增长率（59％）略有放缓，而对干法进料气化技术的需求增加，这是一个很大的变化。这一趋势似乎还会继续，主要是受中国政府对高效煤气化政策的鼓励，因为干法进料加压气流床气化有较高的气化效率，有助于减少二氧化碳的排放。

在过去几十年积累的气化项目实践经验的基础上，煤化工行业似乎在形成商业规模化的同时还有所标准化，并在工业园区建设中形成了自己的生态环境。例如，自 2010 年内蒙古第一个从烟煤生产 60 万吨/年烯烃的项目投产以来，目前已有 17 个同等规模或更大规模的同类项目正在运行或在建。这些项目的烯烃总产能高达 870 万吨/年，生产的烯烃已经成为对源于原油烯烃的有效补充。这些项目使用类似的烟煤或次烟煤作为原料。继 2008～2010 年前后示范了 3 个 16 万吨级液体燃料费-托项目后，又实施了 7 个此类项目，其中 6 个项目设计年产 100 万吨以上液体燃料。这些项目也采用烟煤或次烟煤作为气化炉原料，绝大多数的产能采用加压熔渣式气流床气化技术生产合成气。其中，最大的年产能为 400 万吨液体燃料，自 2016 年投入商业运营以来一直在稳定地运转中。随着众多煤气化项目的工业化实施，加压熔渣式气流床煤气化工艺证明了其价值，不论是合成气的质量还是可达到的在线率和可靠性。出于同样的原因，煤衍生化学品和液体燃料也被证明是通常由原油生产的产品可行的补充或替代来源。这些厂的运转业绩也表明，只要原油价格保持在 50～60 美元/桶左右，煤基液体燃料就会具有竞争力。

回顾过去，煤的物理和化学性质已证明它们对气化技术的选择，其工程设计和操作具有重大影响。过去的经验一再地证明，一个成功的项目总是取决于对用作原料的特定煤的深入了解。这是因为煤作为一种非均相的物料，其物理和化学性质变化如此之大、之宽，不仅取决于其来源，还取决于其在数百万年期间的地质条件；在此期间，岩石、泥土和矿物等外来物质进入煤并成为煤灰的一部分。事实上，开采方式对煤炭的质量（灰分）也有影响。因此，了解灰的熔点和黏度等性质对于任何现代气化技术的运行都是必要的。从合成工业的角度来看，加压熔渣煤气化工艺证明了它是一种正确的技术路线，能够在大容量下提供所需高质量的合成气，氢气和一氧化碳含量高，几乎不含其他杂质。但这段煤制气或煤气化技术的开发的确走了很长的一段路。自从史迈尔菲尔德博士于 1938 年发明了气流床气化原理并在位于德国中部燃料费-托合成工厂应用该原理以来，战后许多机构、公司或个人对该原理及其相关过程不断地进行了研究和开发。20 世纪50 年代，虽然科帕斯-托茨克气化炉、温克勒气化炉和鲁奇气化炉等煤气化工艺技术都取得了不同程度的工业运用，但是它们又有各自的局限性，这些局限性有的受制于气化的操作条件如温度或压力，有的受制于自身的设计原理，等等。当时，似乎人们已经意识到，在熔渣温度和压力下运行的气流床气化炉将是实现大型化操作和提供优质合成气的努力方向。这是因为高压可利用气体的可压缩性来提高气化能力，而高的熔渣温度可加速煤气化反应，同时将大的碳氢化合物分子分解成小分子。然而，对于在加压下运行的气流床熔渣气化炉来说，其难点是如何开发一种将煤粉送入加压气化炉的既安全又可靠的工作机制，这在当时似乎是关键的瓶颈。德士古气化工艺通过将煤粉变成水煤浆，然后用泵将水煤浆打入加压气化炉中，从而以一种简单的方法解决了这个难题。然后，德士古又用了大约二十年的时间来完善必要的相关技术，在 20 世纪 70 年代将其投入工业示范。

在接下来的半个世纪里，加压熔渣煤气化工艺继续发展，并进一步扩大了适用的原料煤的范围。一般来说，包括从次烟煤到无烟煤和石油焦在内的原料，无论其黏结性能还是颗粒大小如何，目前应该没有技术困难找到适当的加压熔渣煤气化工艺，采用湿法或干法进料系统进行气化以生产合成气。但是，对于水分含量高的低阶煤或一些灰熔点高于常规煤的特殊煤种，后一种如长治煤，采取一些必要的额外措施将有助于最大限度地降低与气化技术选择和工艺操作等相关的风险。迄今为止吸取的经验教训告诉我们一个简单的事实，这些类型的原料在加压熔渣煤气化工艺中往往表现不佳，因为高水分的低阶煤需要额外的能量来处理高水含量；而高灰熔点、高灰的特殊煤种则有必要采用较高的气化炉操作温度，后一种情况常常会导致气化炉内部部件或耐火材料等的严重磨损和破裂。对于类似于这样的原料煤，鲁奇气化炉也不失为一种合适的选择。在这样的情况下，往往需要开发相应的工艺设备来处理运行过程中产生的副产品以及开发相应的市场，这将有助于提高整体项目的经济性。总之，到目前为止，气化技术作为一个整体虽然是先进的，但仍然是一种无法进行数学预测的半经验科学，项目工程设计和运行必须依赖过去相关的可靠经验，尤其是那些针对特定原料和相应运行工况的实践经验。

第四节　煤气化技术在中国

同许多国家一样，中国是一个少油、少气、富煤的农业大国。根据世界银行的统计，2021 年中国的可耕地面积仅占国土面积的不到 12％，要解决这样一个人口众多的农业大国的吃饭问题，对化肥的需求是必然的。煤气化技术是解决从煤炭生产化肥的唯一工具。煤气化在中国的规模化利用发展主要是在新中国成立以后。此前，煤气化的利用主要局限于上海生产城市煤气以及日本在占领中国东北期间为几个煤制油项目所建的多台水煤气气化炉。所以，虽然中国煤气化的使用起步较早，但是煤气化的规模化利用是 1949 年以后的事情，对现代化煤气化技术的利用和发展则是在改革开放以后。更准确地说，70 年代初"四三方案"的实施，通过引进、消化、吸收的发展战略，为今天中国现代煤化工所取得的可喜成就奠定了基础。

一、"四三方案"

第二次世界大战之后的世界东西两大阵营之间冷战的形成，极大地改变了世界秩序和格局。随着局面的不断扩大和变化，70 年代初的中美建交以及中国同其他发达国家关系的改善为中国的经济发展带来新的机遇。国际大环境的变化为酝酿已久的"四三方案"的实施带来了机会。"四三方案"是新中国成立以后为了解决全国人民的吃饭穿衣问题国务院制定的一套战略方案。该方案的核心是集中 43 亿美元通过引进大化肥、化纤、石化等 26 个项目的技术和设备，首先来改善人民的生活水平；更重要的是通过引进技术、设备乃至引进整套技术设备来填补国内在这些领域技术空白的现状。因此，从某种程度而言，"四三方案"的实施也标志着中国石油化工、化肥以及煤化工行业的起步，开始了之后四十年之久工业化道路的发展。70 年代引进的 13 套大化肥项目主要以天然气为原料来生产合成氨，进一步生产尿素。虽然煤气化技术并没有在这些大化肥项目上得到运用，但是这 13 个项目的成功投产为接下来现代煤化工的发展带来了契机。在此之前建设的化肥厂规模小，采用的煤气化技术多为水煤气炉或半水煤气炉技术，用于生产氨以及碳酸氢铵等化肥。在这段时间六千台以上小型气化炉投入运行，至今大约千台这样的气化炉还在使用中。

二、经济起飞、煤气化的机遇

尿素，相比于其他化肥如硫酸铵、磷铵、氯酸铵以及碳铵，是一种更高效而又便于运输、使用且备受农民欢迎的化肥。13 套大化肥项目的成功运行显著地改变了中国化肥的结构，尿素的比例（按含氮计）从 1967 年的 5％上升到十年后的 18％。这 13 套大化肥项目的共性是生产 30 万吨合成氨，然后进一步生产 52 万吨尿素，除了两个项目（齐鲁和川化）略低之外，基本上代表了当时合成氨的技术水平。当这些项目分别在 1976 年至 1982 年间投入商业化运行的时候，中国迎来了改革开放。经济发展、人民生活水平的提高需要更多的粮食。也就是在接下来的技术引进过程中，中国开始探索如何开拓生产合成氨、尿素的原料范围，来解决天然气、石脑油等轻质原料不足的问题，逐渐地将生产合成氨的原料向重质原料转换。比如 80 年代初期采用真空渣油做气化原料的 30 万吨合成氨项目分别在银川、乌鲁木齐投入商业化运行，采用脱沥青渣油做原料的镇海炼化合成氨项目等，将这些重质原料转化成合成气的工艺是德士古的部分氧化气化技术。除此之外，还有前面提到的采用煤炭做原料的山西化肥厂 30 万吨合成氨项目的实施。通过这些项目的实施，中国开始有效地发展现代煤气化技术。德士古的部分氧化工艺技术从气化炉的设计和操作角度而言，与煤气化炉的设计以及操作大同小异。而这一时期正是德士古公司在美国、德国、日本大力推广以及示范其煤气化技术的时期。

随着重质原料气化项目成功地为合成氨的氢气来源拓宽了渠道，中国在 90 年代利用国际金融或政府间贷款又进一步投资建设了一批大型合成氨项目，开始对当时的中小型化肥厂进行大规模改造，以改善化肥行业的技术状况，满足不断增长的化肥需求。其中，包括山东鲁南化肥厂的技改和陕西渭河化肥厂的新建，现代气流床煤气化技术也来到了中国。就这样，继鲁南、渭河项目之后，现代气流床煤气化技术被更多的合成氨以及化工产品项目采用。到 1997 年，尿素在中国化肥产量中的占比已经增长到 50％，达到 2017 年的 63％（温情，2018）。不容忽视的是，在这些项目的设计、工程、设备制作和国产化以及接下来的开工、长期操作的过程中，当年"四三方案"的消化和吸收的最终目标也终于得以实现，使得现代气流床气化技术不仅在中国得到充分利用，而是为中国现代煤化工、化学工业乃至石油化学工业的长足发展奠定了扎实的基础，还使得煤气化技术、工艺、操作维护以及相关的系统、公用工程得到了发展，为世界目前面临的向低碳乃至氢能源转换提供了一个可靠、有效的工具。

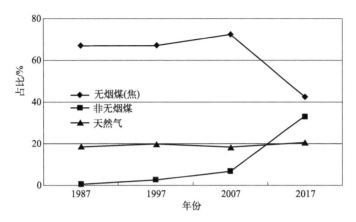

图 13-5　中国合成氨产能的原料结构变化（温倩，2018）

　　2017 年，中国氮肥的年总产量按含氮计达到了 3800 万吨。以无烟煤为原料的固定床煤气化技术生产合成氨用氢气的产能占比从 30 年前的 67％降至 42％，以天然气为原料的合成氨产能占比基本保持稳定，而以非无烟煤（重油、烟煤和次烟煤等）为原料的合成氨产能占比则大幅增至 33％，改变了长期以来合成氨生产对无烟煤过度依赖的状况（图 13-5）。值得一提的是，合成氨生产原料的煤气化技术，尤其是现代煤气化技术使得中国储量丰富的烟煤和次烟煤资源得到有效的利用。继鲁南化肥厂（现隶属于山东兖矿能源集团）首先成功利用德士古水煤浆煤气化技术于 1993 年将当地的北宿煤转化为氢气生产出合成氨之后，上海焦化厂（现隶属于上海华谊集团）于 1995 年也成功地利用德士古煤气化技术生产出城市煤气，并入上海的城市煤气管网；随后，陕西渭河化肥厂（现隶属于陕煤能源集团）在接下来的几年内利用气流床水煤浆煤气化技术成功地将一个全新的 30 万吨合成氨厂投入商业化运行，生产 52 万吨尿素。这几个厂的成功运行为后来水煤浆气流床煤气化技术成为中国煤气化市场的主流技术奠定了基础，也证明了这是一个适合中国国情的先进技术。接下来，在 20 世纪 90 年代"油改煤"的政策指导下得到了大规模的应用，逐渐改变了中国氮肥行业过度依赖无烟煤的状况，基本形成了"三足鼎立"的原料结构格局。

　　到 2000 年，中国的氮肥产量已经完全实现了自给自足，为粮食生产提供了充分的安全保障。这不仅为"四三方案"画上了一个完美的句号，也为煤气化技术在中国的进一步发展提供了一个良好的基础。

三、需求乃创新之母

　　2001 年加入 WTO 给中国的经济发展带来了新的动力。面临继续增长的巨大的化肥市场以及随之而来的化工产品市场的潜在需求，德士古水煤浆气流床气化技术在中国得到了进一步应用，服务于更多的合成氨项目以及新兴的化工产品项目。紧接着，国内开发的煤气化技术以及壳牌干法煤气化技术也陆续投入了市场，并不断地得到发展。要满足中国这样一个潜在的、巨大的合成气市场，又要面对中国如此大量、不同、多样的煤炭种类，引进的国外技术"水土不服"时有发生，也不足为奇。比如，德士古水煤浆煤气化技术在渭河项目中摸索到的合适的煤种以及与之相适应的气化操作条件的选择的重要性，壳牌干法煤气化在洞庭合成氨项目期间通过排除故障来寻找问题根源的经验教训，为后来的煤气化以及相关技术的发展和创新提供了宝贵的信息。壳牌干法煤气化技术在克服了一系列技术难题后，与德士古煤气化技术为代表的湿法煤气化技术，成为主导煤气化市场的两大主流煤气化技术，继续服务于巨大的中国煤气化市场。

从技术创新的角度来看，失败与教训是走向成功的必经之路；从失败与教训中吸取经验教训、继续不断地创新是必要的。另外，煤气化技术创新的必要性在于：由于煤炭的多样性，还没有一种气化技术能够适合所有的煤炭种类；煤气化技术的选择需要针对所实施项目的具体条件，如原料煤、产品、下游的工艺条件以及环境排放要求等而选定；更重要的是，煤气化技术工艺是一个较为复杂的工艺体系，没有一种气化技术是完美的，这在某种程度上也激发了不断创新、改进的动力，以更有效地开发中国巨大的煤气化市场。随着更多的煤气化技术逐渐加入煤气化市场，采用气流床煤气化技术的大型合成氨项目大幅增加，导致了如图13-4所示的从2007年到2017年的十年间中国合成氨生产原料的大幅度改变，降低了对无烟煤的过度依赖。因此，合成氨化肥市场的健康发展，为解决中国十四亿多人口的温饱问题消除了后顾之忧。

在过去的二十多年里，国内气流床煤气化技术的发展与进步主要围绕着湿法和干法两种主流的煤气化技术，具体体现在气化炉规模的大型化、提高气化效率、降低气化炉造价和维护成本以及提高煤气化系统的可靠性等。从商业化运用角度而言，国内煤气化技术的发展有几个显著的特点（表13-3）。首先，持续了多年的湿法和干法两种主流煤气化技术的发展，但是干法煤气化技术似乎近十年的商业化利用有快速上升的趋势。现有的气化技术都采用了物料以及生成的合成气、熔融的灰渣下流式气化炉设计，而放弃了与气化炉集成的热回收废锅式设计，包括辐射废锅和火管式废锅；这样做的直接效果是有效地降低了气化炉的造价，同时还改善了气化炉的操作可靠性。气化炉内保护层的设计则交叉发展，有的湿法气化炉并未局限于使用耐火材料的设计，转而采用水冷壁设计；而有的干法气化炉却采用耐火材料设计，其结果是不同设计的气化炉必须按照各自的一套操作规程来严格执行气化炉的停开车。除了对撞式多喷嘴气化炉以外，绝大多数技术，不论湿法还是干法，都选择了单一喷嘴煤进料的方式。相对而言，单一喷嘴的进料系统要比多喷嘴系统简单，二者的适用情况取决于许多因素，诸如项目的规模、设备的备用以及相关的系统可靠性考虑等。对于新建项目，一般来说，当项目的规模大于100万吨合成氨或同等规模的合成气时，多喷嘴的潜在优势会更突出。不过，值得注意的是，目前已经商业化规模利用的气流床煤气化技术的主要差异还主要体现在湿法和干法气化之间，湿法煤气化产生的是一种富氢的合成气，而干法气化则是富一氧化碳的合成气。当然，除此之外还有合成气压力和温度的差异，这些在气流床煤气化技术的比较上都很有必要。

表 13-3　气流床煤气化技术在中国的发展

气化炉/设计特征	气化炉进料方式			气化炉保护设计	合成气冷却方式			合成气特征
	湿式/干式进料	单喷嘴/多喷嘴进料	上行/下行流动	耐火材料/水冷壁	激冷式冷却	辐射废锅式冷却	废锅冷却	
德士古激冷式气化炉	湿式	单喷嘴	下行流动	耐火材料	√			富氢
壳牌气化炉	干式	多喷嘴	上行流动	水冷壁			√	富一氧化碳
德士古辐射废锅气化炉	湿式	单喷嘴	下行流动	耐火材料		√		富氢
对撞式多喷嘴气化炉	湿式	多喷嘴	下行流动	耐火材料	√			富氢
航天气化炉	干式	单喷嘴	下行流动	水冷壁	√			富一氧化碳
东方气化炉	干式	单喷嘴	下行流动	耐火材料	√			富一氧化碳
晋华气化炉	湿式	单喷嘴	下行流动	水冷壁	√			富氢
神宁气化炉	干式	单喷嘴	下行流动	水冷壁	√			富一氧化碳

就这样，2000年以来各种气流床煤气化技术在中国市场大规模部署，不仅为气化技术早日成熟提供了机会，也为整个气化行业建立了一个有价值的生态系统。从技术供应商、煤种的评估、气化技术的选择、工程设计、设备制造和相关的物流和建设，再到围绕气化设施的调试、开车、运行和维护的服务，所有这些都被证明对于气化项目的开发是非常重要的（Zhuang，2015）。通过这些众多项目的运行又积累了广泛的不同种类原料煤的操作运行经验，又为新的煤化工项目提供了大量的第一手数据，使煤化工项目的立项、相关技术的选择以及技术经济性分析都变得有据可循，大大降低了项目的风险。这样的生态系统使交钥匙工程业务模式重回正轨，许多工程公司不再犹豫是否要接受交钥匙的EPC合同。许多公司和开发商也愿意采用开发、建设、拥有和运营气化岛的商业模式向下游的不同用户销售合成气。煤气化技术在中国巨大的煤气化市场中又向前迈进了一大步，并趋于成熟，但并非没有限制。

从技术创新和商业化角度而言，一方面通过众多煤化工以及IGCC项目的长期运作，积累了丰富的运行经验和更新的数据，但另一方面也会有新的问题不断暴露出来，加之能源市场以及法律法规随时间的变化而带来的新挑战，煤气化技术以及相关工艺也会利用积累的丰富经验和数据在数据化的新时代进行不断的自我修复和改造创新，以适应新的商业环境和市场需求。这样，就使煤气化技术进入了一个可持续的健康的生态环境。所有这些第一手资料以及长期积累的丰富经验和数据都被证明是煤气化技术项目得以生存、进步和成长的无价之宝。即使在今天，由于气化技术及其相关过程的复杂性以及煤作为原料的高度非均相性，先进的煤气化技术仍然存在许多未知和挑战。小克莱格在 1841 年所阐述的关于煤制气的必要实践和所需技能的说法至今仍然可借鉴（Samuel Clegg，1841）。

"例如，干馏器必须以适当的方式设置，以便用最少的燃料就能充分加热，并且不会过热；必须仔细观察干馏器，以免（干馏器）内部积碳超过绝对不可避免的程度，也以免干馏器在预定时间之前（将这些积碳）烧掉。这些细节只能通过实践来掌握；它们会随着不同品质的煤而变化，并受到干馏器本身的大小和形状的影响。此外，还需要丰富的经验来确定冷凝器、净化器等装置最经济的布置，并根据需求调节气体量。"

第十四章
寄语于未来

回顾走过了漫长旅程的煤气化技术的发展历史，不仅为整个 19 世纪及其随后的工业革命提供了一个全新的视角，而且还可以为技术创新和为世界能源的未来寻找可行的出路提供需要的灵感。回想起来，煤气化首先点亮了早期的工业革命，即所谓的第一次工业革命，是现代人类文明发展的一个重要里程碑，然后促成了引发第二次工业革命的几项关键技术。这些技术，相关工艺和产品深深地影响了工业革命的进程和程度，使其经久不衰，遍及人类社会经济活动的每个角落。这种影响至今仍在继续。然而，在工业和经济快速发展的同时，人类活动迄今对大自然造成的日积月累的变化和影响，导致了今天关于气候变化以及对全球生态系统生物多样性带来的损害和损失的问题。为了寻找可行的解决方案来对抗日益极端和不可预测的气候变化，氢气似乎成为一种有吸引力的能源，被披上了不同的颜色，作为应对气候变化的可行解决方案的一部分。煤气化似乎又遇上了一次很大的机会来发挥其特有的影响和作用，毕竟，煤气化过程也是迄今为止最大且可行的氢气来源之一。至少，这将为我们提供充足的时间，来开发必要的过渡到零排放的清洁能源组合方案。

在过去的 230 年里，煤炭气化技术的发明与发展与工业化革命的进程密切相关，为工业革命注入了强大的生命力，从而使工业革命进行得更加广泛和彻底。与此同时，煤气化技术自身也不断地改进，必要时进行彻底的自我改造来满足不断变化的市场需求。把握和了解煤气化所经历的种种转变以及它如何影响工业革命的进程，可以从不同角度来研究煤气化自身发展的几个重要方面，从而进一步发现创新的本质和过程。这一切都始于 1792 年，当时默多克在他位于英格兰雷德鲁斯的后院里用装满煤的水壶煮出煤气，并将煤气引入他的房子里点燃。一种新的照明光源诞生了，它提供的光不仅比蜡烛或油灯更明亮、更便宜，而且当时有大量可用的煤炭，有源源不断的供应。就这样，煤气照明通过将白昼延长到漆黑的夜晚，立即成为工业革命早期最具吸引力的工具之一；不仅提高了工业革命的生产力，还使公共街道更安全，也将白天的公共娱乐活动延长到夜晚，使得工业革命变得更加丰富多彩。

虽然默多克开创性地将煤气用于照明很重要，但是采用什么样的商业模式能够将这一崭新的技术快速普及到大众生活当中也同等重要。温莎开创的公共事业模式让默多克的煤气照明工具得以及时、快速地商业化。他认为发展煤气生产中心站，然后通过管道系统将煤气输送到城镇及周围的所有用户，会更有效、方便。事实也证明如此，通过几年的不懈努力，比如 1807 年在伦敦的 Paul Mall 街头安装了数盏煤气灯以向公众展示他的煤气照明，温莎终于克服了最初的各种障碍，在 1910 年从英国议会获得了所需的许可证，并在三年内将他的第一座煤气厂在伦敦的彼得街投入使用。紧随其后，在 1813 年 9 月投入使用，并在 3 个月后的新年前夜，伦敦人首先亲眼目睹了煤气灯照亮的威斯敏斯特大桥。很快，煤制气就扩展到英格兰内外的许多城市、城镇和村庄，并在接下来的一个世纪进入了快速增长期，遍及大部分经济活动所能及的大街小巷。然后，煤炭气化的第二个重要里程碑到来了。在19世纪中叶，当时不断增长的铁路运输业务需要更好的材料来制造铁轨，以延长铁轨的使用寿命。当时的炼钢技术受到燃煤炉技术的限制，而无法将熔炉温提高到足够高的温度以生产钢铁。西门子兄弟在19世纪60年代发明了平炉，将炉温提高到足以使生铁完全熔化，从而炼出更好的钢材。与当时已经工业化的贝塞默法相比，平炉法可以直接大量地加工生铁和废金属，因此可以以低得多的价格向市场提供大量的钢材。重要的是，帮助他们兄弟二人做到这一点的是采用煤气发生炉生产的燃料气，并利用炼钢炉排出的热废气在他们发明的蓄热装置中同时加热燃料气和鼓风。这样，当预热的燃料气与热空气在熔炉里燃烧时就会释放更多的能量来进一步提高炉内的温度，将其升至足够高。从那时起，平炉工艺就一直用于炼钢的工业实践中。同时，西门子兄弟发明的蓄热炉还让煤气发生炉焕发新生，不仅有效地改善了传统的煤制气工艺的操作运行，还节省了大量的燃煤消耗，同时还打开了一个全新的领域，使煤制气进入了加热工业过程的新市场。就这样，第二次工业革命的序幕也被慢慢拉开。

随着照明用煤气业务的持续快速增长，传统的煤气也渗透到家庭用于烹调和取暖。当市场趋于饱和的时候，来自煤制气行业内外的竞争迫使业主和煤气厂寻求更好的新技术，来改善他们各自的煤制气成本效益。在这寻求变革的时代，有许多传统煤制气厂难免成为牺牲品，或被吞并，或自生自灭。这时，当低热值的发生炉煤气作为燃料气在冶金、玻璃制造、煅烧等行业的加热工艺中得到广泛应用的时候，盛行了半个多世纪的煤干馏制气工艺也开始面临困境，寻求替代传统照明煤气的新技术也就成为必然。这时，一个全新的煤气化生产照明煤气技术将引领第二次工业革命的技术创新带到了北美，它是一位经验丰富的美国航空员和发明家洛邑，在19世纪70年代初发明了水煤气技术。在内战之前和之初，洛邑曾多次利用传统的煤气充满气球将自己送到高空进行探险飞行，或为北方军进行空中侦察提供及时的战地情报。战后，洛邑投入了技术创新行业，运用当时的科学发现发明了制冰机和水煤气炉等。洛邑发明的水煤气技术是煤气化发展进程的又一个重要的里程碑，它不仅为当时提供了急需的大量照明用煤气和燃料气，还为近半个世纪后到来的合成化学工业提供了必要的原料气。从原理上讲，水煤气技术同西门子采用的煤气发生炉没有大的不同。但是，洛邑将煤气发生炉做了有限而巧妙的改动后，煤气发生炉生产出了截然不同的、高热值、高质量的合成气。洛邑将他的水煤气炉采用锻铁材料，设计为内衬耐火材料的圆柱形容器，然后改变了气化炉的操作方式，通过交替鼓风和蒸汽运行的循环，洛邑实质上赋予了煤气发生炉更多的功能性：它在鼓风循环中是煤气发生炉，但在蒸汽运行循环中是水煤气炉，用于生产水煤气，一种全新的可燃煤气。洛邑将发生炉煤气用于产生蒸汽和预热鼓风空气，作为产品气的水煤气是富含氢气和一氧化碳的优质合成气，成为合成化学的重要原料。为了制造照明气体，洛邑将原油蒸馏留下的石脑油或轻油注入热的水煤气中后，再通过一个高温容器时，注入的石脑油或轻油进一步裂解并固定在水煤气中，成为雾化水煤气。雾化水煤气是含有足够烯烃化合物的优质照明气体，热值为 550Btu 每立方英尺或更高。当然，雾化水煤气的实现借助了当时美国东部大量原油的生产，彻底改变了北美用于照明用煤气的制造，因此显著地拓展和延长了煤气灯照明的时代。几十年后，当催化化学合成工业出现时，又发现了水煤气的巨大价值。煤的连续完全气化技术也由此诞生了。另外，雾化水煤气的出现也开启了煤炭与石油在接下来的时日里在能源化工市场中的不即不离、时而相辅相成、时而此消彼长的关系。

那么煤制气技术的发展在接下来的一段时间里并不以新的发明或发现为主，而是以现有技术的改善和与传统煤制气的结合在工业应用中相互促进的方式来改善传统煤制气的运行效果。从 1880 年开始，英国的煤气厂开始通过将西门子兄弟发明的与蓄热器集成的煤气发生炉装置应用到煤气厂来提高其效率和运营效果。1889 年以前，水煤气和雾化水煤气工艺的应用一直在北美市场。然后，当洛邑的水煤气工艺（这时由 UGI 所有）被引入伦敦的贝克顿煤气厂后，有效地缓解、补充了高峰时段的煤气需求；其他煤气厂也紧随其后。然后，煤制气的状况又稳定下来基本保持不变，直到 20 世纪初立式干馏炉的出现。在燃料气制造方面，煤气发生炉和水煤气炉的气化操作通常避免使用烟煤，因为烟煤的黏结性会妨碍发生炉内的稳定运行。然而，蒙德成功地使烟煤成为煤气发生炉气化的原料。现在我们都知道，蒙德是在不经意间进入了煤气化领域；他的初衷只是利用发生炉内提供的环境固定空气中的氮气来生产氨气，为索尔维苏打工艺提供作为催化剂的氨气。结果证明这是错误的，固定在氨中的是煤氮而不是空气氮。考虑到当地大量的烟煤很高的氮含量，蒙德还是沿着这条路走了下去，并研制出最大的气化炉，成功地处理具有黏结性的烟煤。当然，蒙德成功背后的驱动力是他从大约 28 吨煤中回收一吨硫酸铵以及当时需求强劲的化肥市场。在此过程中，蒙德也成为定量研究煤氮及其行为，并利用它生产备受追捧的肥料的先驱。1891年，蒙德又在英格兰伯明翰附近的南斯塔福德都开发了第一个最大的工业燃气网络。除了生产化肥以外，大量廉价的蒙德燃气也成为大型燃气发动机市场（包括用于发电的市场）中颇具竞争力的佼佼者。发生炉煤气已经深入到了许多行业的各个角落。煤炭气化也成为蒙德工作的一部分。

第一次世界大战之前，煤气一般被用作燃料气体，例如用于房屋取暖和烹任、过程加热、玻璃制造和燃气发动机等。当德国的巴斯夫公司开发出合成氨工艺的时候，这种情况开始发生变化。加之其1923年合成甲醇催化剂的成功运用和30年代中期加氢工艺的工业化发展以及同时出现的费-托合成技术的商业化，都需要一种富含氢气和一氧化碳的煤气，即合成气。水煤气便成了理所当然的选择，洛邑发明的水煤气炉又有了新价值，当与巴斯夫开发的催化水煤气变换工艺相结合后，成为化学合成工业不可或缺的工艺，直到第二次世界大战结束。水煤气为德国提供了生产合成液体燃料以维持战争所需的大部分合成气。就煤气化技术而言，水煤气发生炉在采用合适的原料时工作良好，但在处理低等级煤、灰熔化温度过低或水分含量高的原料煤时会有许多技术问题。但是由于战争对液体燃料的需求，对于这些种类的煤的气化，还需找到合适的气化技术。在20年代中期和第二次世界大战爆发之间，德国的合成油工厂又进行了广泛的创新。像埃贝尔曼的熔渣气化炉等旧发明又被翻出来用于满足新的需求，由此开发的沃斯熔渣气化炉用于消化从洛伊纳厂水煤气发生炉排放的含50％碳的煤灰；还有，将立式干馏炉与水煤气炉集成的立式水煤气发生炉用来处理低阶煤，再采用蓄热器提供水煤气反应最需要的热量。像集成的K-S水煤气发生炉、集成的P-H水煤气发生炉和D-B水煤气工艺就是这种创新的例子。另外，利用全新的原理发明的气化技术，比如为处理煤粉或焦粉而设计的流化床温克勒气化炉，以含水量高的低阶煤为气化原料的气流床史迈尔菲尔德水煤气发生炉，等等，也加入煤气化技术的行列。虽然这些集成的多功能工艺每一个都有其自身的优点和缺点，各自取得的成功程度也不同，但似乎所有工艺都投入了工业化运营，用于生产下游液体燃料所需的合成气。这些特殊过程变得如此复杂的原因之一是传热过程的实现，以提供高强度的热量来维持吸热的水煤气反应（表10-1中反应4～6），从而为下游的合成工艺生产高质量的合成气。

　　用于生产合成气的气化炉内部有效热的产生以及空气分离技术的建立使煤气化又向前迈进了一大步，包括温克勒气化炉、沃斯熔渣气化炉和鲁奇气化炉在内的气化炉都可以使用氧气作为氧化剂，可以连续生产所需质量的合成气。从技术角度而言，氧气的利用实质上是将煤气发生炉和水煤气炉这两个既相似而又不同的气化技术合二为一的关键。战争结束时，有关这些复杂而又多样的煤气化技术、流程和工厂运营的大量信息已被盟军调查团收集，并成为后来煤气化技术发展的宝贵资料。

　　第二次世界大战后能源市场的转变几乎将德国昂贵的合成液体燃料设施置之不顾。除了全球对氨的持续需求外，围绕煤气化的活动已经变得很低迷。由于合成氨的需求，气化技术例如UGI水煤气炉、温克勒气化炉以及鲁奇炉在世界各地还有一些应用建造。与此同时，美国等少数国家和一些私营公司对煤气化和合成液体燃料采取了战略性开发的方针。围绕什么样的气化技术更适合未来的需求，开发工作似乎集中在史迈尔菲尔德博士在第二次世界大战前开发的气流床气化原理上。战后开发的几种不同气化炉设计之间的差异主要体现在几个关键参数：煤粉进料、氧气作为气化剂的气流床气化方式、操作压力和温度等。科帕斯-托茨克气化炉是一个典型的例子，并在 20 世纪 50 年代初期部署用于合成氨的工业生产。煤粉由氧化剂气流输送进入气化炉，该气化炉的工作压力是常压，在高于灰熔点的温度下运行。这是一个庞大的系统，服务于当时的全球合成氨的生产。从过程操作的角度来看，除非提高气化炉系统的操作压力，否则气化将无法利用气体的可压缩性的优势。很清楚，走向加压煤气化最大的障碍是如何设计一种可行的进料方式将煤粉有效地送入加压气化炉中。这里，德士古气化工艺巧妙地做到了这一点，它将煤粉与水混合制作成水煤浆，然后用泵将水煤浆打入加压气化炉中。随后，德士古公司在 20 世纪 70 年代将该技术投入工业示范，并在随后的几十年中成功地率先达到商业化运行和部署。由此，现代煤气化时代慢慢地拉开了序幕，又经历了迄今为止漫长的旅程。回顾过去，现代煤气化迄今所取得的成就，如果没有众多人的热情和独创性以及在这一过程中建立的化学基础知识和大量的实地经验，这一旅程也许不会有今天的结果以及成就。

煤气化作为为数不多的最早的化学反应工艺技术之一，从一开始就与化学密切相关。有关化学的几个基本发现和发展在煤气化技术的发展过程中发挥了重要作用。首先是拉瓦锡对气体状态的认识和燃烧理论的建立。这些全新的认识和理论澄清了那些当时流行的众多令人困惑的"空气"，还揭开了人们对火或燃烧现象神秘面纱，当默多克和温莎将煤气照明带入公众生活的时候，无疑有助于缓解大众心中不必要的恐惧。在此后的半个世纪里，煤制气业务虽然取得了极大的增长，但煤制气技术却停滞不前，与煤气化相关的化学也是如此。的确，19 世纪早期的化学落后于许多其他科学领域，煤制气本身也感受到压力，并努力试图寻找一种新的化学方法来改进自身的工艺，以便不仅能够有效地解决传热问题，而且还要完全、彻底地将原料煤转化为煤气。遗憾的是，在焦耳 19 世纪 40 年代展示了不同形式的能量及其互换性之前，几乎毫无进展。焦耳的工作拨开了笼罩在拉瓦锡化学理论中关于热量的最后一片乌云，并最终引发了 19 世纪 50 年代热力学第一定律的建立。更重要的是，焦耳的演示也澄清了长期以来人们对能量、热、机械运动、电、磁力等概念上的认识和理解；它们只是不同形式的能量而已，而且它们之间可以互换，只不过这种转换的过程会伴随着能量的消耗。化学上的这一突破启发了许多致力于提高蒸汽机或煤燃烧壁炉效率以节省煤炭消耗的工程师。其中包括西门子兄弟，虽然他们在不同的行业工作，但在如何更好地利用热量方面又遵循着相同的原理。当年轻的弗雷德里克发明了用于从热废气烟道中回收热量的蓄热器时，威廉立即意识到了它的价值。自此。他们二人一起工作，在 19 世纪 60 年代发明了平炉工艺，彻底改变了炼钢业，生产了大量廉价的钢材，一种对当时的工业革命进程至关重要的材料。除了蓄热器之外，使他们能够成功的是比绍夫在二十年前发明的煤气发生炉，在新的化学原理下生产发生炉煤气，一种低热值煤气。除了用于生产更多的钢铁之外，很快又发现了发生炉煤气更广泛的工业应用。与传统煤干馏制气不同，煤气发生炉是一种连续作业，利用鼓风通过热煤层，使煤与空气中的氧气完全反应。由于空气中存在大量氮气，所以发生炉煤气的热值非常低。随着科学界许多新的发展和发现，以及煤气发生炉的出现以及广泛采用，对化学又有了新的要求，比如如何解释在发生炉内发生的新化学反应及现象。面对这样的要求，当时流行的道尔顿原子论面临更多的困难。因此，关于阿伏伽德罗于 1811 年提出的分子理论的争论在 19 世纪 60 年代前后重新浮出水面，并开始生根。当范托夫在 19 世纪 70 年代提出支持分子理论的价键理论时，道尔顿原子理论就慢慢地消失，人们对贝泽柳斯的电化二元论的局限性也有了新的认识。化学分子理论的建立似乎在当时为工程师和化学家提供了所需的基本要素来对煤气化反应现象做一个清晰、简单又有逻辑的阐述，并允许进一步剖析发生炉中的化学反应，从而更好地帮助理解气化，并有目的地改进它。毫无疑问，道森在 20 世纪初期的工作受益于这种发展，他对煤气发生炉内部发生的化学现象的描述以及在某些假设下建立的数学模型确实在微观层面上对发生炉内的气化反应首次提供了一个相对清晰的画面，并被许多后来的研发活动所遵循。然而，道森能够建模，化学领域的另一个重要里程碑也不容忽视，它就是焦耳和开尔文爵士在 19 世纪 50 年代共同研究发现的热力学第二定律。他们发现，当气体在不做功的情况下膨胀时，其温度会降低。这一发现引发了低温技术的建立，这在多个方面对于后来的煤气化过程的发展有重要的影响。首先，物理学家、化学家和物理化学家终于能够分离出更多以前不可能分离的气体；有了可用的各种纯气体，他们就能够研究每种气体的热力学性质和反应特性。这些信息对于像道森那样进行热力学分析计算很重要。其次，低温原理还引发了 1900 年左右从空气中分离氧气的空分技术的建立，为几十年后现代煤气化的建立又迈出了一大步，并从此在现代工业中得到广泛应用。随着煤气化的发展，化学已成为其不可分割的一部分。进入脱碳以及氢能时代，煤气化技术特别是先进的气流床气化技术的发展出路在哪？从理论角度而言，也许需要进一步理论突破来开发出能够准确表达煤气化这一复杂化学物理过程的数学模型，来帮助煤气化系统进一步优化和改进。

从工业革命的角度来看，煤气化的重要性是多方面的、深远的。如果说由煤炭的燃烧而产生的蒸汽驱动的蒸汽机开启了工业革命的大门，那么煤气化技术的出现和不断发展则展现了科学发现和技术进步将蒸汽机技术推向了一个更高的层次，加上新的动力技术的出现，使工业革命进行得更加彻底。首先，煤气照明的出现几乎照亮了工业革命以及人类生活的方方面面，极大地改善了公共生活和安全，将白天延长到黑夜，提高了整个经济社会的生产力。煤气照明的这种重要性也持续了一个多世纪，直到第一次世界大战前后煤气照明被电力照明取代。还有，经蓄热器加热的发生炉煤气在随后的燃烧中释放出更多的热量，从而将熔炉温度升高到足以完全熔化生铁。如此强大的热量还可以直接使用废金属作为平炉工艺的原材料，极大地释放了钢材的产能，满足了当时快速发展的火车运输、船只、远洋舰船和建筑钢结构对钢材料的需求。大约在同一时间，比利时发明家勒努瓦成功地将双作用蒸汽机改造成二冲程燃气发动机，朝着近一个世纪前法国人试图建造汽车的梦想迈出了第一步。但是，勒努瓦并没有造车，虽然也尝试过，而是将数百台固定式二冲程发动机卖给了小商店和作坊等为其提供急需的小型机械动力。这是因为煤气是巴黎等许多有分布式煤气的城市中唯一实用、可用且易于获取的气体燃料。奥托在19世纪70年代中期将勒努瓦的二冲程发动机设计改进为四冲程发动机后，燃气发动机变得更加强大和高效，吸引了更多的小商店、作坊和工厂。奥托和他的合作伙伴又卖出了数千台燃气发动机。当1879年道森成功地使用它的小型发生炉煤气带动了奥托燃气发动机的时候，燃气发动机脱离了煤气管网的限制，道森将内燃机市场延伸到有动力需求的任何地方。就这样，燃气发动机提供的机械动力补充了蒸汽机的不足，将机械动力带到了工业生产和商业活动的各个角落，使得工业革命更加彻底，影响也更加久远。不过，这一影响才刚刚开始。

　　不久，奥托的两名工程师戴姆勒和梅巴赫离开了公司，去继续追寻制造法迪尔的梦想。实际上这时制造汽车发动机的条件已经具备，缺的就是找到合适的燃料。终于，他们在1890年成功地利用当时可用的液体燃料——汽油，制造了第一辆有四个轮的法迪尔。很快，这一发明迅速、彻底改变了人们的出行方式。同时，内燃机业务也有了新的发展。当蒙德设计了更大的气化炉，并以更具竞争力的价格向市场提供大量的煤气时，燃气发动机业务进入发展快车道，成为工业革命不可或缺的主要动力。就这样，煤气化的多米诺骨牌效应像滚雪球一样，直到1913年又开辟了新的领域，将水煤气用于新兴的氨合成以及甲醇和液体燃料的合成，从此开辟了一个全新的化学合成工业。煤气已从燃料气或照明的角色转变为合成肥料、化学品和液体燃料的原料，水煤气或合成气又有了新的价值，一直持续到今天。

　　然而，煤气化技术的价值还远远不止在煤的高效清洁利用！

　　根据BP能源统计年报，2022年化石能源（石油、天然气和煤炭）占世界一次能源消费总量的81％，与上一年持平，但比COVID-19开始前的2019年下降了4％。其中，煤炭占全球一次能源消费的27％，与2021年持平，但比两年前下降了1％。在其他核能、水电和可再生能源当中，可再生能源在2022年占总能源消费量的7％。看来与一个世纪以前相比，当今世界的能源消费结构不仅大幅度地减少了对化石能源特别是对煤炭的依赖，而且也变得更加多样化。不过，即便如此，我们的世界作为一个整体仍然依赖煤炭这一宝贵能源的事实还没有实质性的改变，煤炭资源的有效利用依然任重而道远。如果没有高效清洁的煤炭利用技术以及有效的碳减排工具，实现碳的净零排放不可能是一个很短的过程。在当前能源市场变革的大环境下，煤气化技术不仅作为煤炭乃至碳氢化合物的清洁利用的有效工具有其重要的作用，而且也是煤炭以及碳氢化合物作为能源或化工产品的原料的生产利用过程中碳管理与排放的有效工具。从化工工艺角度而言，当煤气从燃料气演变为用于合成工业的水煤气时，脱碳的过程已经发生。在气化炉内和下游催化CO变换器中，部分碳和一氧化碳被水蒸气氧化成为氢气和二氧化碳。根据合成气生产的最终产品，煤中的碳通常会以两种方式存在，要么固定在产品中，要么作为浓缩二氧化碳被释放。以最近的工业煤制甲醇应用为例，被送入气流床气化炉的煤中约三分之一的碳被固定在甲醇产品中，具体取决于下游工艺气的处理过程，约60％的碳作为高达90％浓度的二氧化碳被排放到大气中，还有一小部分未转化的碳进入煤灰以及一些废水系统中。从煤气化的角度来看，浓缩、捕集二氧化碳已经是合成气生产的组成部分，二氧化碳的减排实际上取决于二氧化碳的再利用和可行的封存技术的开发。所以，面对这样的事实，一方面一些正在开发的技术试图从稀薄的大气中捕获大约0.04％的二氧化碳，而另一方面又简单地将众多的气化厂中大量已经浓缩的二氧化碳排放回大气中，这是多么的浪费。与固体废物处理不同，二氧化碳是一个全球性问题，一旦到达大气层，二氧化碳分子很快就会均匀分布到地球的每一个角落。因此，从源头管理以及捕获二氧化碳应该始终是首要的战略考量。当然，近几十年来也有一些积极的发展，例如将二氧化碳注入地下进行碳封存以及开发能将二氧化碳转化为有附加值产品的催化剂。这虽是一个良好的开端，但对于在新的能源大环境下实现净零碳排放的目标还远远不够，煤气化技术还需向高效化改进。

　　简而言之，进入脱碳时代，煤气化的演变可以归结为由煤气制造转向水煤气制造的过程，即如何将水的价值发挥到极致。不同于电解将水分子分解成通常称为绿色能源的氢气，气化环境中的水是通过水蒸气与碳反应生成氢气和一氧化碳，是一个通过热来"分离"水分子的过程。如果一氧化碳再被蒸汽进一步催化氧化，则可释放出更多的氢气。实际上，不论是电解法制氢还是气化法制氢，本质上是相同的，都是利用水的氧化还原反应的不同特性，即电化学性和热力学特性产生的。但无论以哪种方式进行，将水分子分解成氢气和氧气都需要相同的能量。电解是将电能施加于水分子，碳氢化合物（包括煤、其他化石材料和可再生资源）的气化是利用碳氢化合物与氧气的部分氧化反应所提供的热能，将水分子还原为氢气，这是一种内在集成的、有效的化学过程，在当前的能源市场上已经提供了大量具有竞争力的氢气。在分离出氢气的同时，系统内的二氧化碳变成一股高度浓缩的物流，在经过进一步的工艺处理包括去除硫化氢后，排放到大气中。俗话说"水火不相容"，这既来自人类由来已久的生活常识，也反映在东西方古老的哲学理念里。然而，打个也许不恰当的比方，煤气化技术就是想方设法在一个有限的空间里创造一个特殊的环境，让水和火既能共生、又能相互支撑和融入，从而更加有效地制造有价值的氢气。从本质上讲，气化就是有效地利用火，即碳氧之间的反应产生的热量，提供将水转化为氢气和一氧化碳所需的能量。在特定的条件下，转化的水越多，气化就越有效，从而减少制造氢气的碳足迹。毫无疑问，面对氢经济的新时代，气化技术仍然是一个有价值和极大潜力的工具，值得进一步发掘。过去230年积累的科学、化学、人类工程学和操作经验一定有助于水煤气或氢气的生产更加有效和高效。

回过头来看，水与煤气、水煤气、合成气的产生有着千丝万缕的关系。在煤制气的早期，煤中挥发性物质分解产生的水在干馏器中没有被利用，最终变成含有许多杂质的液体而需要额外的设备和资金进行处理。然后，为了利用从干馏器操作中排出的炽热焦炭的大量的热，工程师和发明家试图通过将水喷淋到炽热的焦炭中生产更多的煤气，但结果却发现这些努力杯水车薪。当西门子兄弟于1865年利用煤气发生炉发明了平炉工艺时，他们在煤气发生炉的炉排正下方放置了一个水槽，主要目的是从周围的热灰中吸取热量来保护炉排。但从水槽中自然蒸发的蒸汽在发生炉和蓄热器中与碳反应，产生一些意想不到的"好处"，释放出额外的易燃气体，这对于后续燃烧达到炼钢所需的高温非常有价值。还有，为了开拓内燃机市场，道森于1879年采用过热蒸汽不仅为他的小型煤气发生炉提供正压力，水蒸气还在煤气发生炉内参与气化反应生产优质的发生炉煤气作为小型发动机的燃料，极大地扩大了内燃机市场。在此基础上，蒙德又进一步使内燃机走向大型化，蒙德发生炉生产出大量廉价的燃料气来驱动更大的燃气发动机，这种情况一直持续到20世纪初。虽然进入燃气发动机行业对于蒙德来说可能是一个意外，他的初衷只是为了用空气中的氮来制造氨气，但结果是蒙德开发了当时最大的气化炉，在高的蒸汽条件下运行，从煤中"提取"微量的煤氮来生产化肥。蒸汽则是通过发生炉煤气出口处的热交换器产生。如此高蒸汽条件下的气化创造了一个新的环境，从而实现了每吨原料煤能够生产约70～90磅硫酸铵；如此少量的肥料，却贡献了超过10%的销售收入。由于使用空气作为鼓风，发生炉煤气通常含有约50％的氮气，这在某种程度上限制了煤气的利用。回到19世纪70年代的美国，内战老兵洛邑发明了一项简单而又巧妙的方法，他能够生产出一种仅含有少量氮气的高质量水煤气或合成气。让洛邑成功的根本原因是他解决了长期以来气化炉内有效供热以支持高度吸热的碳与蒸汽反应的难题。洛邑的做法其实很简单，他将煤气发生炉的操作分为两个循环，即空气鼓风循环和蒸汽运行循环。这样，可以在借助鼓风循环过程产生的热量将炉内的床层加热，然后在蒸汽运行循环中生产高质量的水煤气，主要是氢气和一氧化碳。水煤气在后一个世纪使哈伯-博世工艺成为工业现实。从制氢的角度出发，同样重要的是巴斯夫发明的CO催化转化工艺，它使水煤气成为德国第二次世界大战的战前和期间不可或缺的原料。这样的例子不胜枚举，但没有水就会变"干"。

从创新的角度而言，煤气化的发展过程充满创新的经验和案例；每个煤气化工艺的开发和工业化的案例都讲述了一个关于激情、好奇心、独创性、毅力、智慧和工业化思维的独特组合的创新故事；这些要素对于将想法变成工业化现实的创新过程都至关重要。快进到20世纪50年代，在那个创新似乎已经制度化的时代，科帕斯-托茨克熔渣式粉煤气化工艺将史迈尔菲尔德博士创造的粉煤气化工艺又向前推进了一步，极大地推动了合成氨工业的发展。最后，围绕着如何将压力条件引入熔渣式粉煤气化工艺的难关，德士古公司利用其作为一家石油公司的DNA解决了这一难题，他们使用水将固体煤粉变成液体，将其泵入加压气流床熔渣气化炉，从而使现代气化技术得以建立；该技术在中国得到了进一步发展，将每台气化炉的容量提高到处理3000吨煤的水平。由此产生的规模经济以及额外的进步极大地提高了气流床气化炉的竞争力。

展望未来，人类经济活动似乎将继续保持上升趋势，这将需要更多的能源来保证不断增长的经济活动。同时，为了应对气候变化对我们生态系统生物多样性影响的潜在不确定性，考虑到当前对化石能源依赖的现实，气化技术不论是在化石能源的高效利用，还是未来能源市场碳排放管理方面，仍不失为成熟、有效以及有潜力的技术之一。至少，它为人类社会过渡到零碳排放的未来提供了时间。考虑到气化技术几乎在工业革命的每一个转折点都能够自我改造或再造，变得更有弹性和效率，气化从"水火不相容"到"水火相容"的再一次蜕变是可以预见的。与此同时，面对作为一门半经验科学的现实，它的研发、创新还需要继续，在氢气的高效生产工艺上再进一步。从根本上说，氢和氧在250年前帮助拉瓦锡破译了燃素理论背后的密码，并建立了煤气化所基于的化学，这似乎对今天的创新仍然很有启发性。不过这一次，要在气候变化的大环境下再创新，寻找新的工业解决方案，也许氢、氧和碳这三种元素在化学领域的更多突破引领将我们在科学技术发展上实现又一次新的飞跃；使这三种元素不仅可以共存，而且可以使水煤气的生产更有效、高效。这也将有助于与其他可再生技术一起建立可持续的绿色未来。还有，如果注意一下可再生能源（风能和太阳能）与煤气化之间的潜在协同作用，似乎也存在有待开发的更多的潜力来进一步减少制造不论是灰氢、蓝氢，还是绿氢的碳足迹。

那么，实现未来净零碳排放或零碳排放的可能性有多大？路还有多长？答案可能是我们在尝试之前永远不知道。然而，面对这样一个毋庸置疑的事实，那就是全球经济的持续增长在相当长的一段时间还离不开对化石燃料的依赖；许多国家特别是一些缺乏石油和天然气的发展中国家尤其如此，化石燃料还会继续为经济的发展提供不断持续增长的动力，煤气化技术还将存在并需进一步更新。对于气化来说，已经走过的是一段漫长的旅程，一段充满努力、奋斗、机遇、创新、兴奋和回报的旅程；摆在面前的也不太可能是一个短暂的、平坦的征途。230 年后的今天，科学和技术的进步已今非昔比：燃料电池的商业化应用，风能、太阳能技术的大幅度提高，蓄能电池技术的不断改善，高分辨率电子显微镜的广泛使用以及人工智能的出现等都给今天人类社会面临的能源转型带来充分的希望，希望这一征途中也会充满惊喜，气化技术的进一步发展也会再助一臂之力。

参考文献

Abel, C. (1884). *Patent No.* 1464 [P]. England.

Accum, F. (1815). *A Practical Treatise for Gas-Light* [M]. London.

Accum, F. (1819). *Description of the Process for Manufacturing Coal Gas* [M]. London.

Allen, H. (1908). *Modern Power Gas Producer Practice and Applications* [M]. New York: D. van Nostrand Co.

Allied Investigation Mission, W. (1945). *Report on Investigations by Fuels and Lubricants Teams at the I. G. Farbenindustrie A. G. Works at Leuna* [R].

Alpert, S. (1986). *IGCC Phased Construction for Flexible Growth* [J]. EPRI Journal, 11: 4-12.

America, T. A. (1907). *Navigating the Air* [M]. New York: Doubleday, Page and Company.

Anastai, J. (1980). *SASOL: South Africa's Oil from Coal Story* [R]. Washington DC: US EPA.

Auge, M. (1879). *Biographical Notes of Prominent Living Citizens* [M]. Norristown, PA: By the Author.

Barraclough, K. C. (1986). *The Development of the Early Steel Making Process* [D]. Sheffield: Ph. D. Thesis, the University of Sheffield.

Binder, F. M. (n. d.). *Pennsylvania Coal: An Historical Study of Its Utilization to* 1860 [R]. Philadelphia: University of Pennsylvania.

Brock, W. H. (1993). *The Norton History of Chemistry* [M]. New York, London: W. W. Norton & Company, Inc.

Childitch, T. H. (1929). *Catalytic Processes in Applied Chemistry* [M]. New York: D. van Nostrand Co.

Clement, D. (1983). *Historic American Engineering Record, Philadelphia Gas Works* [R]. Washington, DC: National Park Service, US Department of Interior.

Clusen, R. (1980). *Final Environmental Impact Statement-Great Plains Gasification Project* [R]. Washington DC: USDOE.

Co., R. W. (1903). Mond Gas [R]. Philadelphia: R. D. Wood & Co.

Coal Gasification. (n. d.). Retrieved from https://en. wikipedia. org/wiki/Coal_gasification

Coffey, G. (1982). *Coal Slurry Pipelines: the ESTI Project* [JR]. International Right of Way Association: 11-16.

Committee, N. R. (1945). *Chemistry of Coal Utilization* [M]. New York: John, Wiley & Sons, Inc.

Corp, R. (1983). *Environmental Characterization of the Texaco Coal Gasification at Oberhausen* [R]. Palo Alto, CA: EPRI.

Corp, R. (1990). *Cool Water Coal Gasification Program: Final Report* [R]. Palo Alto, California: EPRI.

Corp, T. B. (1980). *Coal Gasification Systems Engineering and Analysis* [M]. Huntsville, Alabama: NASA.

Corp, T. S. (1980). *Coal Gasification Systems Engineering Analysis Final Report* [R]. Huntsville,

Alabama: The SDM Corp.

Corp, R. (1983). *Environmental Characterization of the Texaco Coal Gasification Process at the Ruhrkohle/Ruhrchemie in Oberhausen-Holten*, *FDG* [R]. Palo Alto, California: EPRI.

Cowper, E. A. (1860). *On Some Regenerative Hot-Blast Stoves Working at a Temperature of* 1300 *Fahrenheit. Proceedings of Institution of Mechanical Engineers* [R]. London: Institution of Mechanical Engineers: 54.

Crookers, W. (1870). *Practical Treatise on Metallurgy* [M]. London: Longman, Green and Co. , London.

Crrokes, W. (1870). *A Practical Treatise on Metallurgy* [M]. London: Longmans, Green and Co.

Dierschke, A. (1955). *Development of the Coke Oven Industry* [R]. Tokyo: The Fuel Society of Japan.

DOE, U. (2006). *Practical Experience Gained during the 1st twenty years of operation of the GPGP* [R]. Washington DC: USDOE.

Donnan, F. G. (1939). *Ludwig Mond , F. R. S. ;* 1839-1909 [R]. London: Institute of Chemistry of Great Britain and Ireland.

Dowson, J. E. (1907). *Producer Gas* [M]. 2nd Edition. New York: Longman, Green, and Co.

Dowson, J. E. (1920). *Producer Gas* [M]. 4th Edition. London: Longman, Green and Co.

Dresser, C. (1877-1878). London Gas Works. Proceedings of American Gas Association (p. 162). American GasAssosiation.

Dry, M. (1987). *Update of the Sasol Synfuels Progress* [J]. Am. Rev. Energy, 12: 1-21.

Encyclopedia, K. -O. (2019). *History of Ammonia Plants and Technology* [M]. New York, London: John Wiley & Son.

Europe, U. N. (1945). *Tech Report No. 87-45, The Wesseling SynFuel Plant* [R]. New Yort: US Naval Technical Mission in Europe.

Evans, C. M. (2002). *War of the Aeronauts-A History of Ballooning in the Civil War* [M]. Mechanicsburg: Stackpole Books.

French Aerostatic Corps. (n. d.). Retrieved from Wikipedia: https://en. m. wikipedia. org/wiki/French _ Aerostatic _ Corps

From Alchemy to Chemistry. (2000). Retrieved Aug 2022, from University of Illinois at Urbana-Champaign: http://rbx-exhibit2000. scs. illinois. edu/cannizzaro. htm

Fuel&Power, M. O. (1947). *Report on the Petroleum and Synthetic Oil Industry of Germany* [R]. London: the Ministry of Fuel and Power.

Gas Making Technology. (2022). Retrieved Mar 1, 2022, from Chronicles of Shanghai Sciences & Technology: http://61. 129. 65. 112/dfz _ web/DFZ/DulanMu? idnode= 4454&tableName=userobject1a&id=-1

Gasification, D. (n. d.). *About Us* [EB/OL]. Retrieved Feb 2023, from Dakota Gasification Company: https://www. dakotagas. com/about-us/index

German Culture [EB/OL]. Retrieved Nov. 2022, from Carl von Linde Who Gave the World the Refrigerator: https://germanculture. com. ua/famous-germans/carl-von-linde-who-gave-the-world-the-refrigerator/

Guide, G. (n. d.). *Gas Light and Coke Co* [EB/OL]. Retrieved March 2022, from Grace's Guide to British Industrial History: https://www. gracesguide. co. uk/Gas _ Light _ and _ Coke _ Co

Guide, G. (n. d.). *Joseph E. Dowson* [EB/OL]. Retrieved from Grace's Guide to British Industrial History: https://www. gracesguide. co. uk/Joseph _ Emerson _ Dowson

Hales, S. (1726). *Vegetable Staticks* [M]. London.

Hall, C. (1945). *Plant of Klocknerwerke, AG-Castrop-Rauxel, Germany* [R]. Washington DC: Office of Publication Board, Department of Commerce.

Haydon, F. S. (2000). *Military Ballooning during the Early Civil War* [M]. Baltimore and London: The John Hopkins University Press.

Henry, J. (1861). *Smithsonian Annual Report* [R]. Washington: Smithsonian Institution.

Higman, C. (2003). *Gasification* [M]. New York, London: Gulf Professional Publishing.

Hirst, L. L. (1945). *Chemistry of Coal Utilization* [M]. New York, London: John Wiley & Sons.

Historical Coal Data [R/OL]. Retrieved 2022, from Department for Business, Energy & Industrial Strategy: https://www.gov.uk/government/statistical-data-sets/historical-coal-data-coal-production-availability-and-consumption

History of Manufactured Fuel Gases. Retrieved from Wikipedia: https://en.m.wikipedia.org/wiki/History_of_manufactured_fuel_gases

Holroyd, R. (1946). *Report on the Investigation by Fuels and Lubricants Team at the IG Farben AG Leuna Works* [R]. DC: The Bureau of Mines.

Howard, H. C. (1945). *Direct Generation of Electricity from Coal and Gas* [M]. In Lowry, H. H. Chemistry of Coal Utilization. New York: John Willey & Sons: 1568.

Hughes, S. (1853). *A Treatise on Manufactureing and Distributing Coal Gas* [M]. London.

Humphrey, H. F. (1897). *The Mond Gas-Producer Plant and its Application* [J]. Minutes of the Proceedings of the Institution of Civil Engineers, 129: 190-217.

Institute, S. C. (1886). *Special Report on Water Gas* [R]. Philadelphia: Franklin Institute.

James Prescott Joule. (2022). Retrieved Aug 2022, from New World Encyclopedia: https://www.newworldencyclopedia.org/entry/James_Prescott_Joule

Japan, U. N. (1946). *Japanese Fuels and Lubricants, Article 7-Progress in the Synthesis of Liquid Fuels from Coal* [R]. US Government.

Jing, H. (2000). *Practice and Study of the Lurgi Pressurized Gasification for Ammonia Production* [M]. Beijing: Chemical Industry Press.

Julius R. Mayer. (2022). Retrieved Aug 2022, from Oxford Reference: https://www.oxfordreference.com/display/10.1093/oi/authority.20110803100142303; jsessionid=3575C425EB97CAA54AC04E7296D0F676

Kaupp, A. (1984). *Small Scale Gas Producer-Engine Systems* [M]. Eschborn: Springer Fachmedien Wiesbaden.

Keen, N. F. (1901). *Memorandum on the Mond Gas Scheme* [R]. Walter King, II, Bolt Court.

Lane, H. (1909). *The Lne Hydrogen Producer* [J]. Flight, 8: 524.

Lawrence Liebs. (1985). *Town Gas-An Overview* [C]. AGA Distribution/Transmission Conference. Boston: AGA Distribution/Transmission Conference: 1-43.

Lawton, B. (2011). *A Short History of Large Gas Engines* [J]. International Journal for the History of Engineering & Technology, 81 (1): 79-107.

Lenoir's First Type Gas Engine. (2022). Retrieved from National Conservatory of Arts and Crafts, Paris: http://www.arts-et-metiers.net/musee/moteur-gaz-du-premier-type-de-lenoir

London, C. o. (n.d.). *Chartered Gaslight and Coke Company* [EB/OL]. Retrieved 2021, from https://discovery.nationalarchives.gov.uk/details/r/3c478014-712e-43c6-8786-c3b871813664

Londoner, A. (1912). *Municipal Gas Lighting In England* [J]. The American Gas Light Journal, 97: 321-323.

Long, R. (2022). *May 24, 1935 Under the Lights* [EB/OL]. Retrieved Jan 31, 2023, from Today In

History. https://todayinhistory. blog/2022/05/#:~:text＝The％20Westminster％20Review％20newspaper％20opined，Baltimore％20lit％20up％2C％20in％201816.

Lowe System. (1915). Proceedings of the International Gas Congress [C]. San Francisco, CA. International Gas Congress. 26-31

Lowe, T. C. (1867). *Patent No.* 63, 404 [P]. USA.

Lowe, T. C. (1911). *Observation Balloons in the Battle of Fair Oaks* [J]. The American Review of Reviews, 43. 186-190.

Ludwig Mond. (2023). Retrieved fromWikisource. https://en. wikisource. org/wiki/Dictionary _ of _ National _ Biography, _ 1912 _ supplement/Mond, _ Ludwig

Lunge, G. (1884). *The Sulfuric Acid and Alkali Trade of England* [J]. J. Chemical Industry, 470.

Major, J. (2018). *All Things Georgian.* Retrieved Mar 2023, from The Grand Jubilee of 1814. https://georgianera. wordpress. com/2018/07/31/the-grand-jubilee-of-1814/

Manufactured Gas. (2021). Retrieved from USEPA. org. https://semspub. epa. gov/work/02/206912. pdf

McCullough, G. R. (1980s). *Shell Coal Gasification Process* [R]. Fischer-Tropsch Archives, (pp. 41-64).

Meade, A. (1921). *Modern Gasworks Practice* [M]. London. Benn Brothers, Ltd.

Mendoza, E. (2023, May). *Sadi Carnot, French Engineer and Physicist* [EB/OL]. Retrieved May 2023, from Encyclopedia Britiannica. https://www. britannica. com/ biography/Sadi-Carnot-French-scientist

Middleton Smith, C. A. (1915). *Electric Generating Station in China* [J]. Proceedings of the Institution of Electrical Engineers. London. E. and F. N Spon. 54. 162.

Mond, L. (1886). *Patent No.* 65 [P]. England.

Mond, L. (1888). *A New Form of Gas Battery* [R]. Proc. Roy. Soc. , 296).

Mond, L. (1889). *President's Address on Production of Ammonia From Coal* [J]. J. Soc Chem Ind, 8. 505-510.

Moor, F. (1953). *Patent No.* 1655443 [P]. USA.

Morgan, J. (1945). *Water Gas.* In Lowry, H. H. *Utilization of Coal Chemistry* [M]. New York. John Wiley & Sons. 1673.

Morse, E. W. (2018). *Thomas Young* [EB/OL]. Retrieved Aug 2022, from Encyclopedia. com. https://www. encyclopedia. com/people/science-and-technology/ physics-biographies/thomas-young

Murdock, W. (1808). *An Account of the Application of the Gas from Coal to Economic Purpose* [R]. London. Royal Society, Britain.

Murray, J. B. (1863). *American Gas Works* [J]. The American Gas-Light Journal, 5. 370-373.

Nakai, S. (1915, July). *On Mond Gas for Motive Powers* [J]. The Journal of Chemical Industry, XVIII. 209.

NETL. (2022). *Lurgi Dry-Ash Gasifier* [EB/OL]. Retrieved Jan 2023, from NETL/USDOE. https://netl. doe. gov/research/coal/energy-systems/gasification/gasifipedia/lurgi

NETL. (n. d.). *Great Plains Synfuels Plant* [EB/OL]. Retrieved Feb 2023, from US NETL. https://netl. doe. gov/research/Coal/energy-systems/gasification/gasifipedia/great-plains

NETL. (n. d.). *History* [EB/OL]. Retrieved Feb 2023, from NETL. http://netl. doe. gov＞about＞history

Page, G. S. (1879). Residual Results [M] Philadelphia. American Gas Light Association. 399-417

Partington, J. R. (1923). *The Nitrogen Industry* [M]. London. Constable & Company Ltd.

Plant, L. (1940). *Annual Report* 1940 *of Ammonia Plant Merseburg* [R]. Leuna.

Power, M. O. (1947). Report on the Petroleum and Synthetic Oil Industry of Germany. London: the Ministry of Fuel and Power.

Qiao L. , Z. N. (2017). Carbon monoxide as a promising molecule to promote nerve regulation after traumatic brain injury [J]. Med Gas Research, 7 (1): 45-47.

Rambush, N. E. (1923). *Modern Gas Producers* [M]. London: Benn Brothers, Ltd.

Readman, J. (1883). *Patent No. 5359* [P]. England.

Samuel Clegg, J. (1841). *A Practical Treatise on Manufacture and Distribution of Coal-Gas* [M]. London.

Schilling, H. D. (1981). *Kohlenvergasung* [M]. Essen: Verlag Glueckauf GmbH.

Schlinger, W. (1970). *Patent No. 3544291* [P]. USA.

Science& Technology, A. o. (1981). *Japan's Sunshine Project Solar Energy R&D Program* [R]. Ministry of International Trade and Industry.

Siemens, C. W. (1862). On a Regenerative Gas Furnace, As Applied to Glasshouse, Puddling, Heating [J]. Proceedings of the Institute of Mechanical Engineers: 21.

Smil, V. (2017). *Energy and Civilization: A History* [M]. Cambridge, Massachusetts, London, England: The MIT Press.

Smith, R. (n. d.). *A Short History of H_2S* [EB/OL]. Retrieved march 2023, from American Scientist: https://www. americanscientist. org/article/a-short-history-of-hydrogen-sulfide

Sperry, T. E. (1981). *The Elmer A. Sperry Award for Wasp on Coal Slurry* [EB/OL]. Retrieved 2022, from https://www. asme. org/wwwasmeorg/media/resourcefiles/aboutasme/honors% 20awards/jointawards/sperryawards/1981-wasp. pdf

Stavrianos, L. S. (1995). *The World Since 1500* [M]. New Jersey: Simon & Schuster Co.

Storch, H. H. (1945). *Chemistry of Coal Utilization* [M]. New York, London: John Wiley & Sons.

Stranges, A. N. (2003). *Germany's Synthetic Fuel Industry* 1927-1945 [C]. AIChE 2003 Spring National Meeting. New Orleans.

Stroud, D. H. (1981). *Chemistry of Coal Utilization* [M]. New York: John Wiley & Sons.

Supplement, S. A. (1882-1883). *The Heat Regenerative System of Fired Gas Retort Description* [J]. Scientific American Supplement, 16: 6396.

Technology, P. (2012, Jan). *Kowepo selects GE technology for IGCC power plant* [EB/OL]. Retrieved Feb 2023, from Power Technology: http://power-technology. com/news/newskowepo-selects-ge-technology-for-igcc-power-plant/

The Great Peruvian Guano Bonanza: Rise, Fall, and Legacy. (n. d.). Retrieved July 6, 2022, from Council on Hemispheric Affairs: https://www. coha. org/the-great-peruvian-guano-bonanza-rise-fall-and-legacy/

The Japan Mint in Osaka. (2011, July 6). Retrieved Feb 23, 2024, from Coins Weekly: https://coinsweekly. com/the-japan-mint-in-osaka-exponent-of-western-modernization/

The Making of Oppau. (1921). Chemical and Metallurgical Engineering [J], 24: 305.

Thomas, R. (2020). *The Manufactured Gas Industry: Vol 3 Gazetteer* [R]. Historic England.

Tieza, T. (2021, Jan). Ètienne Lenoir and the Internal Combustion Engine. Retrieved May 30, 2023, from Daily Blog on Science, Art and Tech in History: http://scihi. org/etienne-lenoir/

Todayin Science History. (n. d.). Retrieved May 13, 2021, from Gas Light Co. of Baltimore: https://todayinsci. com/Events/Technology/GasLightCoBaltimore (1881). htm

Tokyo Gas. (n. d.). Retrieved Feb 2024, fromWikipeadia: https://ja. wikipedia. org/wiki/% E6% 9D%

B1％E4％BA％AC％E3％82％AC％E3％82％B9

Townsend，C. A. （2003）. *Chemicals from Coal*，*A History of Beckton Products Works* ［EB/OL］. Retrieved Sept 2022，from Greater London Industrial Archaeology Society：http://www. glias. org. uk/Chemicals _ from _ Coal/

Travis，A. S. （2018）. *Capture Nitrogen-The Growth of an International Industry* （1900-1940）［M］. Cham：Springer.

Trench，R. （1993）. *London under London* ［M］. London：John Murray Publishers Ltd.

Trewby，F. J. （n. d. ）. *Beckton Gas Works*. Retrieved March 2022，from Engineering timelines：http://www. engineering-timelines. com/scripts/engineeringItem. asp? id＝1297

UGI Corp History. （n. d. ）. Retrieved from Fundinguniverse. com：http://www. fundinguniverse. com/company-histories/ugi-corporation-history/

US Army Balloon Corps. （n. d. ）. Retrieved fromWekipedia：https://en. m. wikipedia. org/wiki/Union _ Army _ Balloon _ Corps

Vogt，E. （1981）. *Development of the Shell-Koppers Coal Gasification Process* ［J］. Phil. Trans. Royal Society，300：111-120.

Voltaic gaseous battery. （n. d. ）. Retrieved July 2022，from Fuel Cell Technology：https://www. freeenergyplanet. biz/fuel-cell-technology/the-gaseous-voltaic-battery. html

von Fredersdorff，C. G. （1963）. *Chemistry of Coal Utilization* ［M］. New York，London：John Wiley & Sons.

Wells，B. W. （2013，April 29）. *History of Con Edison* ［EB/OL］. Retrieved March 17，2022，from American Oil & Gas Historical Society：http://aoghs. org/stocks/con-edison-american-utility-company

Whipple，D. （2014）. *Coal Slurry：an idea that came and went* ［EB/OL］. Retrieved Feb 2023，from WhyHistory. Org：https://www. wyohistory. org/encyclopedia/coal-slurry-idea-came-and-went

wiki. （n. d. ）. List of towns and cities in England by historical population. Retrieved from Wikipedia：https://en. wikipedia. org/wiki/List _ of _ towns _ and _ cities _ in _ England _ by _ historical _ population＃cite _ note-11

Wisniak，J. （2006，Jan）. *Ludwig Mond-A Brilliant Chemical Engineer* ［EB/OL］. Retrieved 2022，from Research Gate：https://www. researchgate. net/publication/236232462

Woodall，C. （1897）. *Carburetted Water-Gas* ［J］. Proceedings of the Institution of Civil Engineers，130：210.

Wyer，S. S. （1906）. *Producer Gas and Gas Producers* ［M］. New York and London：Hill Publishing Co.

Zhuang，Q. （2015）. *An Overview of Gasification Commercialization for Power* ［C］. Gasification Technologies Conference 2015. Colorado Spring：Gasification Technologies Council.

温倩 . （2018）. 改革开放四十周年石化化工行业发展回顾与展望 ——氮肥行业 ［EB/OL］. （2018-02-21） Retrieved 2023，from 石油和化学工业规划院：http://www. ciccc. com/Content/2019/01-02/0958091216. html

附录 本书所用非法定计量单位和换算系数

单位名称	符　号	换成法定计量单位的换算系数	备　注
长度			
英寸	in	0.0254m	
英尺	ft	0.3048m	12in
英里	mile	1609.344m	1.609km
密耳	(mil)	25.4×10^{-6} m	10^{-3} in
埃	Å	10^{-10} m	0.1nm
面积			
平方英寸	in^2	6.4516×10^{-4} m^2	
平方英尺	ft^2	0.092903m^2	144in^2
平方英里	mile^2	2.58999×10^6 m^2	2.590km^2
亩		$\frac{1}{15}$ hm^2 = 666.67m^2	
体积			
立方英寸	in^3	1.63871×10^{-5} m^3	
立方英尺	ft^3	0.0283168m^3	1728in^3
英加仑	UKgal	4.54609dm^3	
美加仑	USgal	3.78541dm^3	
桶(石油)		158.987dm^3	42gal(美)
温度			
华氏度	°F	$t/\text{℃} = \frac{5}{9}(t/\text{°F} - 32)$	
质量、重量			
磅	lb	0.45359237kg	
短吨(美)		907.185kg	2000lb
长吨(英)		1016.05kg	2240lb
格令	gr	6.479891×10^{-5} kg	
线密度			
旦尼尔,旦	(den)	$\frac{1}{9}$ tex	1tex=1g/km
力、重力			
达因	dyn	10^{-5} N	1g・cm/s^2
千克力	kgf,kp	9.80665N	
磅达	pdl	0.138255N	1lb・ft/s^2
磅力	1bf	4.44822N	32.174pdl

续表

单位名称	符　号	换成法定计量单位 的换算系数	备　注
压力、应力			
达因每平方厘米	dyn/cm^2	0.1Pa	
巴	bar	10^5Pa	$10^6dyn/cm^2$
千克力每平方厘米	kgf/cm^2,kp/cm^2	98.0665kPa	又称工程大气压 at
磅力每平方英寸	lbf/in^2(psi)	6894.76Pa	$144lbf/ft^2$
工程大气压	at	98066.5Pa	$1kgf/cm^2$,$1kp/cm^2$
标准大气压	atm	101325Pa	760mmHg
毫米汞柱	mmHg	133.322Pa	1Tott(在 0℃)
毫米水柱	mmH_2O	9.80665Pa	$1kgf/m^2$,$1kp/m^2$
托	Torr	133.322Pa	
表面张力			
达因每厘米	dyn/cm	$10^{-3}N/m$	$10^{-3}J/m^2$
尔格每平方厘米	erg/cm^2	$10^{-3}N/m$	$10^{-3}J/m^2$
动力黏度			
泊	P	$10^{-1}Pa\cdot s$	
厘泊	cP	$10^{-3}Pa\cdot s$	$1mPa\cdot s$
运动黏度			
斯托克斯	St	$10^{-4}m^2/s$	$1cm^2/s$
厘斯	cSt	$10^{-6}m^2/s$	$1mm^2/s$
功、能、热			
尔格	erg	$10^{-7}J$	$1dyn\cdot cm$
千克力米	$kgf\cdot m$,$kp\cdot m$	9.80665J	
国际蒸汽表卡	cal,cal_{IT}	4.1868J	
热化学卡	cal_{th}	4.1840J	
英热单位	Btu,Btu_{IT}	1055.06J	
热化学英热单位	Btu_{th}	1054.35J	
功率			
尔格每秒	erg/s	$10^{-7}W$	$1dyn\cdot cm/s$
千克力米每秒	$kgf\cdot m/s$	9.80665W	
英制马力	hp	745.700W	
千卡每小时	kcal/h	1.163W	
米制马力		735.499W	$75kgf\cdot m/s$
电工马力		746W	
其他			
伦琴(röntgen)	R	$2.58\times10^{-4}C/kg$	照射量

续表

单位名称	符　号	换成法定计量单位 的换算系数	备　注
拉德(rad)	rad，rd	10mGy	吸收剂量
雷姆(rem)	rem	10mSv	剂量当量
居里(curie)	Ci	37GBq	放射性活度
德拜(debye)	D	3.33564×10^{-30} C · m	电偶极矩
其他			
麦克斯韦(maxwell)	Mx	10^{-8} Wb	磁通量
高斯(gauss)	G，Gs	10^{-4} T	磁通密度
奥斯特(oersted)	Oe	79.5775A/m	磁场强度
吉伯(gilbert)	Gb	0.795775A	磁动势
尼特(nit)	nt	1cd/m^2	光亮度
辐透(phot)	ph	10^4lx	光照度